“十三五”国家重点图书出版规划项目
核能与核技术出版工程（第二期）
总主编 杨福家

中国核能应用技术发展
战略研究系列成果

中国能源研究概览

Overview of Energy Research in China

于俊崇 主编

内容提要

本书从中国能源发展战略的高度出发，在清洁低碳、安全高效的能源转型优化背景下，深度剖析论述了各种化石能源（煤、石油、天然气、可燃冰等）、可再生能源（风能、太阳能、水能、海洋潮汐能与温差能等）和生物质能（来自动物、植物、微生物、生命体和排泄物等）的国内外发展现状、技术瓶颈及发展前景。本书内容详实、分析客观，是能源相关专业科研教学和各级能源从业人员不可多得的指导与参考读物。

图书在版编目（CIP）数据

中国能源研究概览／于俊崇主编．—上海：上海交通大学出版社，2020
核能与核技术出版工程
ISBN 978-7-313-24026-2

Ⅰ．①中…　Ⅱ．①于…　Ⅲ．①能源—研究—中国
Ⅳ．①TK01

中国版本图书馆 CIP 数据核字（2020）第 249680 号

中国能源研究概览

ZHONGGUO NENGYUAN YANJIU GAILAN

主　　编：于俊崇
出版发行：上海交通大学出版社　　地　　址：上海市番禺路 951 号
邮政编码：200030　　电　　话：021-64071208
印　　制：苏州市越洋印刷有限公司　　经　　销：全国新华书店
开　　本：710mm×1000mm　1/16　　印　　张：15.75
字　　数：259 千字
版　　次：2020 年 12 月第 1 版　　印　　次：2020 年 12 月第 1 次印刷
书　　号：ISBN 978-7-313-24026-2
定　　价：128.00 元

核能与核技术出版工程

丛书编委会

本书编委会

主　编

于俊崇

顾　问

谢克昌　周守为　钮新强　多　吉　叶奇蓁　舒印彪

编　写

夏海鸿　田亚峻　李清平　苏　罡　张　玮　蔡淑兵
范小平　钟文琪　张　理

校　审

张卓华　柴晓明　曾　未　张宏亮　廖龙涛　曾　畅
全　标　刘　佳　何晓强

总　　序

1896 年法国物理学家贝可勒尔对天然放射性现象的发现，标志着原子核物理学的开始，直接导致了居里夫妇镭的发现，为后来核科学的发展开辟了道路。1942 年人类历史上第一个核反应堆在芝加哥的建成被认为是原子核科学技术应用的开端，至今已经历了 70 多年的发展历程。核技术应用包括军用与民用两个方面，其中民用核技术又分为民用动力核技术（核电）与民用非动力核技术（即核技术在理、工、农、医方面的应用）。在核技术应用发展史上发生的两次核爆炸与三次重大核电站事故，成为人们长期挥之不去的阴影。然而全球能源匮乏以及生态环境恶化问题日益严峻，迫切需要开发新能源，调整能源结构。核能作为清洁、高效、安全的绿色能源，还具有储量最丰富、高能量密集度、低碳无污染等优点，受到了各国政府的极大重视。发展安全核能已成为当前各国解决能源不足和应对气候变化的重要战略。我国《国家中长期科学和技术发展规划纲要（2006—2020 年）》明确指出“大力发展核能技术，形成核电系统技术自主开发能力”，并设立国家科技重大专项“大型先进压水堆及高温气冷堆核电站专项”，把“钍基熔盐堆”核能系统列为国家首项科技先导项目，投资 25 亿元，已在中国科学院上海应用物理研究所启动，以创建具有自主知识产权的中国核电技术品牌。

从世界范围来看，核能应用范围正不断扩大。据国际原子能机构最新数据显示：截至 2018 年 8 月，核能发电量美国排名第一，中国排名第四；不过在核能发电的占比方面，截至 2017 年 12 月，法国占比约为 71.6%，排名第一，中国仅约 3.9%，排名几乎最后。但是中国在建、拟建的反应堆数比任何国家都多，相比而言，未来中国核电有很大的发展空间。截至 2018 年 8 月，中国投入商业运行的核电机组共 42 台，总装机容量约为 3 833 万千瓦。值此核电发展的历史机遇期，中国应大力推广自主开发的第三代以及第四代的“快堆”“高温气冷堆”“钍基熔盐堆”核电技术，努力使中国核电走出去，带动中国由核电大国向核电强国跨越。

随着先进核技术的应用发展，核能将成为逐步代替化石能源的重要能源。受控核聚变技术有望从实验室走向实用，为人类提供取之不尽的干净能源；威力巨大的核爆炸将为工程建设、改造环境和开发资源服务；核动力将在交通运输及星际航行等方面发挥更大的作用。核技术几乎在国民经济的所有领域得到应用。原子核结构的揭示，核能、核技术的开发利用，是20世纪人类征服自然的重大突破，具有划时代的意义。然而，日本大海啸导致的福岛核电站危机，使得发展安全级别更高的核能系统更加急迫，核能技术与核安全成为先进核电技术产业化追求的核心目标，在国家核心利益中的地位愈加显著。

在21世纪的尖端科学中，核科学技术作为战略性高科技，已成为标志国家经济发展实力和国防力量的关键学科之一。通过学科间的交叉、融合，核科学技术已形成了多个分支学科并得到了广泛应用，诸如核物理与原子物理、核天体物理、核反应堆工程技术、加速器工程技术、辐射工艺与辐射加工、同步辐射技术、放射化学、放射性同位素及示踪技术、辐射生物等，以及核技术在农学、医学、环境、国防安全等领域的应用。随着核科学技术的稳步发展，我国已经形成了较为完整的核工业体系。核科学技术已走进各行各业，为人类造福。

无论是科学研究方面，还是产业化进程方面，我国的核能与核技术研究与应用都积累了丰富的成果和宝贵的经验，应该系统整理、总结一下。另外，在大力发展核电的新时期，也急需一套系统而实用的、汇集前沿成果的技术丛书作指导。在此鼓舞下，上海交通大学出版社联合上海市核学会，召集了国内核领域的权威专家组成高水平编委会，经过多次策划、研讨，召开编委会商讨大纲、遴选书目，最终编写了这套“核能与核技术出版工程”丛书。本丛书的出版旨在培养核科技人才；推动核科学研究和学科发展；为核技术应用提供决策参考和智力支持；为核科学研究与交流搭建一个学术平台，鼓励创新与科学精神的传承。

本丛书的编委及作者都是活跃在核科学前沿领域的优秀学者，如核反应堆工程及核安全专家王大中院士、核武器专家胡思得院士、实验核物理专家沈文庆院士、核动力专家于俊崇院士、核材料专家周邦新院士、核电设备专家潘健生院士，还有“国家杰出青年”科学家、“973”项目首席科学家、“国家千人计划”特聘教授等一批有影响力的科研工作者。他们都来自各大高校及研究单位，如清华大学、复旦大学、上海交通大学、浙江大学、上海大学、中国科学院上海应用物理研究所、中国科学院近代物理研究所、中国原子能科学研究院、中国核动力研究设计院、中国工程物理研究院、上海核工程研究设计院、上海市辐射环境监督站等。本丛书是他们最新研究成果的荟萃，其中多项研究成果获国家级或省部级大奖，代表了国内甚至国际先进水平。丛书涵盖军用核技术、民用动力核技术、民用非动力核技术及其在理、工、农、医方面的应用。内容系统而全面且极具实用性与指导性，例如，《应用核物理》就阐述了当今国内外核物理研究与应用的全貌，有助于读者对核物理的应用领域及实验技术有全面的了解；其他图书也都力求做到了这一点，极具可读性。

由于良好的立意和高品质的学术成果，本丛书第一期于 2013 年成功入选"十二五"国家重点图书出版规划项目，同时也得到上海市新闻出版局的高度肯定，入选了"上海高校服务国家重大战略出版工程"。第一期（12 本）已于 2016 年初全部出版，在业内引起了良好反响，国际著名出版集团 Elsevier 对本丛书很感兴趣，在 2016 年 5 月的美国书展上，就"核能与核技术出版工程（英文版）"与上海交通大学出版社签订了版权输出框架协议。丛书第二期于 2016 年初成功入选了"十三五"国家重点图书出版规划项目。

在丛书出版的过程中，我们本着追求卓越的精神，力争把丛书从内容到形式做到最好。希望这套丛书的出版能为我国大力发展核能技术提供上游的思想、理论、方法，能为核科技人才的培养与科创中心建设贡献一份力量，能成为不断汇集核能与核技术科研成果的平台，推动我国核科学事业不断向前发展。

2018 年 8 月

序

2011年，日本“福岛311核事故”发生后，国内外出现了一些较为激烈的反对核能发电的声音，对我国核电事业的发展产生了不小的冲击。国家当即宣布停建一切核电站，直到2015年底才宣布核电“重启”。但影响远未结束，由于部分人士仍然担心核电安全性，使已建成的核电站不能及时装料，已装料的反应堆不能及时启堆提升功率。此外，部分业内人士也认为，中国核电产业市场的发展似乎并不完全符合中国整体发展的国情和完整产业链的需要。在此背景下，中国工程院于2017年底立项《中国核科学技术发展战略研究》重大咨询项目，对当前及未来核能领域发展的重大问题进行研究。项目设若干技术发展战略研究课题，包括核技术应用、核能应用、同位素产业、核燃料循环、核科学技术总体等，每个课题下设若干子课题。

核能应用技术发展战略研究课题组由中核集团、中广核集团、国家电力投资集团、清华大学、哈尔滨工程大学、中科院合肥物质科学研究院等单位的专家组成，由于俊崇院士牵头，聘请业内著名院士、专家为顾问。该课题组遵照习近平总书记有关能源“供给与消费革命”的相关指示精神和国务院有关能源发展规划的具体要求，开展的课题研究思路清晰、目标明确、方向精准。课题组将核能与化石能源、可再生能源、生物质能源等放在我国能源“供给侧”与“消费侧”大环境中进行研究，综合比较每一种能源的发展现状、技术瓶颈、对环境的影响和发展前景等，以寻求核能在国民经济发展能源需求中的合适定位，及其在能源“供给侧”革命中的正确发展方向，避免“自说自话”。

对其他能源的研究，课题组是邀请业内著名专家完成的。他们的研究成果几乎涵盖人们关心的所有问题，内容丰富、详实，不仅为“核能”课题组研究提供了有力的技术支撑，也是研究其他能源很好的参考资料，并可作为普及能源知识的读物。在核能应用技术发展战略研究课题组将各能源专家研究成果编辑成《中国能源研究概览》并交付出版之际，我作为《中国核科学技术发展战略研究》重大咨询项目负责人，欣然作序向广大读者推荐。

赵宪庚

2020 年 2 月

前　言

能源是为人类提供能量的物质资源，是社会发展繁荣和经济快速增长的最重要的物质基础。经过长期的快速发展，我国已成为世界上最大的能源生产国与消费国，形成了以煤炭等化石能源为核心，新能源、可再生能源全面发展的能源供给体系，技术装备水平大幅提高，生产生活用能条件与保障能力显著改善。我国已成为世界能源市场不可或缺的重要组成部分，在维护全球能源安全与能源市场稳定方面，正发挥着越来越积极和重要的作用。

进入“十三五”以来，因国家经济结构调整、能源消费效率与技术提高等因素，我国能源消费增长降速，供能保障压力明显缓解，能源供需关系相对宽松。在供需关系缓和的同时，结构性、体制机制性等深层次矛盾进一步凸显，成为制约能源可持续发展的重要因素。党的十九大提出“推进能源生产和消费革命，构建清洁低碳、安全高效的能源体系”，为我国能源生产与消费革命提出了迫切需求与根本指引。面对能源结构优化的大形势，本书结合国内外最新能源发展态势，总结了我国现有能源系统，包括传统化石能源与各种形式的新能源、可再生能源，如煤炭、石油、天然气、核电、风能、太阳能、水电、地热能、生物质能，以及海洋能的发展概况、应用特点、技术瓶颈、对环境的影响，并对未来发展前景做出客观的阐述与分析，融需求、问题、挑战与发展战略于一体，力求分析结论的科学、客观、合理。

本书内容详实、完整，可供能源领域从业者及学者阅读参考，也可作为高校师生研究能源的参考和知识普及的读物。

于俊崇

2020 年 5 月

目　　录

第 1 章　多种能源应用前景对比分析 …… 001

1.1　国际能源应用发展现状 …… 001

1.2　我国能源应用现状 …… 003

1.2.1　我国能源消费现状 …… 003

1.2.2　我国能源供给现状 …… 004

1.3　我国未来能源发展面临的问题与挑战 …… 010

1.4　我国能源转型的发展需求与目标 …… 014

1.4.1　能源转型的根本目标 …… 014

1.4.2　能源转型的主要特点 …… 015

1.5　能源转型中多种能源发展定位与前景分析 …… 017

1.5.1　多种能源型式特点及现状分析 …… 017

1.5.2　未来多种能源发展前景分析 …… 027

第 2 章　我国化石能源发展前景分析 …… 031

2.1　化石能源发展形态 …… 031

2.1.1　全球化石能源格局 …… 031

2.1.2　我国能源基本特征 …… 033

2.2　我国化石能源面临的挑战及解决途径 …… 044

2.2.1　面临的挑战 …… 044

2.2.2　解决途径 …… 048

2.3　我国化石能源发展前景 …… 048

2.3.1　中国能源发展潜力 …… 049

2.3.2　我国化石能源发展趋势 …… 049

2.3.3 推动能源生产与消费革命 …… 052
2.4 发展建议 …… 053

第3章 我国海洋油气资源发展前景分析 …… 055
3.1 海洋油气资源发展战略需求 …… 055
3.2 国内外海洋油气资源发展现状及态势 …… 059
3.2.1 国外海洋油气资源开发现状 …… 059
3.2.2 我国海洋油气资源发展现状 …… 064
3.3 我国海洋油气资源开发利用存在的问题与挑战 …… 068
3.3.1 近海油气资源开发面临挑战 …… 068
3.3.2 深水油气勘探面临的挑战 …… 072
3.3.3 深水油气开发工程面临的挑战 …… 074
3.3.4 南海国际形势挑战 …… 076
3.4 我国海洋油气资源开发利用发展战略 …… 077
3.4.1 发展思路 …… 077
3.4.2 发展原则 …… 077
3.4.3 战略目标 …… 078
3.4.4 发展建议 …… 079

第4章 我国核电发展前景分析 …… 081
4.1 国内外核电发展现状及态势研究 …… 081
4.1.1 世界能源发展趋势 …… 081
4.1.2 世界核电发展概况及趋势 …… 083
4.2 我国核电发展现状 …… 087
4.2.1 我国核电发展历程及现状 …… 087
4.2.2 我国核电由二代向三代的技术跨越 …… 088
4.2.3 我国核电技术具有较强竞争力 …… 088
4.3 核能在能源体系中的定位 …… 089
4.3.1 核能在建设清洁低碳能源体系中发挥重要作用 …… 089
4.3.2 面临可再生能源的激烈竞争核电仍有较大发展空间 …… 093

4.4　我国核能发展面临的问题与挑战 …… 094
4.4.1　核电研发和工程设计力量分散 …… 094
4.4.2　铀资源利用能否保证核电规模化长期发展 …… 095
4.4.3　乏燃料及核废物安全处理与处置问题关系到可持续发展 …… 095
4.4.4　厂址资源保障及有效的保护涉及核能发展布局 …… 096
4.5　新形势下核能发展前景分析 …… 096
4.5.1　我国核电发展具备持续向好的技术基础和稳中求进的现实需求 …… 096
4.5.2　新堆型新技术的发展将带动核能技术实现提升跨越 …… 097
4.6　新形势下核能发展建议 …… 099

第5章　我国风能、太阳能发展分析 …… 105
5.1　国内外风能、太阳能发展现状 …… 105
5.1.1　全球风能、太阳能发展现状 …… 105
5.1.2　典型国家风能、太阳能发展现状 …… 111
5.1.3　我国风能、太阳能发展分析 …… 116
5.2　我国风能、太阳能发展面临的问题与挑战 …… 121
5.3　新形势下风能、太阳能发展的前景分析 …… 122
5.3.1　我国能源转型目标及研判 …… 122
5.3.2　我国未来电力结构及布局展望 …… 123
5.3.3　新能源发电成本现状 …… 126
5.3.4　未来新能源成本变化趋势 …… 128
5.3.5　新能源接入系统成本及环境成本 …… 129
5.4　我国风能、太阳能发展建议 …… 131

第6章　我国水电资源发展前景分析 …… 133
6.1　国内外水电技术发展现状及态势研究 …… 133
6.1.1　全球水电发展现状 …… 133
6.1.2　典型国家水电发展现状 …… 134

6.1.3 全球水电开发潜力分析 …… 142
6.2 我国水电资源及分布情况 …… 144
6.2.1 水电资源总量 …… 144
6.2.2 水电资源分布特点 …… 145
6.3 我国水电资源发展现状 …… 147
6.3.1 水电资源开发现状 …… 148
6.3.2 水电资源的地位和作用 …… 151
6.3.3 我国水电开发的技术实力 …… 152
6.4 水电开发与生态环境保护 …… 154
6.4.1 水电开发对生态环境的影响 …… 154
6.4.2 水电开发中需重点落实的环境保护措施 …… 157
6.4.3 水电开发与生态环境的协调发展 …… 158
6.5 我国水电发展面临的问题与挑战 …… 158
6.6 新形势下水电发展前景 …… 160

第7章 我国地热资源利用情况分析 …… 163
7.1 我国地热资源储量及分布情况 …… 163
7.1.1 地热资源潜力 …… 163
7.1.2 水热型地热资源分布规律及特征 …… 168
7.1.3 干热岩地热资源分布特征 …… 170
7.2 我国地热资源开发现状 …… 171
7.2.1 地热发电 …… 173
7.2.2 地热直接利用 …… 175
7.3 我国地热技术产业发展瓶颈 …… 179
7.3.1 地热资源勘查技术发展瓶颈 …… 180
7.3.2 地热资源勘查开发规划滞后 …… 182
7.3.3 地热资源勘查、开发技术水平不高 …… 182
7.3.4 地热资源管理仍显薄弱 …… 184
7.4 发展地热对环境的影响分析 …… 186

第8章 我国生物质能源发展前景分析 …… 191
8.1 生物质能在国内外的发展情况 …… 191
8.1.1 生物质能概述 …… 191

8.1.2 生物质能在国外的发展情况 …… 194
8.1.3 生物质能在我国的发展情况 …… 195
8.2 我国生物质能发展面临的问题和挑战 …… 198
8.2.1 在生物质能技术方面面临的问题和挑战 …… 198
8.2.2 在政策及产业化推进过程中面临的问题和挑战 …… 201
8.3 新形势下生物质能发展前景分析 …… 205
8.4 我国生物质能发展建议 …… 208

第9章 我国海洋能发展前景分析 …… 211
9.1 海洋能的发展需求 …… 211
9.2 海洋能发展现状分析 …… 212
9.2.1 国际海洋能应用与技术发展概况 …… 212
9.2.2 我国海洋能资源概况 …… 217
9.2.3 我国海洋能发展应用现状 …… 218
9.3 海洋能开发利用面临的问题与挑战 …… 222
9.3.1 技术水平仍然落后 …… 222
9.3.2 具体能源开发利用面临技术与工程实施瓶颈 …… 222
9.4 我国海洋能开发利用的发展重点及建议 …… 223
9.4.1 海洋能未来开发利用重点 …… 223
9.4.2 我国海洋能发展建议 …… 225

参考文献 …… 227

后记 …… 229

第 1 章
多种能源应用前景对比分析

能源是人类赖以生存的根本，直接关系到国民经济的可持续发展以及社会的和谐稳定。我国能源体系的发展目标是清洁低碳、安全高效，而实现这个目标的主要途径就是能源生产和能源消费革命。同时，瞄准 2035 年、2050 年我国经济建设与社会发展目标，展望未来能源发展形势，明确可持续、协调的能源供给体系，也是势在必行。

为明确能源发展构成与定位，本书将深入分析我国能源应用现状与形势，挖掘现存的问题与挑战，明确新时期能源转型发展的目标与使命，并通过多种能源的经济性与应用前景分析，凝练我国能源发展的体系，这对于构建清洁、低碳能源强国，持续助力我国经济高速发展具有极为重要的作用。

1.1 国际能源应用发展现状

当前，国际能源产业正处于历史的“十字路口”，全球能源格局重塑加快，气候变化、油价波动、能源革命等事件推动能源产业迎来前所未有的转型发展。低碳、绿色的清洁能源逐步替代高碳、高污染的非清洁能源，化石能源低碳化、新能源规模化、能源系统智能化成为能源工业发展的新趋势。

1）非化石能源将逐步主导能源发展格局

尽管化石能源一次消费仍然占主导地位，但受应对气候变化带来的碳排放约束和全球污染排放严控的影响，在可预见的未来，非化石能源的增长速度将显著高于化石能源，非化石能源占比不断增加，化石能源占比不断降低，可

本章作者：夏海鸿，国家电投集团科学技术研究院有限公司。

再生能源在发电领域扮演越来越重要的角色。据国际能源机构(International Energy Agency, IEA)的预测,2035年可再生能源发电(包括水力)将占全球发电量增长的一半,在全球发电总量中的占比将增加至31%。

2) 清洁能源成本迅速下降,产业投资持续增长

随着清洁能源技术的不断进步、能源政策的支持及商业模式的优化,清洁能源成本迅速下降。2010—2015年全球光伏成本下降约55%,预计2025年将进一步下降59%,有望成为最便宜的发电能源;风电成本也降低了一半以上。成本的下降、政策补贴的支持,让清洁能源行业的毛利润率处于较高水平,拉动了投资增速。其中,可再生能源发电技术的投资在2004—2016年增加了4倍以上,即从2004年的470亿美元增加到2016年的2 420亿美元,其中包括项目融资、技术开发支出(公共经费和私营资助的研发)以及放大资本。

3) 单位GDP能耗和碳排放量持续下降

全球能源效率与节能水平的提高降低了全球单位GDP的能耗和CO_2排放量。《BP2030世界能源展望》中指出,能源效率将在全球范围加速提高,年均提高速度为2.0%,而过去20年的年均提速仅为1.2%,这将降低一次能源的使用量。同时,为应对气候变化,2015年世界主要国家签署了《巴黎气候协定》,全世界都越来越关注气候变化,这也在全球范围内推动了将CO_2排放与经济增长脱钩的进程。

4) 电气化程度显著提升

目前,推动电气化程度的因素包括技术进步、收入增长、结构性变化以及去碳化。未来,去碳化将成为电气化程度提高的最主要因素。在交通行业和建筑行业,电动汽车和电热泵的普及将提高电气化率。储能和电池技术加速发展,快速充电、长距离续航的电动汽车商业化加快,加速了去碳化。部分欧洲国家提前了石油替代过程,挪威、荷兰、英国、法国等计划在2025—2040年停止生产销售燃油汽车。根据政府间气候变化专门委员会(Intergovernmental Panel on Climate Change, IPCC)分析,全球2050年电气化率将达到30%~35%。

5) 新技术在能源体系中得到广泛运用

新一代互联网、物联网、云计算、大数据等创新技术在能源生产到使用终端全过程和各个环节深度融合,达到能源的智慧化开发和利用,以构建绿色、节能的生态型智慧地球。智能电网、能源互联网、微网、智慧能源等是新一代技术与能源体系结合的具体应用,促进了清洁能源的消纳,提高了能源

使用效率，满足了用户的个性化用能需求，提高了经济性，保证了用能的安全性。

1.2　我国能源应用现状

我国是当今世界上最大的发展中国家，发展经济是中国政府和中国人民在相当长一段时期内的主要任务。作为社会发展的物质基础，我国始终高度重视能源发展与应用，通过加大能源资源勘查力度，丰富能源供给种类与体系，提升社会能源供给能力，创新能源应用技术等，取得了我国经济社会发展举世瞩目的成就，成为世界第一能源生产国与消费国，为世界能源市场创造了广阔的发展空间。

1.2.1　我国能源消费现状

经过数十年的发展，我国能源消费总量逐年上升，在能源消费结构优化、新旧动能转化、能源电气化、能源效率利用提升方面取得显著成效。

1）我国能源消费增速放缓，消费总量居全球首位

2017年，全国能源消费总量为44.9亿吨标准煤，同比增长2.9%，增速比2016年提高了1.5%。但总体来看，依然延续了2013年以来低速增长的趋势，显著低于之前10年8.6%的平均增速。近年来我国能源消费变动的特点显示我国经济结构调整、转型升级的步伐正在逐步加快，经济发展方式已经从规模速度型粗放增长开始转向质量效率型集约增长。

尽管我国能源消费增速明显放缓，但能源消费总量仍然巨大。2017年，我国能源消费量约占全球的23%，位居世界第一；美国能源消费量位居第二，约占全球的17%；欧盟占12%；印度和俄罗斯均占5%左右。能源消费量排名前10位的国家和地区，其能源消费量之和约占全球的74%。

2）清洁能源占比逐年提升，能源消费结构不断优化

2017年，我国煤炭消费量占能源消费总量的比重为60.4%，同比下降1.6%，非化石能源和天然气的比重分别达到13.8%和7%。天然气、水电、核电、风电等清洁能源消费占能源消费总量比重同比提高约1.5%。

非化石能源和天然气成为能源消费增长的主要类型。2017年，我国能源消费总量比2016年增长1.3亿吨标准煤，其中非化石能源、天然气和石油各增长约0.4亿吨标准煤，煤炭增长约0.1亿吨标准煤。

3）能源发展动力加快转换，建筑和交通用能成为终端能源消费增长的主要驱动力

我国能源消费结构的优化不仅反映在能源品种上，也体现在能源消费的行业结构上。2017 年，我国终端能源消费量约为 31.6 亿吨标准煤，同比增长约 3.0%。其中，工业消费的终端能源约为 20.9 亿吨标准煤，同比增长 1.4%，交通消费的终端能源约为 4.8 亿吨标准煤，同比增长约 5.6%，建筑消费的终端能源约为 5.8 亿吨标准煤，同比增长约 6.7%。

4）电能占终端能源消费比重不断提高，电气化交通发展迅猛

2017 年，电能占我国终端能源消费的比重约 24.9%，比 2016 年提高了约 1 个百分点。全年全社会用电量约为 6.3×10^{12} kW·h，同比增长 6.6%，较 2016 年提高 1.7 个百分点。其中，第二产业用电量增速为 5.5%，第三产业用电量增速为 10.7%，居民生活用电量增速为 7.8%。提高电能在终端能源消费中的比重，在终端能源消费环节倡导使用电能替代散烧煤、燃油，有利于解决化石能源污染和温室气体排放问题。

2017 年，新能源汽车销量达到 77.7 万辆，同比增长 53.3%，保有量达到 153 万辆，公共充电桩达到 21 万个，私人充电桩为 23 万个。此外，高铁、铁路货运和城市轨道交通的发展都加快了电力对石油的替代，全年电力替代成品油约 150 万吨。

5）能源利用效率不断提高，经济耗能强度持续下降

2017 年，全国单位 GDP 能耗下降约 3.7%，顺利完成全年下降 3.4%的目标任务，单位 GDP 电耗同比下降约 0.3%。2017 年，39 项重点耗能工业中，八成多产品生产综合能耗同比 2016 年下降。其中，合成氨生产单耗下降 1.5%，吨钢综合能耗下降 0.9%，粗铜生产单耗下降 4.9%。

1.2.2 我国能源供给现状

不断增长的能源需求带动了能源供给规模与技术的发展，数十年来，我国能源供给能力逐年提升，供给结构逐步优化，化石能源清洁高效利用成效显著，新能源技术创新与应用速度加快，支撑了我国社会与经济的高速稳定发展。尽管供给能力世界第一，但因资源储存量限制，对外依存度逐年提升；区域供给能力不平衡，能源产能过剩与短缺并存。

1）能源生产规模总体保持稳定，对外依存度逐年攀升

2017 年，按发电煤耗法计算的我国一次能源生产总量为 35.9 亿吨标准

煤，比 2016 年增长 3.6%。煤炭产量为 35.2 亿吨，净进口量为 2.71 亿吨标准煤，同比增长 4.2%，对外依存度为 7.1%，同比增长 0.8%。原油产量为 1.92 亿吨，净进口量为 4.2 亿吨，同比增长 10.5%，对外依存度为 68.7%，同比增长 3.7%；天然气产量为 1 480.3 亿立方米，净进口量为 946 亿立方米，同比增长 31.6%，对外依存度为 39.1%，同比增长 4.6%。2018 年我国能源生产总量达到 37.5 亿吨标准煤，原油和天然气的对外依存度分别攀升到 70% 和 45%，如图 1-1 所示。

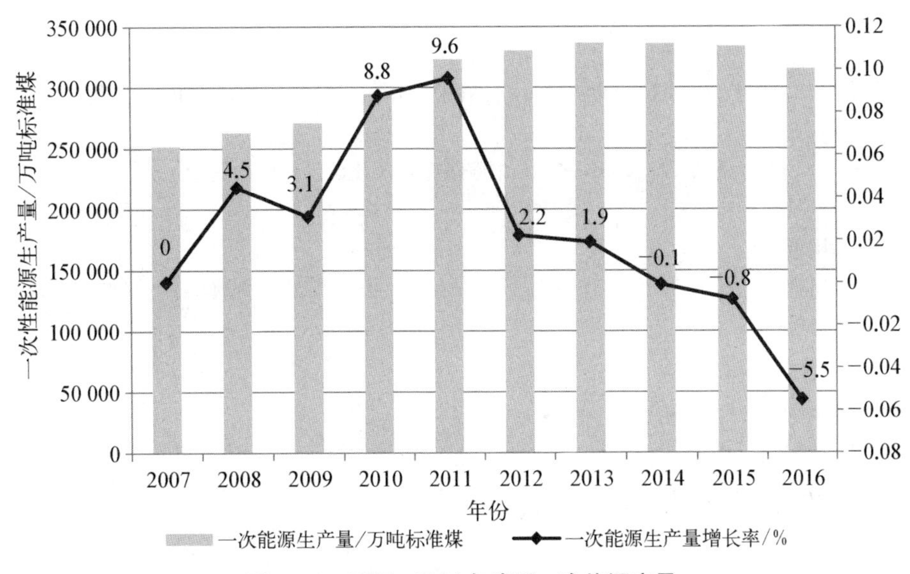

图 1-1　2007—2016 年我国一次能源产量

2）供给结构进一步优化，能源供应呈现不同特点

2012 年以来，我国煤炭在能源供应总量中占比逐年下降，新能源发展迅猛，能源供应结构进一步优化。

2016 年，我国原煤产量为 31.5 亿吨标准煤，在一次能源生产中的比重为 76.7%，比 2015 年下降 1.5%，原煤在一次能源生产中的占比呈逐年下降趋势。2018 年煤炭占 69.1%，如图 1-2 所示。

我国新能源发展迅猛，其中风电、太阳能快速增长，核电发展缓慢，如图 1-3 所示。2017 年，新能源装机总量为 32 980 万千瓦，占总装机容量的 18.6%，比 2016 年增长 2.9%。其中，风电装机 16 367 万千瓦，比上年增长 10.5%；太阳能发电 13 025 万千瓦，比上年增长 68.7%；核电装机 3 582 万千瓦，比上年增长 6.5%，与风电、太阳能发电相比，核电发展缓慢。

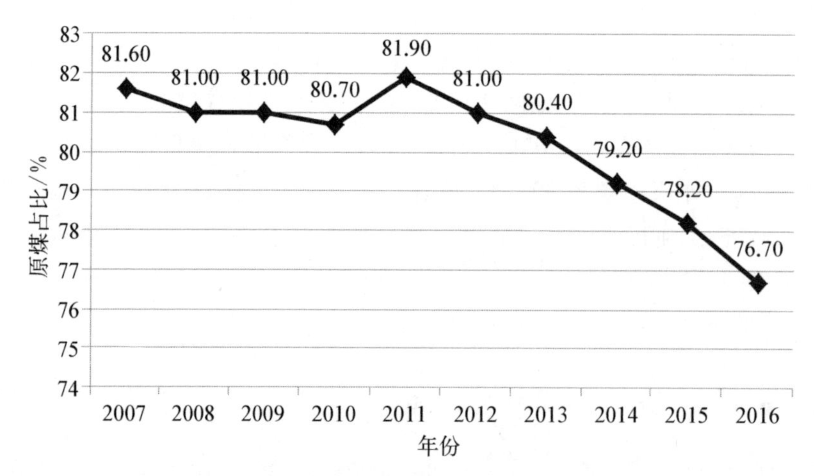

图 1-2 2007—2016 年原煤在一次能源生产中的占比

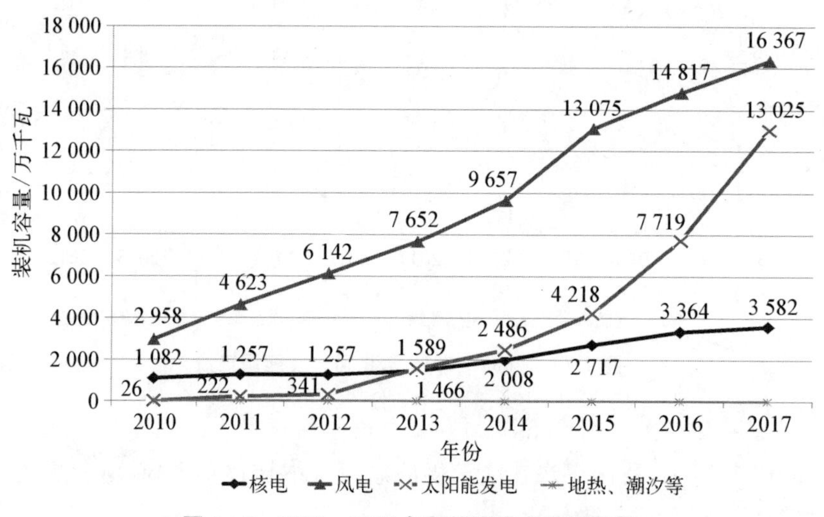

图 1-3 2010—2017 年新能源发电装机容量

3) 能源生产过剩与短缺并存,地区能源供应不均衡

我国煤炭和炼油产能过剩,电力过剩的局面也日益凸显。截至 2017 年 6 月底,取得安全生产许可证等证照的生产煤矿有 4 271 处,产能为 34.10 亿吨,我国煤炭生产量为 17.1 亿吨,产能利用率为 50%。截至 2017 年底,我国原油一次加工能源约为 8 亿吨,原油加工量为 5.68 亿吨,产能利用率只有 71%。石油和天然气短缺日益严重,对外依存度呈明显上升趋势,如图 1-4 和图 1-5 所示。

各地区能源供应不均衡,结构性失衡成为常态。从煤炭供应来看,全国煤

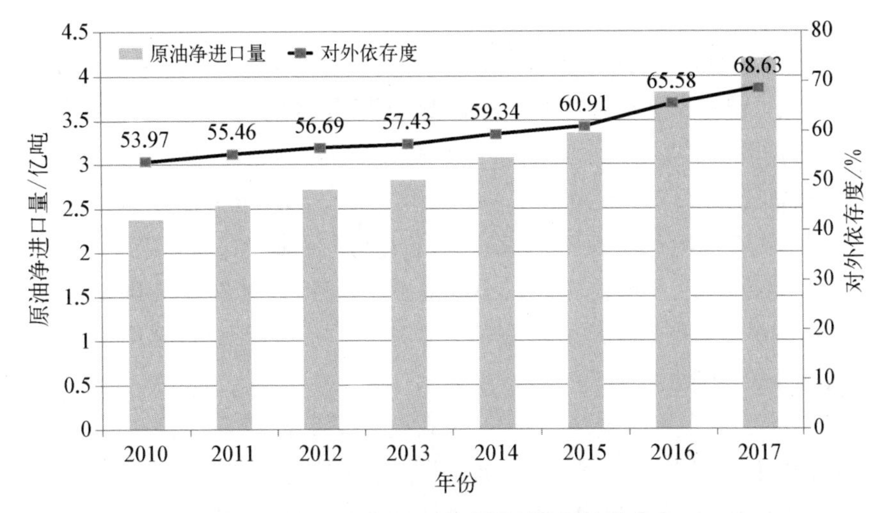

图 1-4　2010—2017 年我国对外石油依存度

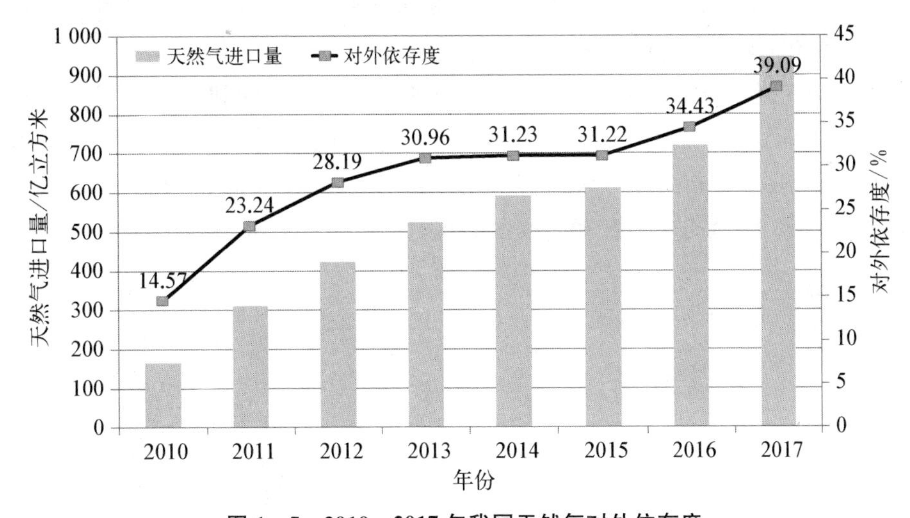

图 1-5　2010—2017 年我国天然气对外依存度

炭生产重心越来越向晋陕蒙宁地区集中。2017 年前 9 个月，晋陕蒙宁四省区煤炭产量已占全国总产量的 70.36%。石油产量则主要集中在中东、西部和海上。天然气缺气区域主要为陕西、河北、山东、河南等北方地区，自 2017 年 11 月，国内多个地区公布限气政策，天然气价格上调幅度约为 10%，个别地区上调幅度达 15%，华北地区液化天然气价格涨幅超过 60%。从电力供需来看，部分地区过剩。分区域看，华北区域电力供需总体平衡，华东、华中、南方区域供需总体宽松，东北和西北区域电力供应能力过剩。

4）能源投资增速趋缓，电力投资比重不断攀升

2016年，我国能源工业投资总额为32 837亿元，比2015年增长0.8%。其中，煤炭采选业投资额为3 038亿元，比2015年降低24.2%；石油和天然气开采业投资额为2 331亿元，比2015年降低31.9%；电力、蒸汽、热水生产及供应业投资额为22 638亿元，比2015年增长11.7%，增长率比2015年下降4.5%，与2012年增长率持平，呈稳定增长趋势；石油加工及炼焦业投资额为2 696亿元，比2015年增长6.2%，总体呈下降趋势，其中2015年降幅最大，下降20.9%；煤气生产和供应业投资额为2 135亿元，比2015年下降8.4%，总体呈显著下降趋势。

5）分布式能源发展速度加快，分布式光伏成为亮点

在国家政策的扶持之下，我国分布式能源发展速度加快。以分布式能源、可再生能源为代表的新型能源系统与常规集中式供能系统的有机结合，将成为未来能源系统的发展方向。分布式能源在我国的主要供能形式以分布式光伏、天然气分布式和分散式风电等为主。

分布式光伏发展迅猛。我国在“全面推进分布式光伏和‘光伏＋’综合利用工程”上已经初见成效。截至2017年底，我国光伏电站累计装机容量为13 025万千瓦，分布式累计装机容量则达到了2 966万千瓦，占光伏装机的比重为22.8%，成为分布式能源发展的亮点，如图1-6所示。

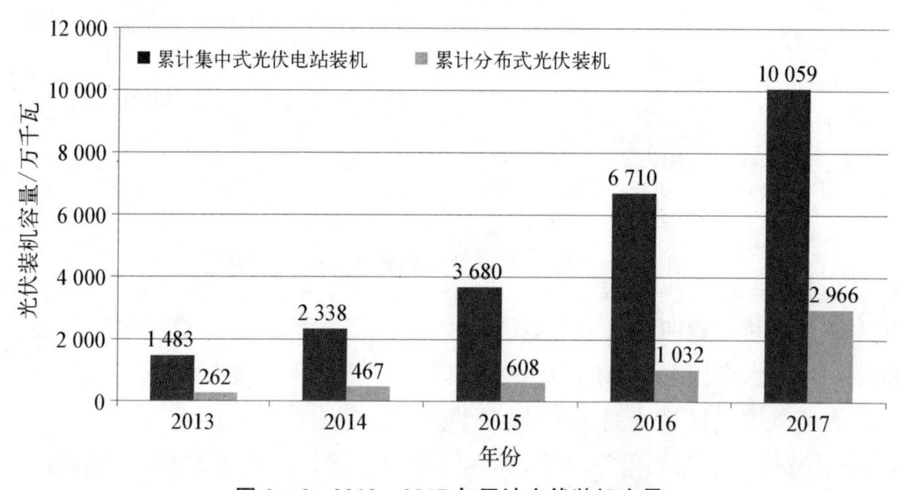

图1-6　2013—2017年累计光伏装机容量

中国天然气分布式发展刚刚起步，2016年，全国天然气分布式发电累计装机容量为1 200万千瓦，不到全国总装机容量的2%，距离《关于发展天然气分

布式能源的指导意见》中提到的"2020 年装机规模达到 5 000 万千瓦"的目标差距很大。

2017 年,我国新增并网风电装机为 1 503 万千瓦,累计并网装机容量达到 1.64 亿千瓦,占全部发电装机容量的 9.2%。虽然我国风电装机容量发展迅速,但分散式风电发展相对缓慢,分散式风电并网量只占全国风电并网总量的 1%左右,其发展水平总体滞后于分布式光伏。

6) 化石能源清洁高效利用取得显著成效

目前,煤炭消费主要分布在以下几个方面:一是燃煤发电,每年燃煤 18～20 亿吨;二是冶金炼焦,每年消耗洗精煤 6.5 亿吨左右;三是煤化工,每年用煤 2.5 亿吨左右(不含炼焦);四是锅炉用煤(含建材窑炉和供热供暖),每年大约 7.5 亿吨;五是民用散煤,每年大约为 2 亿吨,如图 1-7 所示。

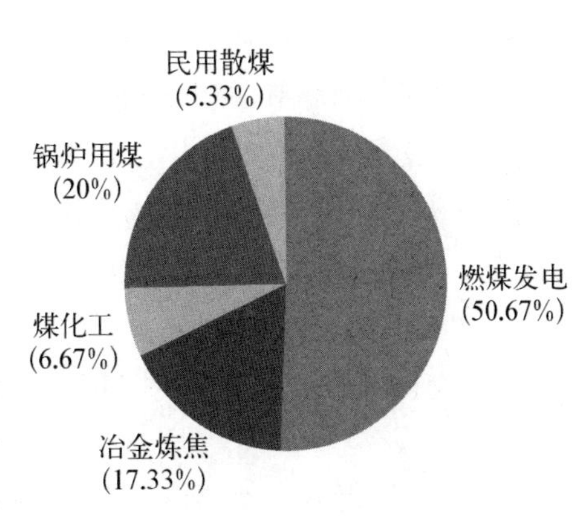

图 1-7　我国煤炭消费结构

煤炭的清洁利用主要体现在燃煤发电、冶金炼焦、煤化工三个领域,其用煤比例占煤炭消费的 75%左右,也就是全国有 3/4 的煤炭做到了清洁利用。

我国已经突破大型燃煤超低排放发电技术,燃煤电厂大气污染物排放达到国家天然气发电大气污染物排放限值标准。截至 2017 年底,在全国约 9.4 亿千瓦煤电中,有一多半已经完成节能升级改造,实现了超低排放发电。经过示范工程改造实践,部分电厂烟尘、SO_2、NO_x 排放低于上述标准,取得了很好的成效。

炼焦和高炉炼铁冶金方面,现有技术和装备对其大气排放物进行处理后实现了"超低排放"。目前开展的升级改造治理行动包括对焦油池进行封闭、对焦炉气进行综合利用、VOCs 逃逸进行焚烧净化等。现代煤化工领域属于新型大规模化新兴产业,装备配置高,可做到清洁生产、超低排放。

石油清洁利用方面,我国将逐步实施更加严格的机动车排放标准。车用燃油标准的提升是降低燃油污染物排放的重要途径。主要包括提高车用油品清净性,降低有害物质含量,改善环保指标。我国在 2000 年左右成功实现了车用汽油的无铅化,2017 年,在全国范围对轻型车实施第五排放标准,基本完成低硫化进程,进入清洁化阶段。

7) 新型能源技术成为能源发展的重要支撑

在能源终端利用领域、煤炭生产与利用技术领域、油气资源勘探与开发利用技术、先进核电技术、可再生能源利用技术、新型电力技术等方面，新型供能技术取得了重要进展。

三代核电技术逐渐成为新建机组的主流技术，四代核电技术、小型模块式反应堆、先进核燃料及循环技术研发不断取得突破。我国已形成了完整先进的核电产业链，涵盖核电工程设计与研发、工程管理、装备制造、核燃料供应、运行维护等各个环节，核电设备制造能力和核电工程建造能力世界第一。

储能技术在电网的应用已扩大到分布式发电及微网、可再生能源并网、电力输配(主要指延缓输配电投资)等领域，新技术的应用为能源工业的清洁低碳、安全高效发展提供了重要的支撑。

1.3 我国未来能源发展面临的问题与挑战

虽然我国能源发展取得了很大的成绩，但随着我国经济发展进入新阶段，对能源的供给稳定性、能源利用的高效性、能源结构的合理性、生态环境的可持续性以及能源体系的完善性上提出了更高要求。而面对新形势和新要求，我国能源体系的结构性、体制机制等深层次矛盾进一步凸显，主要表现为能源电力供需结构性矛盾比较突出，难以满足经济社会对清洁低碳、安全经济、多样化的高品质用能需求，传统能源电力还不适应新一轮科技革命，数字化智能化网络、共享经济等新技术新业态引发的变革、能源市场、价格机制尚不健全等。

1) 化石能源占比较大，环境问题依然严峻

由于受我国资源禀赋等因素的影响，我国能源结构仍以煤炭、石油等化石能源为主，煤炭在整体能源消费结构中占比最大。截至2016年底，我国煤炭能源消费量占能源消费总量的62%，比重远超全球均值和经济合作与发展组织(Organization for Economic Co-operation, OECD)国家的占比，清洁能源消费量在能源消费总量中占比为13%，比重低于全球均值和OECD国家均值。2017年，我国用电增量约为3 900亿千瓦时，扣除非化石等电源发电量增量，还需要煤电发电量增量约为1 900亿千瓦时，拉动煤炭消费增长。从2018年的发电量看，火电为49 231亿千瓦时，水电为12 329亿千瓦时，风电为3 660亿千瓦时，核电为2 994亿千瓦时，太阳能为1 775亿千瓦时。随着我国能源

消费量的持续攀升,水能、风能、太阳能等清洁资源丰富却对煤电替代效果有限,使得能源总量和结构调整的压力十分巨大。

由于传统能源占比较大,能源生产利用方式粗放的问题仍未完全解决。传统化石能源燃烧带来的二氧化碳、二氧化硫、氮氧化物等污染物污染严重,能耗较高的能源种类的过度使用与不合理的能源利用方式,给我国绿色低碳发展和经济平稳发展带来了较大的压力。一是能源的不当利用所排放的废水、废气加剧了环境污染,损害了生物多样性。二是能源的不当利用使得气候环境恶化,导致酸雨、雾霾等极端天气的频繁发生。三是在全球低碳化的潮流大趋势中,居高不下的环境污染物排放量严重影响了我国国际形象的树立,并且对我国的出口、就业、财政收入、投资以及整体经济增长产生了一定的抑制作用。

2) 新能源发展面临瓶颈,能源清洁替代任重道远

新能源利用成本较高,产品竞争能力弱。我国风电、光伏等新能源技术水平普遍偏低、利用成本较高,风光发电竞争力低于火电,新能源发电上网电价相对燃煤发电仍然处于劣势,竞争能力弱,可再生能源发电量和经济指标的实现面临挑战。

可再生能源补贴缺口逐年增大。可再生能源发展很大程度上依赖于政府补贴的力度,对政策依赖程度很高,财政补贴缺口问题一直是我国可再生能源发展中面临的困难。截至2017年底,我国可再生能源补贴缺口已达到1 000亿元,在附加费不提高的情况下,即便不新增可再生能源,我国每年都将有1 000亿元的缺口,随着补贴缺口逐年加大,政府资金压力巨大。

地方政府过度保护,加剧了清洁能源的消纳问题。部分地方政府通过行政手段优先保障本省煤电机组发电,对消纳外来新能源电力积极性不高,再加之能源地理错配等问题,导致可再生能源消纳并网难,弃风弃水弃光问题严重,跨省输送电力的困难因地区之间利益矛盾等因素日益加剧。

新能源产业链尚不完整,产业链上下游对接能力不足。特别是对风电和光伏发电产业而言,上下游矛盾尤其突出。我国下游的风电建设速度发展很快,在世界也处于前列,而上游的制造研发能力还处于较低水平,自主创新能力不足,对我国新能源产业的持续发展形成了制约。

核电发展面临诸多挑战。一是由于近年核电项目审批节奏放缓,导致我国核电装备制造企业、工程设计建造企业的经营状况堪忧;二是核电公众宣传与沟通工作薄弱,我国尚缺乏完善的核电公众沟通法律体系,核电企业的官方

舆情信息发布与解读的速度不同步、新媒体发展迅速，以及公众存在从众心理等问题，制约了核电的发展；三是因为能源电力系统规划顶层设计缺失、能源电力供给结构不合理、火电审批权不合时宜下放以及政策促进新能源发展等因素，核电消纳困难持续扩大。

能源供应模式创新不足。目前我国能源供应形态不丰富，供应模式少，如风电光伏集中式供电占比较大，分散式供电占比较少，且供应模式创新能力不足，不能满足日益增长的民生需求，移动储能、人工智能、可再生能源供热供暖以及风、光、供热、配售电、气电及电站服务等综合能源供应服务发展尚处于初期。

此外，洁净型煤推广困难，散烧煤占比仍然较高，污染物排放严重，高品质清洁油品利用效率低，交通用油等亟需改造升级等问题，导致能源清洁替代任务艰巨。

3）能源供给对外依存度持续攀升，能源安全问题不容忽视

由于我国“富煤贫油少气”能源禀赋限制，能源供应能力有限，无法满足日益增长的能源需求，使得能源市场的供需缺口不断拉大，且并没有表现出逆转的迹象。为了保证能源供给，我国石油和天然气的进口依存度不断攀升，2017年，中国原油进口量再创新高，突破4亿吨，同比增长10.1%；天然气进口量为946.3亿立方米，同比增长26.9%。与此同时，我国能源进口地区较为集中，容易受到国际动荡局势的影响，面临较大的安全风险。能源供给的不可持续性使未来能源发展存在很大的不确定性，带来了不容忽视的能源安全问题。

4）能源系统整体效率低，尚不适应新技术新业态变革

综合智慧能源发展潜力巨大，但目前还处于初步发展阶段，电力、热力、燃气等不同供能系统集成互补、梯级利用程度不高。电力、天然气峰谷差逐渐增大，系统调峰能力严重不足，需求侧响应机制尚未充分建立，供应能力大都按照最大负荷需要设计，造成系统设备利用率持续下降。风电和光伏主要集中在我国西北部地区，能源地理错配、电力基础设施建设不足，加之清洁能源长距离大规模外送需配套大量煤电用以调峰，输送比例较低，系统利用效率不高。

随着大数据、云计算、区块链、物联网等新技术的蓬勃发展，能源行业逐步向信息化、智能化和能源互联方向发展。从政策层面看，“互联网＋”能源模式受限于我国能源体制与管理主体，实现各个环节运营数据的全面共享较为困

难。从技术层面看，我国不同类型能源之间还存在一定的隔离性，各能源种类之间的数据互联互通存在一定障碍；互联网技术应用尚未完全对能源领域实现跨领域融合，跨界人才缺乏；各主体电力数据的安全性、保密性及共享性之间存在矛盾。从商业模式看，市场化运作机制、产业化路径与商业模式尚不清晰，市场化效益不显著。

5）多方面因素交织，影响电能替代进程

能源价格机制不完善。由于我国当前的能源价格形成机制不完善，现行的能源低价政策使得传统能源的价格严重偏离其真实价值，没有考虑环境成本的能源价格难以发挥市场优化配置资源的作用，在现行价格体制下，电能相对煤炭、天然气等能源没有相对优势。

产业制度不健全。电能替代需要科学的规划和监管、协调的价格和财税政策以及完善的产业制度，但从当前能源发展规划来看，清洁能源对常规化石能源的完全替代方面的配套制度建设不足，且制度的完善并非短期内能完成，影响电能替代进程。

电网基础设施建设滞后。由于特高压工程在国家层面的核准、审批速度较慢等因素，作为电能替代支撑体系的特高压和配电网还显滞后，电网建设不足，难以把不能就地消纳的电能大规模送出，这也影响了电能替代进度。

公众的能源消费观念难以迅速扭转。从终端消费市场来看，公众对煤炭、石油等化石能源过分依赖，能源消费的传统观念已经根深蒂固，难以迅速转变，这也导致电能替代较慢。

6）能源体制机制有待完善，政策协调不力

我国尚未形成完善的能源市场体系。我国能源市场结构不合理，市场体系不健全，部分领域存在垄断经营、网运不分、主辅不分、调度和运行不分、限制竞争等问题。

能源价格形成机制仍不健全。我国缺乏科学的价格形成机制，成品油、天然气、电力等价格仍主要由政府行政决策制定；价格构成不合理，长期以来，我国对能源价格采用严格管控方式，抑制了市场自身调节机制的发挥，导致价格的扭曲与倒挂；能源税制不够完善，资源税的构成和水平仍不合理，价财税体系不能真实反映能源产品市场供求关系、稀缺程度及对环境的影响程度。

政府管理越位和缺位并存，政府和市场的关系尚未理顺。我国能源行业改革缓慢，能源项目审批程序比较繁杂；能源战略前瞻性研究不够，能源规划缺乏科学性、权威性、指导性和可操作性，规划之间不能有效衔接，项目审批与规划落实脱节,导致一些能源领域技术很强但是技术能力发挥不足。

法律体系结构不完整,协调性有待提升。我国能源基本法长期缺位、法律内容不健全,可操作性差、惩戒力度不足、执法不严等问题比较突出;能源价格、税收、财政、环保等政策协调性有待提升。

1.4 我国能源转型的发展需求与目标

面对能源总量需求增长放缓,能源体系的结构性、体制机制性等深层次矛盾进一步凸显的挑战与问题,大力推动我国能源结构转型与优化至关重要,势在必行。党的十九大提出的"推进能源生产和消费革命,构建清洁低碳、安全高效的能源体系"给我国加快能源生产与消费革命,实现能源体系结构性优化改革指明了方向。国家能源局印发的《2018 年能源工作指导意见》也提出,要全面贯彻党的十九大精神,坚持新发展理念,遵循能源安全新战略思想,按照高质量发展的要求,以推进供给侧结构性改革为主线,推动能源发展质量变革、效率变革和动力变革。

1.4.1 能源转型的根本目标

"推进能源生产和消费革命,构建清洁低碳、安全高效的能源体系"是我国能源转型与优化发展的根本目标,是积极应对资源短缺、环境污染、气候变化等严峻挑战,解决我国面临的能源需求压力大、供给制约多、生态环境影响严重、体制机制不完善等深层次问题与矛盾的核心指引。

1) 清洁

能源的生产、传输和消费的全生命周期都是低污染的,要尽可能减少由能源生产和消费引起的各种污染物排放。良好的生态环境已经成为人民生活不可或缺的条件,党的十九大提出要持续实施大气污染防治行动,打赢蓝天保卫战。为推动能源清洁利用,我国提出到 2020 年,煤炭占能源消费总量比重下降到 58%以下,电煤占煤炭消费量比重提高到 55%,天然气消费比重提高到 10%左右等一系列目标。至 2019 年底,煤炭占能源消费总量比重已降为 57.7%,电煤占煤炭消费量比重为 53.61%,天然气消费比重约为 8.2%,基本达到预期目标。

2) 低碳

低碳指碳排放强度的降低。气候变化是人类发展面临的共同挑战,按照现有政策，到21世纪末全球气温将有可能升高4℃，带来海平面上升、粮食减产、植被退化、极端灾害事件频发等严重影响。

能源体系是碳排放的最主要部分，低碳无疑是高质量的重要要求。我国政府已经就碳排放向国际社会做出了庄严承诺，将在2030年左右实现碳排放达峰，2020年、2030年单位GDP碳排放比2005年分别下降40%～45%、60%～65%，非化石能源占一次能源消费比重在2020年、2030年、2050年分别达到15%、20%、50%左右。这是我国建设生态文明和美丽家园的内在要求，更是体现大国担当，推进人类命运共同体构建的崇高使命。

3）安全

安全指能源供应来源多样化，对经济发展提供保障程度高的供应，并能有效应对在各种自然灾害或地区动荡等内外部条件变化下的安全供应。能源安全是国家安全的重要组成部分，是关系国家经济社会发展和人民根本利益的全局性、战略性问题。为保障能源供应安全，我国提出2020年能源自给能力保持在80%以上，2030年能源自给能力保持在较高水平的目标。

4）高效

高效是指能源的生产、转化、运输和消费环节都应该充分利用现有技术，做到经济、节约和高效。能效水平提升是世界能源发展的趋势和目标。我国能源强度从1980年以来下降了近80%，能源效率提高了近5倍，但在整体能耗水平和单位产品能耗水平上仍然明显高于美国、欧盟等发达国家和地区，能源利用效率亟待提升。我国提出2020年单位GDP能耗将比2015年下降15%、2030年达世界平均水平、2050年达世界先进水平的节能目标，并提出2020年、2030年能源消费总量分别控制在50亿、60亿吨标准煤以内，2050年实现能源消费总量基本稳定。

1.4.2　能源转型的主要特点

当今世界正处于能源大变革时期，能源转型正在加速。各国都很重视化石能源大规模开发利用下的生态环境问题、资源匮乏问题，积极推动世界能源转型。从我国与国际形势来看，能源转型主要体现为4种主要特征。

1）从追求能源规模增长到重视质量提升

过去30年来，我国能源体系发展的重心主要是围绕经济快速发展的需要，快速实现能源生产与消费规模的增加，并依托各类生产生活的能源需求，建立起一套相对稳定的能源结构。而与粗放的能源规模增长相比，目前全球能源开始呈现出从追求规模到重视质量的转变趋势，能源结构对高质量的要求愈发提升。能源的高质量发展主要表现为创新技术应用提升能源利用效率、统筹生态文明建设实现能源绿色发展、完善能源体系结构实现可持续发展。

2）合作共赢、政策引导作用日益显著

目前应对气候变化进入新阶段，新一轮能源科技革命加速推进，全球能源治理新机制正在逐步形成，各国能源发展面临的问题依然严峻。各国应加强能源合作，共同打造开放包容、普惠共享的能源利益共同体，提升区域能源安全保障水平，提高区域能源资源优化配置能力，实现区域能源市场深度融合，促进区域能源绿色低碳发展，以满足各国能源消费增长需求，推动各国经济社会快速发展。虽然政策因素也在之前的能源转型中发挥了重要作用，但是此轮能源转型所面临的政策挑战是空前艰巨的。负面的外部环境效应（如空气污染、碳排放）以及正面的外部效应（如技术革新的推广）方面是本轮能源转型的根本性变化。外部效应导致了市场失灵，需要通过必要的政策干预来纠正这些市场失灵造成的经济扭曲。

3）发展中国家和新兴经济体具备跨越式发展机遇

通过借鉴他国的发展经验和引进先进技术，并学习和改进他国的政策和制度设计，发展中国家和新兴经济体可以在能源体系方面实现跨越式发展，比高收入国家更早地达到人均能耗和温室气体排放的峰值。发展程度更为落后的国家有可能率先为其国民提供先进的能源服务，而不会产生先进经济体经历过的负面环境问题。这样，发展中国家有可能在新能源发展方面获得后发优势。

4）新技术发展成为推动能源创新转型的核心驱动力

高质量发展是创新的发展。创新具有世界性和时代性，必须不断地推进供给侧结构性改革，推动质量改革、效率变革、动力变革，增强质量优势。把握数字化、网络化、智能化融合发展的时代契机，以信息化、智能化为杠杆，推动互联网、大数据、人工智能和实体经济深度融合，强化科技创新、产品服务创新、商业模式创新和管理创新，在平台经济、数字经济、共享经济、现代供应链等领域培育新动能。

以智能化为主攻方向推动产业技术变革和优化升级，运用新技术、新模式改造提升传统产业，推动产业模式和产业形态根本性转变，降低实体经济成本。

1.5　能源转型中多种能源发展定位与前景分析

现而今，能源转型的核心是推动化石能源向低碳、可再生能源的转型，是推动化石能源清洁化，适当降低其在结构中占比，实现能源体系向清洁、低碳、可持续方向转变发展。能源转型必须立足于各种能源型式的自身特点，为明确未来能源转型的发展重点及各种能源的发展定位与前景，各种能源型式的综合对比分析必不可少。

1.5.1　多种能源型式特点及现状分析

一次能源主要包括煤炭、石油、天然气等化石能源，风能、太阳能、水电能、核能、地热能、生物质能、海洋能等可再生能源与新能源。准确认识目前各一次能源的发展现状、发展问题及发展特点，对于未来能源转型方向及多种能源发展前景的准确定位至关重要。

1）化石能源

化石能源是碳氢化合物或其衍生物。它由古代生物的化石沉积而来，是目前世界上应用最广泛，也是我国主要的能源来源。化石能源包含的天然资源有煤炭、石油和天然气。由于化石能源的产生需经历千百万年的地质演变，属于不可再生能源。

煤炭是我国的基础能源，目前我国煤炭可供利用的储量约占世界煤炭储量的11.67%，位居世界第三。我国是世界煤炭消费量最大的国家，煤炭一直作为我国主要能源和重要原料，在一次能源生产和消费构成中始终占一半以上。合理预测，煤炭工业在我国国民经济中的基础地位将是长期的和稳固的，具有不可替代性。天然气是一种优质、高效、清洁的化石能源，其热值更高，燃烧产生的有害物质相比更少，经济性和环境评价更优，被人们称为绿色能源。

改革开放以来，我国一次能源生产与消费量增长迅速。2017年，我国一次能源生产量达到35.9亿吨标准煤。一次能源消费量达到44.9亿吨标准煤。我国能源生产与消费结构均以化石能源为主，尽管近年来非化石能源占比明显提升，但化石能源占比仍超过80%。与日益增长的生产消费需求相比，我国能源储量远远不够。尽管我国化石类能源探明储量约为7 500亿吨标准煤，总量较大，但是人均能源拥有量却远远低于世界平均水平。煤炭、石油、天然气人均剩余可采储量分别只有世界平均水平的58.6%、7.69%、7.05%。此外，我国油气资源缺口相对较大，2017 年对外依存度高达 68.4%和 38.2%，随着国际局势的愈发复杂，油气资源的运输安全与油气资源争夺将成为政治博弈的重要方面，油气资源供应安全挑战重重。

化石能源的利用是造成环境变化与污染的关键因素之一。化石能源的大量消费造成大量温室气体排放，使得大气中温室气体浓度增加、温室效应加剧，全球气候变暖加速。IPCC 的气候变化预估报告中指出，人类生产所产生的 CO_2 中 90%以上是化石能源消费造成的。我国能源结构中高比例的化石能源消费也同样带来了大量 CO_2，2017 年我国能源相关 CO_2 排放量高达 92.3 亿吨，高于美国 81.5%，占全球能源相关 CO_2 排放总量的 27.6%，占比相比 2005 年提高 6 个百分点。CO_2 排放已成为制约我国经济建设的政治筹码，为保障经济建设的可持续健康发展，推动化石能源低碳发展，降低 CO_2 排放势在必行，压力巨大。

化石能源，特别是煤炭的使用带来大量的二氧化硫和烟尘排放，也是造成我国大气污染的重要原因。其中，电力、钢铁行业是工业气体污染物的主要排放源，煤炭采选、化工行业是工业废水的主要排放源，电力、钢铁、煤炭采选是工业一般固废主要生成源，化工行业是工业危险固废主要生成源。

随着化石能源储量的逐步降低，全球能源危机也日益迫近，以化石能源为主的能源结构具有明显的不可持续性，亟需能源结构优化改革。

2）风能

风能是空气流动所产生的动能，是太阳能的一种转化形式。风能资源的总储量非常巨大，分布极为广泛，是目前新能源行业中技术最成熟、经济性最高、最具发展潜力且基本实现商业化的可再生能源之一。风电已在全球范围内实现规模化应用，2000 年以来风电占欧洲新增装机的 30%，2007 年以来风电占美国新增装机的 33%，美国还提出到 2030 年风电用电量占比将提升至 20%。2017 年，中国风电装机总量达 1.64 亿千瓦，占全国电源总装机容量的 9.50%，上网电量为 2 717 亿千瓦时，占全国总发电量的 4.76%，风电已成为中国继煤电、水电之后的第三大电源。

随着风电开发的规模化发展和技术不断迭代，风电度电成本持续下降。2007—2017 年，全球风电价格下降了 40%，美国风电长期协议价格已下降到与化石能源电价同等水平，风电的经济性凸显。根据国际能源署发布的报告，2017 年全球陆上风电平均度电成本为 6 美分，相当于 0.4 元。而随着成本的下降，在国外很多国家和地区通过招标定价的项目越来越多，从招标情况看，最低的电价达1.8美分，折合人民币不到0.2元。影响风电度电成本的因素很多，如资源、土地成本、财务成本等。在国外很多地区，资源很丰富，等效小时数可能达到了3 000小时、4 000小时，而贷款利率可能只有1%～2%，另外还有土地无偿使用等很多优惠政策，这是一些项目低价投标的主要原因。

我国风电成本下降明显，但仍有较大下降空间。就设备成本而言，我国风电机组成本已经明显低于国外水平，风机设备已降至3 000元/千瓦的水平。但风电开发平均度电成本与全球平均水平持平甚至更高，2018年我国风电度电成本为0.35～0.46元，与国外很多项目相比仍有很大下降空间。非技术成本已经成为我国风电成本下降的重要因素，比如弃风限电因素、土地成本等。2017年弃风限电得到明显改善，较2016年下降5.2个百分点，但弃风限电比例仍然达到28.4%。值得一提的是，弃风现象持续好转。2019年1—9月，全国弃风电量为128亿千瓦时，平均弃风率为4.2%，较2018年同期有大幅度改善，同比下降3.5个百分点，尤其是新疆、甘肃和内蒙古，弃风率同比显著下降，同比分别下降9.8、10.1与6.7个百分点。除了根本解决弃风限电问题，提高风电机组的质量、效率和技术水平，推动产业链上下游协同，消除不必要的资金成本等是实现2020年风电平价上网目标主要的努力方向。目前，在一些资源和开发条件较好的地区，风电项目建设已不需要补贴。比如，国家电投的乌兰察布风电基地600万千瓦示范项目、中核黑崖子5万千瓦风电平价上网示范项目。

风能也存在一定的缺点与劣势。风能能量密度低，且受当地气象环境条件影响，风速不稳定，能量输出不稳定，随季节及昼夜变化较为显著，具有间歇性、波动性、随机性的特点，无法作为基荷电源大量替代火电。上述特点使得风能的大规模开发利用和高比例并网给电网资源配置能力、平衡调节能力、安全承载能力等带来一系列问题与挑战。同时，风能存在明显的地域分布特性，其利用受地理位置制约严重。此外，风力发电装置需要布置在开阔地带，土地占用量大，噪声大，对鸟类飞行威胁大，一定程度上影响生态环境。

3）太阳能

太阳能是指太阳的热辐射能，是一种分布最为广泛的可再生能源。太阳能在地表的辐射能量高达106太瓦，利用过程清洁，具有几近无穷的开发潜力。按照目前的太阳质量消耗速率来看，可维持600亿年的利用，是未来极具潜力的终极能源之一。我国幅员辽阔，太阳能资源十分丰富，适宜太阳能发电的国土面积和建筑物受光面积很大。大力发展太阳能利用技术，对于推动我国经济及社会的可持续发展具有重大和深远的意义。

太阳能的利用主要有3种形式：一是光热转化，二是光电转化，三是光化学能转化。光热转化应用最为常见，成本低廉，应用范围广，应用形式简便，但转化效率低，难以形成规模应用。光电转换过程是利用光伏电池技术将太阳能转化为电能，转化效率在15%以上。光化学能转化时利用太阳能实现化学反应，将能量转化为化学能进行储存。

太阳能作为我国可再生能源发展的重点之一，至2017年底，发电装机容量约为1.3亿千瓦，占全部电源装机容量的约8%，居全球第一。2008—2017年，我国太阳能发电装机年均增长为191%，大大高于全球46%的平均增速。“三北”地区(西北、华北、东北)是我国太阳能发电规模化开发的战略重点。截至2017年底，“三北”地区太阳能发电累计装机容量7 556万千瓦，占全国太阳能发电装机容量的58%。

随着太阳能产业的高速发展，光伏发电相关技术也取得极大突破，带动太阳能发电经济性和上网电价的快速降低。中国光伏行业协会统计，2007—2017年，光伏组件和系统价格下降幅度达90%，如今我国光伏组件的生产成本已降至近2 000元/千瓦，系统设备投资已降至近5 000元/千瓦的水平，2018年光伏度电成本为0.42～0.62元。2018年4月22日公布的青海德令哈光伏领跑者项目中，已有企业报出了0.32元/千瓦时的最低申报电价，创下中国光伏投标电价最低纪录，低于当地的标杆燃煤电价。按照技术发展预期，2020年光伏实现平价上网。与光伏发电技术突破提高光伏发电经济性相比，弃光限电、土地税费、接入及送出工程滞后等外部不利因素推高了光伏发电的价格，影响了平价上网的尽快实现。

尽管太阳能具有取之不尽用之不竭的特性，但受限于其较低的功率密度、对光照强度的敏感性以及当前光伏材料技术水平，太阳能的应用仍面临诸多技术挑战与短板。一是太阳能分布广，但分布地域特性显著，且昼夜差别明显，年负荷因子极低，因此太阳能发电往往需要面积相当大的光伏发电设备，造价高，占地广。二是太阳能的不稳定性、波动性使得太阳能上网供电技术难度提升，需要配合高效能储能技术以及柔性电网技术，实现智能、动态调峰。三是太阳能板寿命短，而太阳能板自身非常难以自然分解，且太阳能板中含有的重金属元素极易造成环境污染。

4）核能

核电是指利用核反应释放的核能，通过核电转换方式产生的电能，核能的和平利用使人类从利用化学能跨越到利用物理原子能的新天地。核电是清洁、低碳、稳定、高能量密度的能源，发展核电对我国突破资源环境的瓶颈制约，保障能源安全，减缓 CO_2 及污染物排放，实现绿色低碳发展具有不可替代的作用。

核燃料资源能量密度高、体积小，燃料费用所占发电成本比重较低。核电以同样的贸易额，提供了石油 50 倍的能量，体积不及石油的万分之一，保障能源持续供应的时间远大于石油。核电也是低碳能源中唯一可承担电网基荷能源的能源类型。现有低碳能源中，风能发电、太阳能发电、水力发电等都是间歇性能源，设备利用小时数受到自然条件的限制。有研究结果表明，当间歇性能源在电力结构中的比重超过 30%时，将会给电网带来安全风险，增加电力成本，甚至导致温室气体排放量的增加。因此，随着电网中可再生能源比例的增加，必须有稳定、高效的基荷能源来配套和护航，而核电设备利用小时高、连续稳定发电的特性正好弥补了可再生能源的不足，可以扮演电网基荷能源的角色。

核电与火电、水电并称世界三大电力供应支柱，相比火电等传统能源，核电具有环境影响小、资源消耗少等特点。与风电、光伏等新能源相比，核电则呈现发电功率高、供应能力强、运行功率稳定不受环境因素影响等特点。目前，核能的主要应用形式是发电，世界范围内超过 10%的电力由核电提供，未来核能将在供热、供汽、海水淡化等方面发挥更加重要的作用。截至 2017 年 7 月 16 日，全球已投产核电机组 450 座，已投产核电机组总装机容量 394 吉瓦，分布在 30 个国家和地区。在建核电机组 61 座，在建核电机组装机容量为 61 吉瓦，预计 2030 年前全球核电装机容量将达到 574 吉瓦，发展前景广阔。我国核电产业也取得了举世瞩目的成就，截至 2019 年 12 月 31 日，在运核电机组共 47 台（不含台湾地区），装机容量为 4 875 万千瓦。2019 年，全国运行核电机组累计发电量为 3 481.31 亿千瓦时，约占全国累计发电量的 4.88%。我国先后发展建设了三代核电技术，形成了具有鲜明特征的核能技术与产业体系，完成三代核电 AP1000 技术引进消化吸收，关键设备和材料国产化取得重大突破，形成自主品牌“华龙一号”和 CAP1400 的三代压水堆技术。积极参加国际热核聚变实验反应堆计划（ITER），已完成中国工程实验堆概念设计，正在开展总体设计。30 多年来，我国核电未发生 2 级及以上事件和事故，已经形成了综合配套的事故防御、污染治理、科技创新、应急响应和安全监管能力，目前已累积安全运行超 300 堆·年，运行业绩优异，核电安全设计与运营达到国际先进水平。核能已在提升我国综合经济实力、工业技术水平和国际地位方面做出了巨大贡献，在应对气候变化和改善环境质量方面发挥了重要作用。

尽管如此，核电站建造成本高昂，其在能源市场中的竞争力受经济影响较大。受限于要求愈发严格的核安全法规标准，核电技术在更新换代中，成本不降反升。二代改进型技术机组，单位平均造价为 12 056 元/千瓦。从当前电价水平看，与沿海各省煤电标杆电价相当，有一定的市场竞争优势。而三代核电采用更高性能的设备、材料和更高安全水平的系统设计，加上技术引进费用、研发费用和装备制造投入，其首批项目单位造价明显高于二代核电。按现行核电电价条件测算的首批项目上网电价在 0.5 元/千瓦时左右。“华龙一号”的电价水平预计会降低，批量化建设后将逐步提高竞争力，上网电价有望降到 0.43 元/千瓦时。

5）水电能

水电资源是清洁可再生的绿色能源，其利用过程不排放有毒气体、烟尘和灰渣，发电效率高，节能减排效益和改善大气环境效果明显，同时，水电站的水库还具有防洪、供水、灌溉、航运、养殖、旅游等水利调节与经济效益带动功能，其开发利用符合“生态优先、绿色发展”理念，可推动地区经济与生态文明和谐共进。我国幅员辽阔、江河众多、径流丰沛、落差大，蕴藏着丰富的水电资源。根据水电资源复查成果，我国大陆水电资源理论蕴藏量在 1 万千瓦及以上的河流共 3 886 条，理论蕴藏量年电量为 60 829 亿千瓦时，平均功率为 6.94 亿千瓦；技术可开发装机容量为 5.42 亿千瓦，年发电量可达 24 740 亿千瓦时。

水电仅次于火电，是我国第二大电源，水电资源的开发利用在我国经济社会发展中占有重要地位。从 20 世纪 60 年代以来，水电占全国发电总装机容量的比重一直维持在 20%以上，最高达 32%。截至 2017 年底，全国已建成规模以上（装机容量不小于 500 千瓦）水电站 2.2 万余座，总装机容量为 34 359 万千瓦，其中常规水电为 31 490 万千瓦，抽水蓄能为 2 869 万千瓦。近些年，随着风电、太阳能发电等新能源的快速发展，水电比重略有下降，但仍为我国提供了近五分之一的电力供应，支撑着我国能源工业的可持续发展。

在水电开发技术方面，随着三峡等一批巨型水电工程的建设，我国水电开发技术突飞猛进，实现了从“跟跑者”到“并跑者”，再到“领跑者”的转变，成为水电开发强国。目前，我国建成了占世界多数的特大型水电站，水电相关的规划、勘测、设计、施工、制造、输送、运营等在内的全产业链整合能力与技术水平位于世界前列。重大水电装备技术水平世界领先，实现由“中国制造”向“中国创造”的转型升级。中国水电的开发理念、建设输送能力和技术标准已逐步获得国际社会的高度认可，先后与 80 多个国家建立了水电规划、建设和投资的长期合作关系，成为推动世界水电发展的中坚力量，引领着世界水电乃至清洁能源行业的发展。

水电开发对我国生态环境也有着综合的影响效应。一方面，利用水电清洁可再生特性，可减少燃煤发电带来的大气环境污染，改善空气质量；水电工程抵御自然水文灾害的功能与水库调节作用可以显著减轻和缓解洪涝灾害的影响程度，实现良好的水利枢纽效应。另一方面，水电开发也会对生态环境造成一定的不利影响，大坝阻隔及水文情势变化会对水生生物产生影响，导致鱼类资源量减少；水库蓄水会破坏许多生物长期以来赖以生存的环境，影响所在地区的生物链，威胁生态系统的平衡性；水库水环境与水温影响水质及水生生物的生活习性。为此，为保障水电的可持续发展，水电开发应遵守生态优先、统筹考虑、适度开发、确保底线的环保要求，统筹水电开发与环境保护，落实水电开发生态环境保护措施。

我国水电开发也面临剩余资源开发难度提高，经济性持续下降的显著挑战。随着我国水电装机容量的不断增加，剩余的技术可开发量越来越少，水电开发逐步向大江大河上游、高海拔地区深入，制约因素多，开发条件差，输电距离远，造成工程建设和输电成本高，加之移民安置和生态环境保护的投入不断加大，水电开发的经济性变差，市场竞争力下降。据统计，“十二五”期间水电工程单位造价平均为 7 075 元/千瓦，其中西北地区最高(11 390 元/千瓦)，南方地区最低(7 333 元/千瓦)；特大型常规电站造价最低(6 144 元/千瓦)，小型电站造价最高(11 930 元/千瓦)。而到 2017 年，水电的平均造价已上涨至 11 360 元/千瓦，水电开发利用的经济性与竞争力受到冲击。此外，受经济增速放缓、跨省域输送通道受阻、消纳市场疲软等因素影响，近年来水电弃水现象日趋显著，也影响了水电工程效益的发挥。

6）地热能

地热资源是指能够经济地为人类所利用的地球内部地热能、地热流体及其有用组分。目前可利用的地热资源主要包括温泉、通过热泵技术开采利用的浅层地热能、通过人工钻井直接开采利用的地热流体以及干热岩体中的地热资源。地热资源来源广泛，利用安全，具有清洁、安全、稳定、可再生、用途广泛、资源潜力巨大等突出优点。

我国地热资源储量丰富，水热型高温地热资源发电潜力可观，干热岩资源潜力巨大。根据中国地质调查局2015年调查评价结果，336个地级以上城市浅层地热能资源年可开采资源量折合7亿吨标准煤，可以地埋管地源热泵和地下水地源热泵换热方式进行开发利用。我国水热型地热资源量折合1.25万亿吨标准煤，年可开采资源量折合约19亿吨标准煤。我国宜于发电利用的高温（>150℃）地热能资源潜力折合标准煤0.3～0.6亿吨/年，中低温（≤150℃）地热资源折合标准煤在1万亿吨以上。埋深在3～10 km的干热岩资源量折合约856万亿吨标准煤，如果能利用其2%，则相当于2018年我国能源年消耗总量的5 000倍。

地热资源是清洁、可再生的能源类型。与各种能源电力生产过程中的二氧化碳排放量对比，地热发电的二氧化碳排放量与核电、水电、风电相当，大大低于煤和天然气发电。除减排二氧化碳以外，二氧化硫、氮氧化物、悬浮质粉尘、灰渣等燃煤发电带来的污染物也会大大减少。同时，地热能是来自地球内部的热能，其能量会得到地球内部积存热量和构造生热等的源源不断补充，是可再生能源。

40余年来，我国地热产业的发展取得显著进步。地热资源已先后应用于发电、供热采暖、医疗保健、养殖与农业种植、工业利用等领域，截至2017年底，我国地源热泵装机容量达2万兆瓦，浅层地热能年利用折合1 900万吨标准煤，利用地热供暖（制冷）的总建筑面积超5亿平方米。地热能的发展为国家传统能源向多元、分布式转变，缓解能源需求增长与环境治理压力间的矛盾做出了突出贡献。

尽管如此，受限于技术基础不牢、资源勘查不清等问题，我国地热能利用产业发展正面临着严峻挑战。目前我国地热资源整体家底不清，至今尚未取得公认的统一数据，急需开展地热资源勘查评价工作。干热岩勘查工作刚刚起步，缺乏调查评价，资源禀赋不清。浅层地热能调查覆盖区覆盖面不广，暂未深入中小城镇，影响地热开发与城镇化发展建设的协同与长远规划。同时，我国在深层高温地热钻井方面与世界先进水平存在差距，有很多技术难点尚未解决，如高温井控、超高温钻井液、高温固井与成井、高温钻井工具与仪器、高温井眼轨道测量与控制、高温条件下破岩效率等。因整机系统耗能较高、效率偏低、主要设备加工制造集成化不够、动力部件核心技术（密封）落后、循环工质的成本偏高等瓶颈技术问题，造成地热发电技术落后，成本过高。此外，地热资源在开发利用过程中仍会对环境造成影响，主要包括对地下水、地表水、生态、土壤、大气及声环境等造成影响。不同地区由于地热能类型的开发利用方式不同，对环境的影响亦不同。

7）生物质能

生物质能（biomass energy）是以化学能形式储存在生物质中的能量类型，可转化为常规的固态、液态和气态燃料，是地球上广泛存在的可再生能源。

根据生成方式和来源，生物质资源主要分为两大类。一类是工农业和生产生活中的各类剩余物，如农林业剩余物、畜禽粪便、生活垃圾和生活污水、工业有机废渣和有机污水等，另一类是人工培育的各类生物质资源，如油料作物、能源林木等。目前已经得到利用的生物质资源主要有农作物秸秆、林业剩余物、畜禽粪便、城市生活垃圾、工业有机废渣和有机废水及能源作物。根据用途与处理方式的不同，生物质资源可以转换为电力、燃气、液体燃料和固体成型燃料等多种形式，从而为人类利用。

我国生物质能储量丰富、种类多样，全国每年可作为能源利用的生物质资源总量约折合 4.6 亿吨标准煤，随着生物质资源的种类与产量逐步增大，未来该值可达约 10 亿吨标准煤，发展潜力巨大。生物质能源的利用也能有效改善农村的生态环境，带动农村农业、工业和服务业的融合发展，是产业精准扶贫的有力手段。加大生物质能的开发利用将有效助推农村城镇化步伐，同时随着生物质能应用愈发受重视，生物质能基础研究与应用技术研发力度不断加大，一大批高水平研究成果与应用项目实现突破，推动了生物质能产业的快速发展。目前，生物质发电和液体燃料产业已形成一定规模，生物质成型燃料、生物天然气等产业已起步，呈现良好发展势头。

尽管我国生物质能应用发展取得长足进步，但其仍面临一系列挑战与问题。我国生物质资源种类繁多，不同类型间物化特性差别较大，而目前我国生物质能资源储量和能源性能的统计测算和分析评价明显不足，导致无法为政策与宏观统筹提供依据，致使发展统筹决策困难。同时，我国尚未建立全面的生物质能应用标准体系，缺乏设备、产品、工程技术标准和规范，导致生物质能产品质量良莠不齐，严重制约了生物质能源市场化的发展。受限于没有健全和完善的碳交易市场，碳循环零排放优势无法充分体现，产品的市场认可度和竞争力不强。此外，我国生物质能研究领域研究成果转化率较低、人才支撑强度不足与科研平台不强，导致我国生物质能利用整体技术水平与产业规模与发达国家相比仍然存在相当大的差距，各个环节专业化市场化程度较低，整体产业基础较薄弱。

受多方面因素影响，生物质能经济性相对不高，市场竞争力较弱。生物质资源收集、运输、加工及贮存流程复杂，产业化运作困难，因此加工成本、储运费用及损耗占燃料成本比重较大；相较常规燃煤电厂，生物质燃烧系统复杂，前期投资大，运行效率偏低，成本高，维护费用大。目前农林生物质发电标杆电价为 0.75 元/千瓦时，生活垃圾发电为 0.65 元/千瓦时，明显高于其他可再生能源上网电价，竞争力偏弱。即使如此，生物质发电厂运营状态尚无法保证盈利。总的来说，生物质发电成本大幅下降空间有限，市场竞争力不强，环保效益和社会效益推广不到位，已成为生物质能源利用发展的重要挑战。

8）海洋能

海洋是世界上最大的太阳能接收器，6 000 万平方公里的热带海洋平均每天吸收的太阳能相当于 2 500 亿桶石油所含的热量。海洋通过各种物理过程吸收、储存能量后，以潮汐能、温差能、海流能、盐差能、波浪能等形式存在。海洋能储量丰富，具有可再生性，其利用过程对环境影响极小，属于沿海地区与海岛优选的清洁可再生能源。

我国海洋面积辽阔，总面积达 490 万平方公里，海岸线长 1.8 万公里，海洋资源潜力巨大。根据多次全国性的海洋能资源全面调查结果显示，我国近岸海洋能资源量约 6.97 亿千瓦，技术可开发量为 $7\,621\times10^{4}$ 千瓦，其中温差能约为 3.67 亿千瓦，潮汐能约为 1.93 亿千瓦，盐差能约为 1.13 亿千瓦，波浪能约为 160 万千瓦，潮流能约为 83 万千瓦。海洋温差能作为海洋能未来开发的主体，主要分布在南海海域。南海诸岛水深大于 800 m 的海域有 140～150 万平方公里，位于北回归线以南，太阳辐射强烈，表层和浅层水温均在 25℃以上，500～800 m 以下的深层水温在 5℃以下，表深层水温差在 20～24℃范围，属资源丰富区。按 2%的利用率计算，年发电量达 5.7×10^{10} 千瓦时以上。若能有效开发南海温差能，对解决沿海地区、海上岛礁、钻采平台、海底采矿的能源保障等问题具有十分重要的意义。

依托丰富的海洋能储量及坚实的工业技术基础，我国海洋能开发利用取得了显著成效，在潮汐能、潮流能、波浪能、温差能等方面已建成相关电站或突破关键技术。但由于起步较晚，我国在温差能、盐差能利用等方面，仍与国外先进水平存在一定差距。面向未来发展需求，我国海洋能的开发利用需解决技术水平创新提升、能源利用效率提升、能源利用技术与工程实施等关键难题。

1.5.2　未来多种能源发展前景分析

根据我国2030年、2050年能源发展展望，我国未来各种能源的发展前景将立足于我国实际资源禀赋与能源优化改革发展目标，逐步推动化石资源清洁化利用，大幅提升可再生能源消费占比，建立形成与我国经济发展相匹配的新型可持续发展能源体系。

1）坚持立足资源禀赋，以煤为主，推动化石能源清洁化利用

随着我国经济进入新常态，经济增速放缓，经济结构更加优化，我国能源发展也进入新常态，能源消费重心由生产领域逐步转向生活领域，对能源的需求也由对量的追求转变为对质的要求。尽管未来化石能源占比下降、可再生能源占比上升，但化石能源为主导的能源结构在今后较长一段时期内仍然不会改变。推动化石能源的清洁利用将是未来能源产业发展的重中之重。

我国是一个"贫油少气富煤"的国家，化石能源总量中绝大部分为煤炭资源，能源消费严重依赖煤炭。这一特点决定了煤炭在我国一次能源生产和消费中的主导地位长期不会发生改变，而煤炭应用带来的生态环境问题同样不容忽视。因此，一方面要加强天然气的国内开采和供应力度，同时在全球加强能源合作，加大国外天然气供应保障力度；另一方面，要充分利用我国富煤资源特点，着力加强煤炭清洁高效利用，突破煤化工关键性技术，推动煤化工产业规模发展水平，推进化石能源清洁化。此外，积极推动化石能源的绿色低碳革命，降低碳排放。既针对化石能源，也要对高污染的传统炼化工业进行产业和技术升级。通过开发绿色低碳技术，推进清洁生产，生产绿色环保产品，实现石油化工行业绿色低碳转型发展。

要坚持新发展理念，建设能源文明消费型社会，将能效水平、能源科技、能源装备达到世界先进水平。通过建成现代能源体系，保障实现现代化。开展能源生产与消费革命，加快构建现代能源体系，切实推进化石能源清洁高效可持续开发利用。

2）以风能、太阳能为核心，推动绿色可再生能源规模化应用，实现能源结构优化

按照能源转型目标，未来电力发展要坚持绿色低碳发展方向，加快电源结构调整和布局优化，提高能源资源开发利用效率，构建清洁低碳、安全高效的能源体系。风能、太阳能作为可再生能源中的最主要构成，是未来能源结构优化改革的发展重点。未来，我国风能、太阳能开发将总体呈现集中式为主、分

布式为辅的局面。从我国资源条件、开发经济性及前景来看,西部北部和近海宜集中式开发、东中部宜分布式开发。虽然不同阶段的开发重点会有不同,但西部北部作为我国风能、太阳能开发主战场的地位不会改变。起步阶段,我国以开发西部北部大型风电、太阳能基地为重点,东中部有序开发分散式风电和分布式光伏,稳妥推进海上风电开发。发展阶段,我国调整西部北部地区风电、太阳能发电建设节奏,加大东中部负荷中心分散式风电、分布式光伏开发力度,沿海地区因地制宜推进海上风电项目建设。成熟阶段,东中部地区风电、太阳能资源充分开发,新能源开发重心回到西部北部。

同时,随着技术进步与规模化发展驱动,风电和光伏发电成本将持续下降,风能、太阳能将在构建清洁低碳、安全高效的能源体系中发挥越来越重要的作用,并步入良性循环。未来,风能和太阳能总量上可以满足需求,但是由于其间歇性的特点,需要另外配以可调节能源。最高效的可调节能源系统,既可以是储能装置、核能、清洁化石能源、生物质能或地热,也可以是它们的组合。评价是否高效,最终看它们调节的灵活性和经济竞争力。

3) 持续稳步发展核能,实现低碳能源发展下的基荷替代,保障我国能源安全

核能对于我国的能源发展不可或缺,是我国战略必争的能源支柱之一。作为一种清洁高效的能源形式,核电是一种稳定的基荷发电形式,是替代火电的理想方式。需要进一步加大核电科研投入,提升核科技基础能力,建立科学决策互动机制,赢得民众对核能的战略认同,以核电安全发展为前提,深入开展核电项目研究论证和前期准备工作,促进我国核电装机规模的稳步提升。

为了推动核电发展还需要进一步提高核能利用效率、降低核电建设成本、提升竞争力。增加单机组容量、降低造价和运行成本已经几乎走到极致,进一步提高能效最有效的办法就是进行能源的梯级利用。核能单一用于发电,目前主力的压水堆热电转换效率只有37%左右,通过梯级利用提高效率的空间很大。远距离输热技术逐渐成熟,为核能的梯级利用创造了条件。单一发电的核能系统负荷跟踪需要通过调节反应堆功率来实现。多联供的核能系统则通过调节不同能源品种的产量实现负荷跟踪。由于不需要调节反应堆功率,负荷跟踪的能力大幅度提升,响应时间也更快,同时经济性也得到保证。同时,基于我国核电后发优势,逐步提升核能在小堆供热、海水淡化、轨道交通、航空航天、特殊场合等领域的综合利用程度,促进核能经济价值和环保价值的进一步释放。

在中华民族的伟大复兴进程中，能源是事关中国经济社会发展的一个重要问题。以能源的可持续发展支持经济社会的可持续与快速发展，是一项长期而又艰巨的任务。我国经过 70 余年的努力，逐步构建了能源形式多样、生产与消费能力强盛的能源结构体系，为国家经济建设与社会发展做出了突出贡献。

尽管我国能源消费增长较快，整体体量大，但人均能源消费水平还很低，仅相当于世界平均水平的四分之三。能源仍然是制约我国经济高质量发展的重要一环。我们必须牢牢把握“清洁、低碳、安全、高效”的能源转型目标，在较长时间内仍坚持以煤炭等化石能源为主，风能、太阳能等可再生能源快速发展，核能稳步持续发展的能源优化改革模式，推动我国能源结构的优化升级，助力经济社会的可持续发展。

同时，和平与发展仍然是时代的主题，求和平、谋发展、促合作是世界不可阻挡的时代潮流。随着经济全球化的逐步深化，科技进步的日新月异，国际生产要素流动和产业转移速度加快，世界各国各地区间的互动互联日益加深，国际社会需要加强能源领域产业与技术合作，共同维护世界能源安全。

第2章
我国化石能源发展前景分析

化石能源是碳氢化合物或其衍生物。它由古代生物的化石沉积而来，是目前世界上应用最为广泛，也是我国主要的能源来源。

2.1 化石能源发展形态

在全世界范围内，化石能源因储量丰富、应用便捷且技术成熟，仍是未来较长时间内人类生存和发展的主要能源。

2.1.1 全球化石能源格局

目前全球一次能源消费与供给主要集中于三大化石能源——石油、天然气和煤炭，其储量与供需格局对全球经济发展和政治格局有着举足轻重的影响。

1) 能源储量

根据《BP世界能源统计年鉴》(2017版)最新数据显示，全球三大化石能源，即石油、天然气、煤炭剩余探明可采储量分别为2 407亿吨、186.6万亿立方米和11 393.3亿吨。按照目前世界平均开采强度，全球石油、天然气和煤炭分别可开采50.6年、52.5年和153年。

三大化石能源储量分布整体呈现两个特点：一是储采比[储采比＝现有储量/(消耗量/年)]有限，二是分布不均。

(1) 全球石油资源分布很不均衡，亚太地区储采比低，欧佩克成员国继续保持龙头地位。根据BP(世界能源统计)数据，约3/4的石油集中于东半球和

本章作者：田亚峻，北京低碳清洁能源研究院。

北半球，且集中于北纬20度至40度，从国家来看，储量最多的国家是委内瑞拉和沙特阿拉伯，储量前十位国家的石油探明储量占全球的85%。按地区来看，石油依旧高度集中于中东地区，包揽了全球47.7%的储量，且储采比为77.8年，远高于全球平均水平。其余产油区按储量依次为中南美洲、北美地区、欧洲和苏联地区、非洲、亚太地区。亚太地区石油探明储量和储采比远远低于全球平均水平。

(2) 全球天然气资源分布很不均衡，北美地区储采比低，伊朗和俄罗斯是天然气资源最丰富的国家。根据BP数据，天然气分布规律与石油类似，即73.7%分布于东北半球，且集中于北纬20度至40度。从国家来看，伊朗储量最多，其次是俄罗斯，储量前十位国家的天然气探明储量占全球的79.1%。按地区来看，天然气与石油一样高度集中于中东地区，储量占全球的42.7%，且储采比大于100年，远远高于全球平均水平。其余地区按储量依次为欧洲和苏联地区、亚太地区、非洲、北美地区、中南美洲。北美地区的储采比最低。

(3) 煤炭资源是目前为止储采比最高的化石燃料。全球煤炭资源分布高度集中，亚太地区生产势头不可持续。根据BP数据，与油气相比，煤炭的空间分布相对均匀，但依旧集中于少数国家。从国家来看，美国储量最多，其次是俄罗斯、中国。储量前十位国家的煤炭探明储量占了全球的65.4%。按地区来看，煤炭最丰富的地区是欧洲和苏联地区，储量占全球的34.8%，储采比为268年，是全球储采比的两倍多。其余地区按储量依次为亚太地区、北美地区、中东和非洲、中南美洲。亚太地区虽然煤炭储量居于前列，但是生产势头不可持续，储采比远低于全球平均水平。

2) 能源供需

能源供需分为能源供应和需求，即能源生产和消费。在能源生产上，资源禀赋格局的不平衡性决定了其产量格局也不均衡。同时，受生产成本和开采技术限制，能源生产与能源禀赋格局并不一致。在能源需求上，呈现出需求与经济发展水平和人口数量正相关的态势，从而导致世界能源供需格局产生了严重的错位和不对等，其中，亚洲地区石油供不应求局面依旧严峻，非洲地区则供过于求；天然气、煤炭的供求基本平衡，各地区的生产和消费占比大体一致，但亚太地区尤其是中国的煤炭资源禀赋呈现不可持续趋势，值得警惕。

3) 能源消费结构

从能源消费结构来看，全球能源消费中的化石能源仍占主导地位，尽管在未来较长时期内，化石能源占比下降、核能和可再生能源占比上升，但化石能源为主导的能源结构在今后较长一段时期内难以改变。根据BP数据，2016年，石油、天然气、煤炭在世界一次能源消费中的占比分别为33％、24％、39％，化石能源合计占比为86％。结合不同机构的预测，到2030年，化石能源在世界能源消费中的占比仍然高达75％～80％。

由于石油、天然气、煤炭在未来能源转型过程中所发挥的作用程度不同，预计2030年前，天然气在世界一次能源消费中的占比将超过煤炭，从第三大能源跃升为第二大能源，石油仍然为第一大能源。

在全球一次能源消费中，从地区来看，由于中东地区油气资源最为丰富，开采成本最低，石油和天然气消费占比最高，能源消费几乎全部为石油和天然气，而亚太地区煤炭资源丰富，煤炭消费占绝对优势，石油和天然气比例明显低于世界水平，中南美洲地区水资源丰富，故其清洁能源消费比例全球最高。

2.1.2　我国能源基本特征

经过数十年的快速发展，我国已经超越美国成为全球第一大一次能源消费与生产国，是全球能源消费与供应的重要经济体，为世界能源安全、能源市场稳定与高速发展做出了巨大贡献。受资源禀赋与技术条件影响，尽管近年来非化石能源生产与消费占比明显上升，但我国能源结构仍以化石能源为主。

2.1.2.1　我国能源在全球占据重要地位

中国化石资源丰富，剩余技术可采化石资源共计1 114亿吨标准煤，占全球剩余技术可采化石资源总量的8.3％，位列全球第三，相比美国、俄罗斯分别低44.1％和38.7％。煤炭资源相对丰富，剩余技术可采储量占比高达89.0％，石油、天然气资源相对匮乏，剩余技术可采储量占比分别仅为4.5％和6.5％，如图2-1所示。对比可知，美国、澳大利亚、印度、欧盟也有类似的剩余技术可采化石资源结构，俄罗斯油气资源剩余技术可采储量占比相对较高，委内瑞拉、沙特阿拉伯石油资源剩余技术可采储量占比很高，天然气资源剩余技术可采储量也占有一定比例，伊朗油气资源剩余技术可采储量占比较为均衡，这些国家/组织剩余技术可采化石资源占比高达70.6％。

自2005年起，中国超越美国成为全球第一大一次能源生产国，为全球能源供应做出巨大的贡献。1981—2017年，除欧盟外全球主要国家/组织一次能源生产量总体保持增长的趋势，如图2-2所示。中国、加拿大年均一次能源生产量增长率较高，分别达到4.9％和2.6％。其次分别为美国、沙特阿拉伯、俄罗斯，年均一次能源生产量增长率分别为0.7％、0.7％和0.6％，欧盟年均

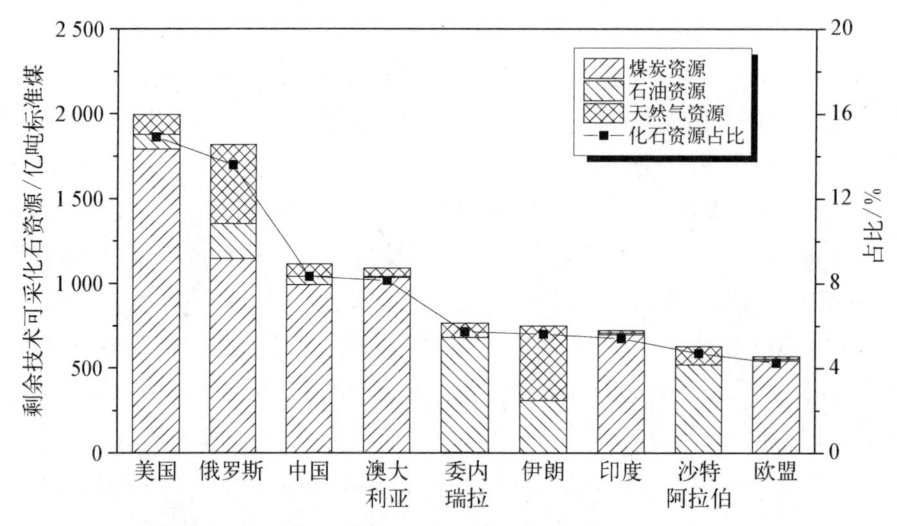

图 2-1　全球主要国家/组织剩余技术可采化石资源分布

一次能源生产量下降率为 0.5%。2017 年，美国、俄罗斯、欧盟、沙特阿拉伯、加拿大一次能源生产量分别占全球一次能源生产总量的 14.5%、10.5%、5.3%、4.9%和 4.1%。与 1990 年相比，美国、俄罗斯、欧盟一次能源生产量占比分别降低 5.2、5.4 和 6.0 个百分点，沙特阿拉伯、加拿大一次能源生产量占比分别提高 0.4 和 0.3 个百分点，中国一次能源生产量占比提高 9.8 个百分点，在全球能源供应中的地位越来越重要。

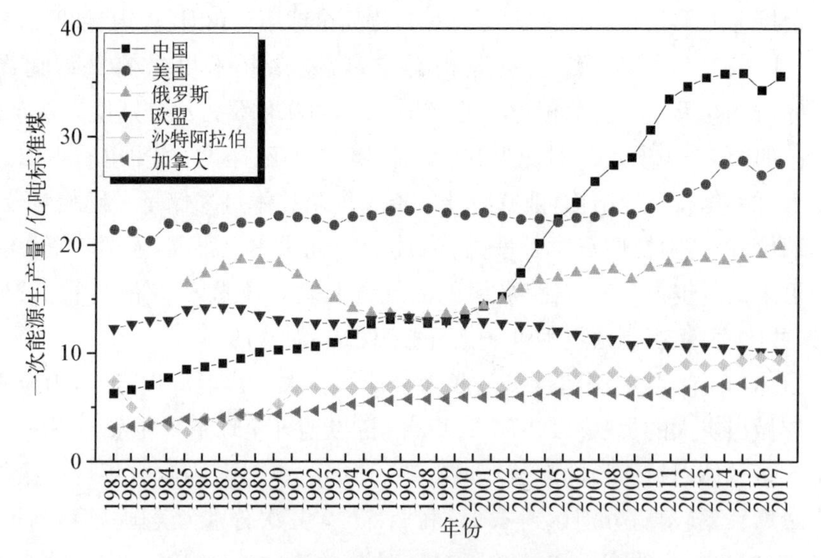

图 2-2　全球主要国家/组织一次能源生产量

自2009年起，中国超越美国成为全球第一大一次能源消费国，是全球能源消费的主体。1981—2017年，除俄罗斯外全球主要国家/组织一次能源消费量总体保持增长的趋势，如图2-3所示。中国、印度年均一次能源消费量增长率较高，分别达到5.8%和5.4%。其次分别为美国、日本、欧盟，年均一次能源消费量增长率分别为0.7%、0.7%和0.3%，但近10年来一次能源消费量呈下降态势，俄罗斯年均一次能源消费量下降率为0.5%。2017年，美国、欧盟、印度、俄罗斯、日本一次能源消费量占比分别为16.8%、12.7%、5.7%、5.2%和3.4%。与1990年相比，美国、欧盟、俄罗斯、日本一次能源消费量占比分别降低7.0、8.2、5.4和2.0个百分点，印度一次能源消费量占比提高3.2个百分点，中国一次能源消费量占比提高15.0个百分点，成为全球能源消费的主导力量。

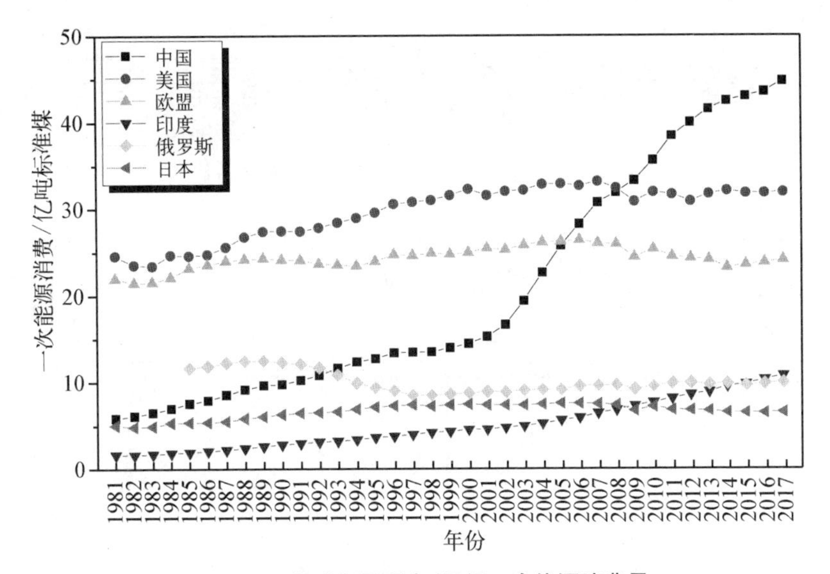

图2-3　全球主要国家/组织一次能源消费量

2.1.2.2　我国能源以化石能源为主

改革开放以来，中国一次能源生产与消费量增长迅速，在全球的占比越来越高，如图2-4所示。自2015年以来，中国一次能源生产量在2017年首次出现恢复性增长，达到35.6亿吨标准煤，同比增长3.8%，但相比2015年下降0.6%，占全球一次能源生产总量的18.7%。一次能源消费量持续增长，2017年达到44.7亿吨标准煤，占全球一次能源消费总量的23.2%，同比提高0.2个百分点。自1996年以来，一次能源消费量增速明显高于一次能源生产量增速，国内能源供应缺口逐渐增大，2017 年达到 9.2 亿吨标准煤，能源自给率为 79.5%。

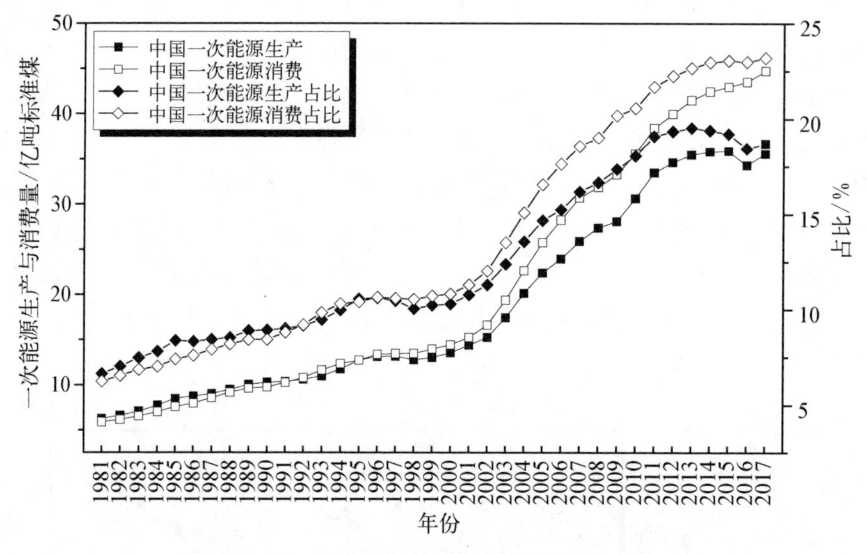

图 2-4　中国一次能源生产与消费量及占比

中国能源生产结构以化石能源为主，化石能源生产占比持续下降，1981—2007 年仅下降 3.6 个百分点，之后仅用 10 年就下降 10.0 个百分点，如图 2-5

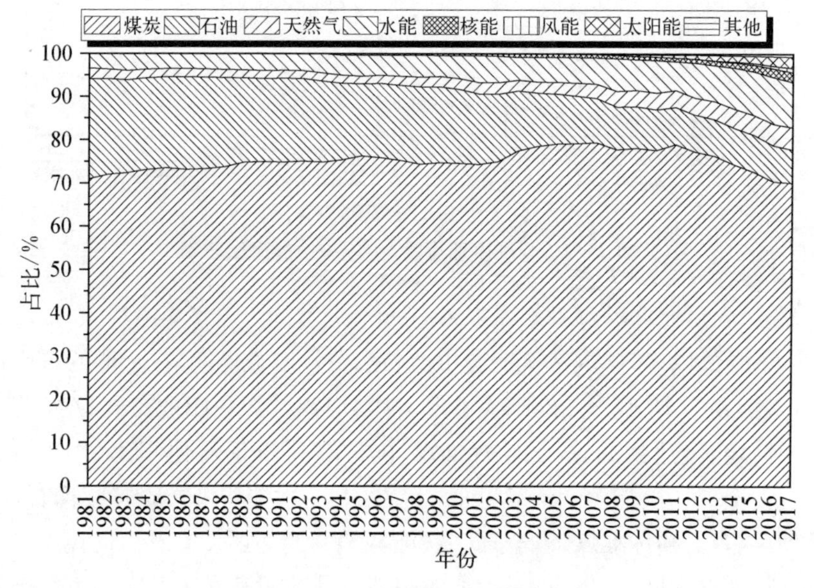

图 2-5　中国能源生产结构

所示。煤炭生产占比最高，呈现先上升后下降的趋势，由 1981 年的 71.0%上升至 2007 年的 79.4%，2017 年下降至 70.1%。石油生产占比持续下降，由 1981 年的 23.1%下降至 2017 年的 7.7%，年均下降 0.4 个百分点。天然气生产占比呈现先下降后上升的趋势，由 1981 年的 2.5%下降至 1995 年的 1.7%，2017 年上升至 5.1%。

中国能源消费结构以化石能源为主，化石能源消费占比变化趋势与化石能源生产占比类似，1981—2007 年仅下降 2.3 个百分点，之后仅用 10 年就下降 7.6 个百分点，如图 2-6 所示。煤炭消费占比呈现先上升后下降的周期性波动，由 1981 年的 73.6%上升至 1990 年的 77.1%，2001 年下降至 69.5%，之后开始反弹上升，2007 年上升至 73.7%，后又下降，2017 年下降至 60.4%，2007—2017 年下降幅度较大。石油消费占比变化趋势与煤炭消费占比相反，呈现先下降后上升的周期性波动，由 1981 年的 20.1%下降至 1990 年的 16.7%，2000 年上升至 22.6%，之后开始下降，2009 年下降至 17.2%，后又反弹上升，2017 年上升至 19.4%。天然气消费占比呈现先下降后上升的趋势，由 1981 年的 2.7%下降至 1996 年的 1.7%，2017 年上升至 6.6%。

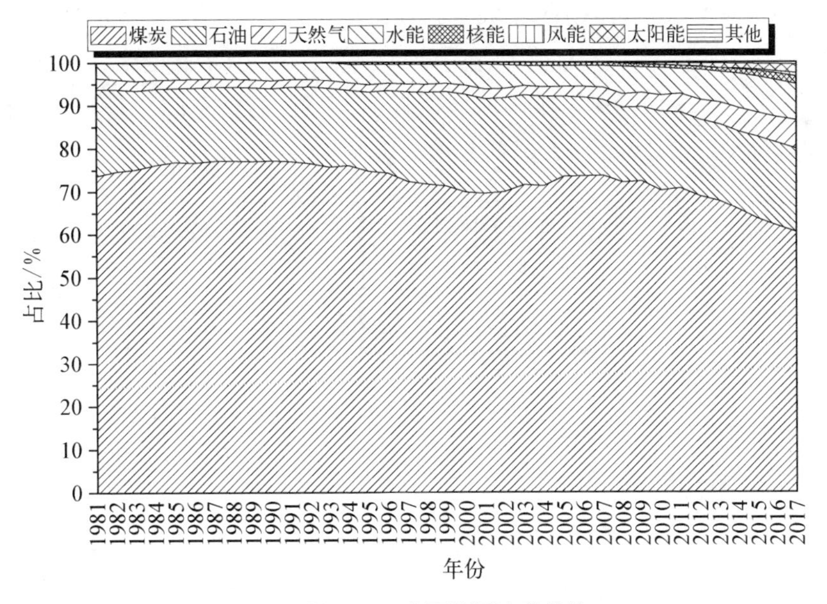

图 2-6　中国能源消费结构

近年来，非化石能源生产与消费占比明显上升，初步形成“化石能源为主、非化石能源为辅”的能源供应与消费多元化局面。

2.1.2.3 我国化石资源赋存现状

近年来，随着勘察工作的不断推进以及煤炭开发技术的不断提高，化石资源查明储量与基础储量稳定增长。煤炭勘查新增查明资源储量有所回升。2017年，煤炭勘查新增查明资源储量为815亿吨，明显高于2016年的607亿吨、2015年的390亿吨；查明资源储量达到1.68万亿吨，比2010年高25.4%。石油、天然气和煤层气勘查新增探明地质储量呈现下降趋势。2017年，石油勘查新增探明地质储量从2012年的15.2亿吨降至8.8亿吨，天然气从9 610亿立方米降至5 554亿立方米，煤层气从1 274亿立方米降至105亿立方米。页岩气勘查取得了重要进展，截至2017年底，累计探明地质储量为9 168亿立方米。2017年，石油、天然气和页岩气可采储量分别增长1.2%、1.6%、62.0%，煤层气则下降9.5%。

2016年，煤炭基础储量为2 492亿吨，石油基础储量为35亿吨，天然气基础储量为5.4万亿立方米，区域分布如图2-7所示。中国化石资源基础储量主要分布于华北、西北地区，山西、内蒙古、陕西、新疆四省区化石资源基础储量占比高达68.5%。煤炭基础储量分布于华北、西北、西南地区，占比分别为59.2%、16.1%和9.7%。山西煤炭基础储量最多，占比高达36.8%，其次为内蒙古，占比为20.5%。石油基础储量分布于西北、东北、华北地区，占比分别为39.1%、21.3%和10.9%，中国海域拥有17.4%的石油基础储量。新疆石油基础储量最多，占比高达17.0%，其次为黑龙江，占比为12.2%。天然气基

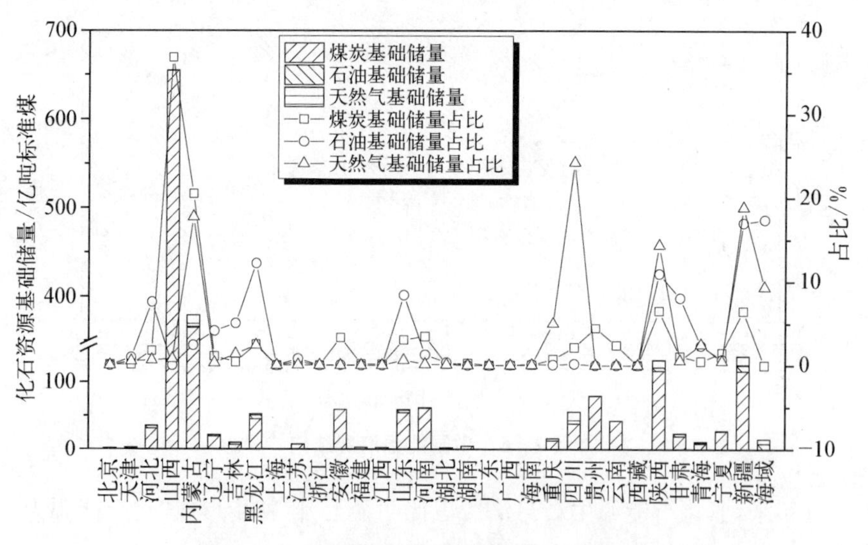

图2-7 中国化石资源基础储量及占比分布

础储量分布于西北、西南、华北地区，占比分别为 36.8%、29.3%和 19.6%，中国海域拥有 9.4%的天然气基础储量。四川石油基础储量最多，占比高达 24.3%，其次为黑龙江，占比为 18.9%。

2.1.2.4　我国化石能源开发现状

"十二五"以来，中国化石能源生产量先增后减，2017 年又升至 29.8 亿吨标准煤，同比增长 2.8%，如图 2-8 所示。煤炭生产量自 2014 年开始下降，到 2017 年首次出现恢复性增长，达到 35.2 亿吨，同比增长 3.3%。石油生产量先增后减，2017 年降至 1.9 亿吨，同比减少 4.1%。天然气生产量持续增长，2017 年达到 1 480.3 亿立方米，同比增长 8.2%。

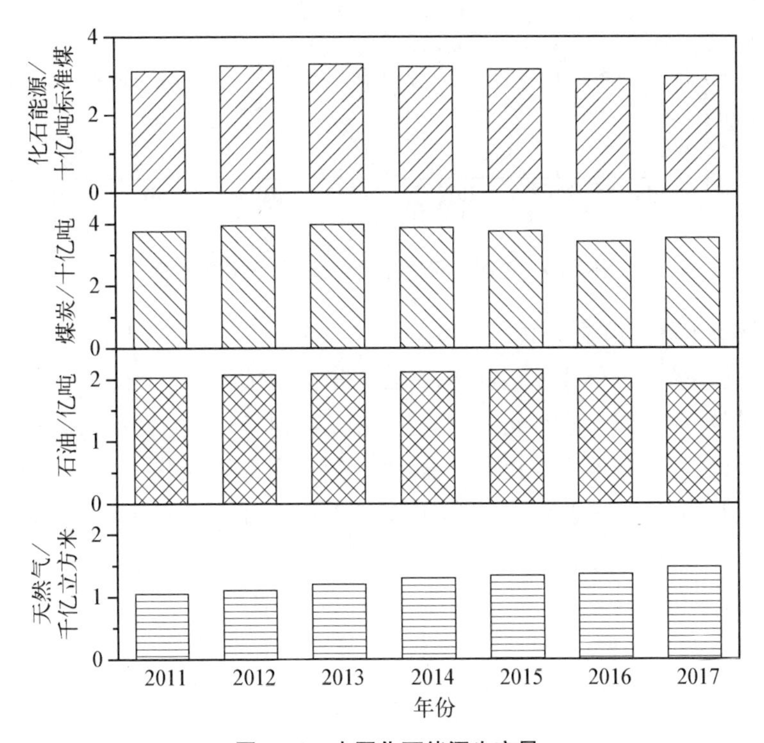

图 2-8　中国化石能源生产量

自 2012 年以来，煤炭开采与洗选业固定资产投资持续下降，2017 年投资总额为 2 648 亿元，同比减少 12.8%；规模以上企业主营业务收入 2.54 万亿元，同比增长 13.7%；利润总额为 2 959.3 亿元，同比增长 155.2%，如图 2-9 所示。石油与天然气开采业完成固定资产投资 2 648.9 亿元，同比增长 13.6%；规模以上企业主营业务收入 9 201.5 亿元，同比增长 42.2%；利润总额 329.8 亿元，上一年同期亏损 567.1 亿元。总体来看，“十二五”期间煤炭开采与洗选业、石油与天然气开采业整体经济运行处于下行状态，但在“十三五”初期出现反弹拐点，发展势头向好。

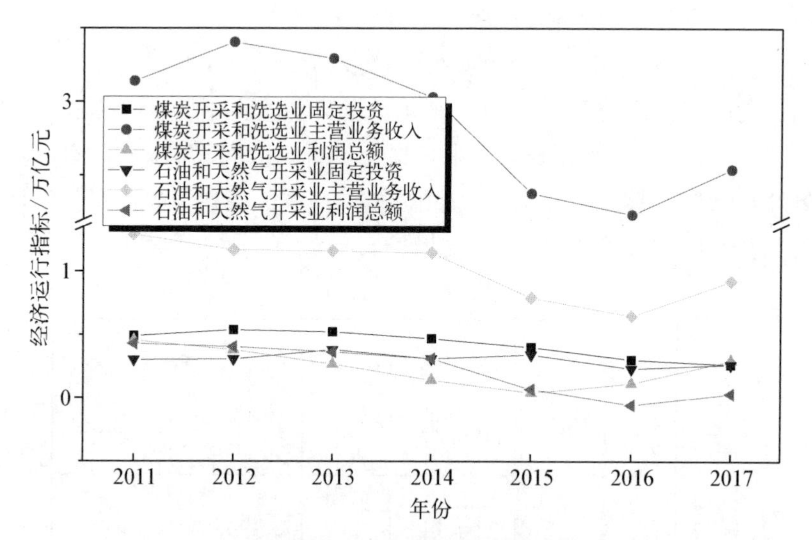

图 2-9　中国化石能源开发行业经济运行指标

煤炭产业结构显著优化，2006—2010 年、2011—2015 年、2016—2017 年分别淘汰落后产能 4.6 亿吨、5.5 亿吨和 5 亿吨，2017 年底总产能为 53.1 亿吨，有效产能超过 47.8 亿吨，产能利用率达到 68.2%，同比提高 8.7 个百分点。煤炭开采技术水平提升明显，大型煤矿采煤机械化程度、掘进机械化程度分别达到 96.1%和 54.1%，智能化采煤工作面 70 余个，无人开采工作面 47 个。土地复垦率、煤矸石综合利用率、矿井水利用率进一步提高，原煤入选率由 2011 年的 53%提高至 2017 年的 70.2%，大中型煤矿生产一吨原煤综合能耗降至 11.6 千克标准煤。煤矿生产安全得到保障，煤矿死亡人数为 375 人，百万吨死亡率为 0.106，相比 2010 年分别下降 84.6%和 85.8%。

油气开发的技术创新与自主化设备取得了突破，形成低渗及稠油高效开发技术、三次采油技术、300 m 水深勘探开发成套技术、页岩气综合地质评价技术、高煤阶煤层气开发技术。

煤矿采动区瓦斯地面抽采技术等具有自主知识产权的技术与大型成套压裂机组、近钻头端地质导向系统、深水半潜式钻井平台、高强度钢管与大口径球阀等自主化设备得到广泛应用。油气开采的综合能耗、电耗不断降低，石油、成品油、天然气管道里程数分别达到 2.7 万千米、2.6 万千米和 7.6 万千米，LNG 接收能力达到 2 740 万吨，相比 2010 年增加 4 130 万吨，地下储气库工作量达到 77 亿立方米，相比 2010 年增长 327.8%。

2.1.2.5　我国化石能源利用现状

“十二五”以来，中国化石能源消费量先增后减，2017 年又升至 39.4 亿吨标准煤，同比增长 3.1%，如图 2－10 所示。煤炭消费量同样自 2014 年开始下降，到 2017 年首次出现恢复性增长，达到 38.6 亿吨，同比增长 0.4%。石油、天然气消费量持续增长，2017 年分别达到 6.1 亿吨和 2 393.9 亿立方米，同比分别增长 8.3%和 15.2%。

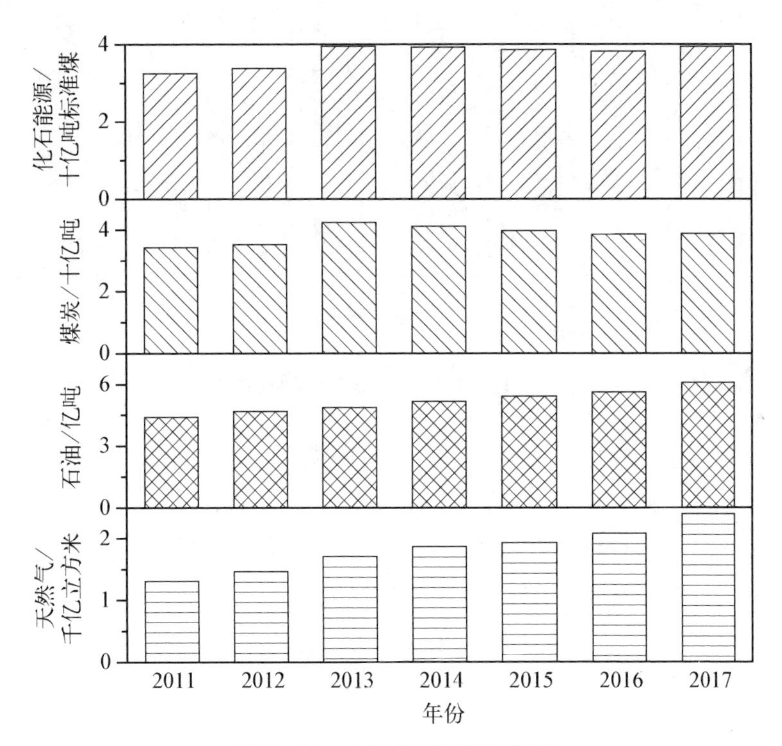

图 2－10　中国化石能源消费量

化石能源消费结构及占比如图 2－11 所示。产煤大省以及经济发达地区能源消费占比普遍较高，但能源消费结构有所不同。产煤大省以煤炭消费为主，经济发达地区能源消费更加多元化，油气能源消费占比相对较高。山东化石能源消费占比最高，达到 9.0%，其次为内蒙古，占比为 6.9%；内蒙古、山西、宁夏煤炭消费占比超过 90%，贵州、陕西、河北、安徽、吉林煤炭消费占比超过 80%；上海石油消费占比最高，达到 54.4%，其次为北京，占比为 44.9%，天津、广东、福建、四川、海南、辽宁石油消费占比超过 30%；北京天然气消费占比最高，达到 43.0%，海南、青海、重庆、四川天然气消费占比较高。

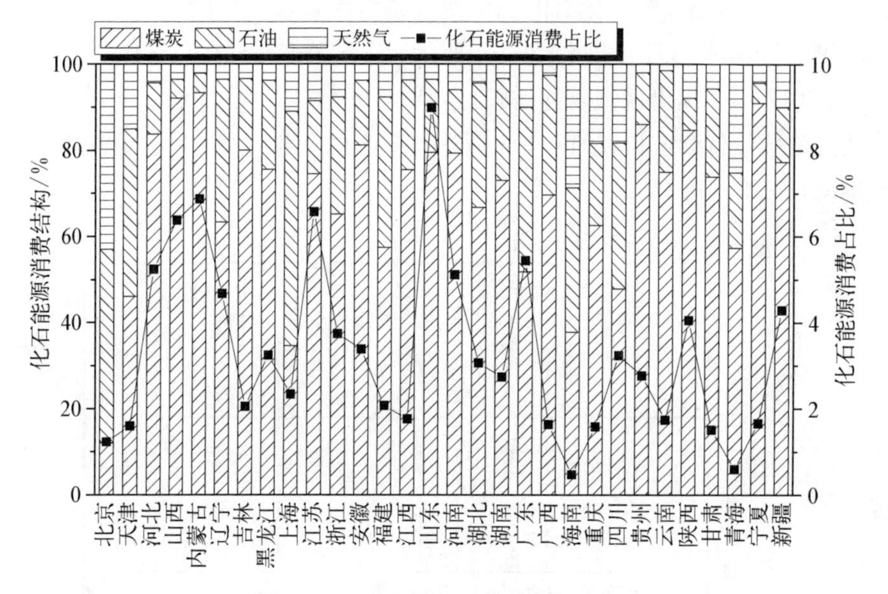

图 2－11　化石能源消费结构及占比

2017 年，电力、钢铁、建材、化工四大用煤行业煤炭消费量达到 33.5 亿吨，同比增加 8 520 万吨，用煤比例由 2006 年的 79.8%提升至 2017 年的 86.9%。电力行业用煤比例最高，达到 50.7%，同比提高 2.1 个百分点。钢铁行业次之，用煤比例为 16.1%。建材、其他行业煤炭消费量先增后减，2017 年分别同比减少 1 853 万吨和 6 982 万吨。化工行业煤炭消费量持续增长，年均增长率达到 8.0%，用煤比例由 2006 年的 4.6%增长至 2017 年的 7.1%。

中国石油产业以炼油为主。原油加工量由 2010 年的 4.2 亿吨增加至 2017 年的 5.7 亿吨，年均增长率为 4.3%，如图 2－12 所示。成品油生产量由 2010 年的 2.7 亿吨增加至 2017 年的 3.9 亿吨，年均增长率约为 5.4%。煤油、汽油生产量年均增长率较高，分别达到 13.8%和 8.1%，2017 年生产量分别为 0.4 亿吨和 1.3 亿吨。柴油、燃料油生产量年均增长率较低，分别为 2.1%和 5.0%，2017 年生产量分别为 1.8 亿吨和 0.3 亿吨。

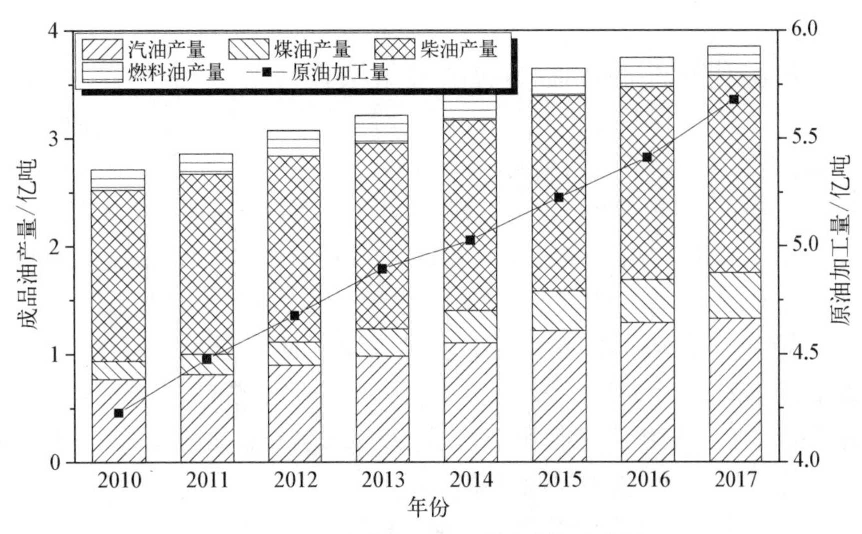

图2-12　中国原油加工量及成品油产量

天然气分行业消费为工业燃料、城镇燃气、发电用气、化工用气四大类。2017年,天然气消费结构中工业燃料、城镇燃气、发电用气、化工用气分别占36.1%、33.4%、18.3%、12.2%,发电用气、工业燃料用气是拉动全年消费增长的主要力量,如图2-13所示。国家和地方政府加大环保执行力度,“煤改气”工程得到大力推动,工业燃料用气同比增长26.6%;随着各省对燃煤发电的控制,中西部地区外输电受阻,天然气发电用气量同比增长21.0%。城镇燃气、化工用气同比增长较低,分别仅为8.1%和5.7%。

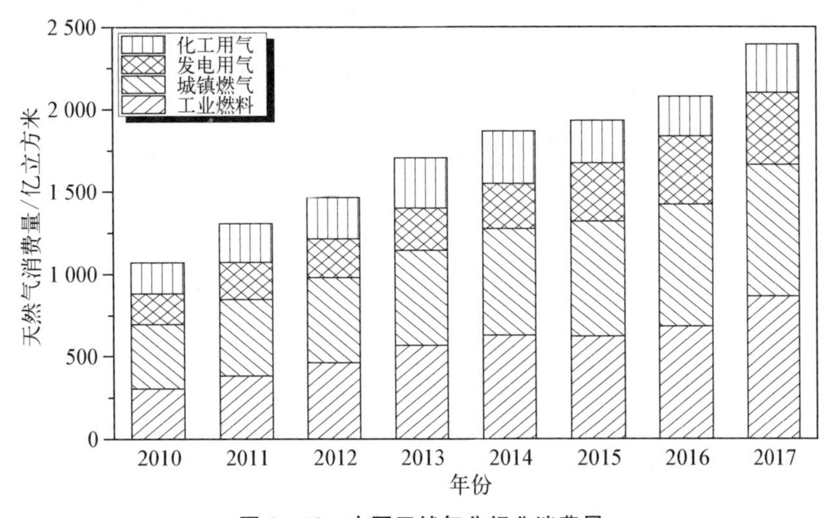

图2-13　中国天然气分行业消费量

2.2 我国化石能源面临的挑战及解决途径

随着气候变化和环境污染问题日益凸显，第三次能源革命已经开始，世界能源结构正在向多元、高效、清洁、低碳的方向转型。化石能源作为我国的主体能源，在为经济发展提供充足动力的同时，也面临着资源约束的危机和碳减排的严峻压力。随着人民群众对美好生活和生态文明的要求不断提高，化石能源也正面临着清洁低碳、安全高效的发展要求。同时，全球应对气候变化的能源结构改革行动也对我国化石能源发展提出了新的挑战。增强海外资源供应保障能力，缓解资源约束难题，以清洁化发展提高化石能源利用效率将是未来解决化石能源发展挑战的核心措施。

2.2.1 面临的挑战

我国巨大的人口规模与社会高速发展的大量能源需求，都对我国能源供应与保障能力提出严峻挑战，而受限于有限的资源储量，我国化石能源储采比严重不足，能源供应安全受到威胁与冲击。同时，低效与粗放的能源利用模式导致化石能源对生态环境的影响显著，面临清洁化利用与 CO_2 减排的巨大压力。

2.2.1.1 资源枯竭

化石能源过度开发决定了未来面临资源枯竭的挑战。中国煤炭储采比仅为39.4年，低于世界平均水平134.5年，如图2-14所示。石油、天然气储采比分别为18.3年和36.7年，分别低于世界平均水平50.2年和52.6年。中国煤炭开发力度较大，美国、俄罗斯、澳大利亚煤炭储采比较高。沙特阿拉伯、俄罗斯石油开发力度较大，储采比低于委内瑞拉、加拿大、伊朗、伊拉克等国。俄罗斯、美国天然气开发力度较大，储采比低于伊朗、卡塔尔、土库曼斯坦等国。以目前的开发力度来看，石油、天然气资源最先枯竭，煤炭资源开发利用的可持续性较高。

2.2.1.2 能源供应安全威胁

我国油气资源相对缺乏而消费量巨大，不可避免地依赖于进口，对外依存度逐年上升。2017年，我国油气对外依存度分别高达68.4%和38.2%，如图2-15所示。化石资源分布与消费在空间上极不均匀，对运输通道的控制、陆地及海上油气资源争夺成为地缘政治博弈的重要筹码。目前全球政治经济局面异常复杂，中国能源供应，尤其是油气资源供应面临着巨大的挑战。英国石油公司(BP)预测2025年中国石油对外依存度将超过70%，2040年将达到

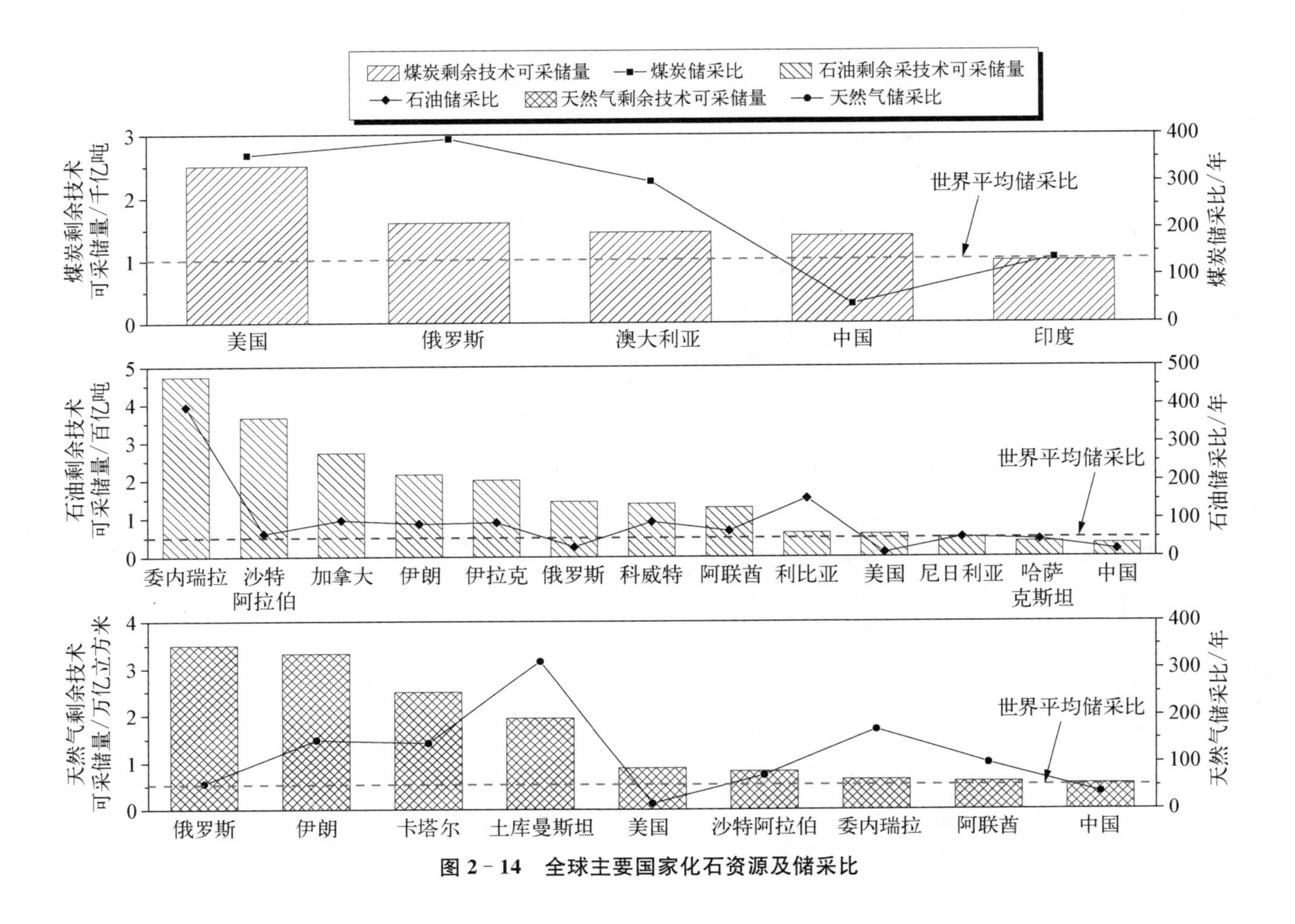

图 2－14　全球主要国家化石资源及储采比

80%,2020 年天然气对外依存度将超过 40%(实际 2019 年已超过 40%),届时我国油气资源供应面临的挑战更加巨大。

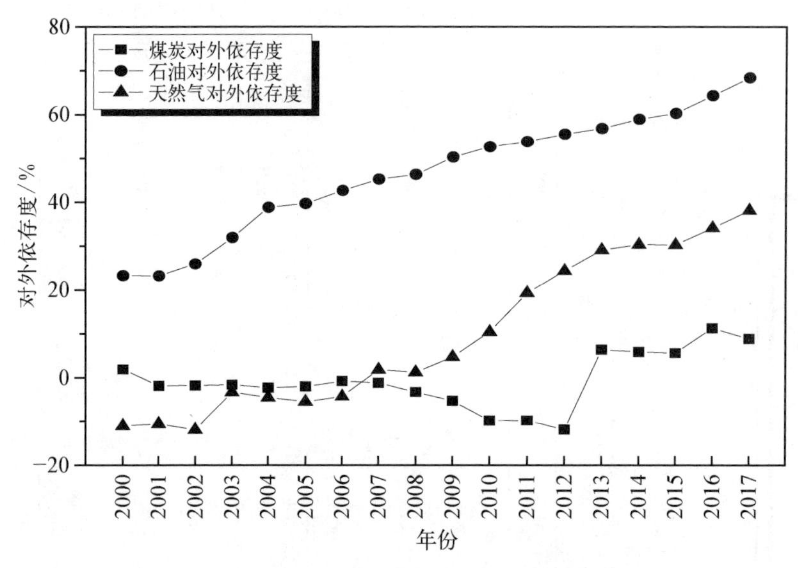

图 2-15　中国化石能源对外依存度

2.2.1.3　生态环境破坏严重

近年来,我国化石能源开发利用造成了生态系统破坏与环境污染。工业气体污染物中接近 60%的 SO_2、超过 75%的 NO_x、接近 50%的烟(粉)尘排放来自化石能源的开发利用。电力、钢铁行业是主要排放源,两大行业 SO_2 排放占比分别为 36.1%和 14.5%,NO_x 排放占比分别为 45.7%和 24.5%,烟(粉)尘排放占比分别为 20.5%和 21.7%。煤炭采选、化工行业是工业废水主要排放源,占比分别为 8.2%和 14.1%。电力、钢铁、煤炭采选是工业一般固废主要生成源,占比分别为 19.2%、13.7%和 12.6%。化工行业是工业危险固废主要生成源,占比为 19.2%,如图 2-16 所示。

2.2.1.4　CO_2 减排压力巨大

近年来,全球能源消费不断增长,CO_2 等温室气体排放量逐年增高,对全球生态气候产生显著影响,许多国家将 CO_2 减排提升到国家发展战略高度。2014 年,中国出台《国家应对气候变化规划(2014—2020)年》国家专项规划,确保实现 2020 年单位国内生产总值 CO_2 排放比 2005 年下降 40%～45%。2015 年,习近平总书记在巴黎气候大会上深化了中国的承诺,中国将于 2030 年左右使 CO_2 排放达到峰值并争取尽早实现,2030 年单位国内生产总值 CO_2

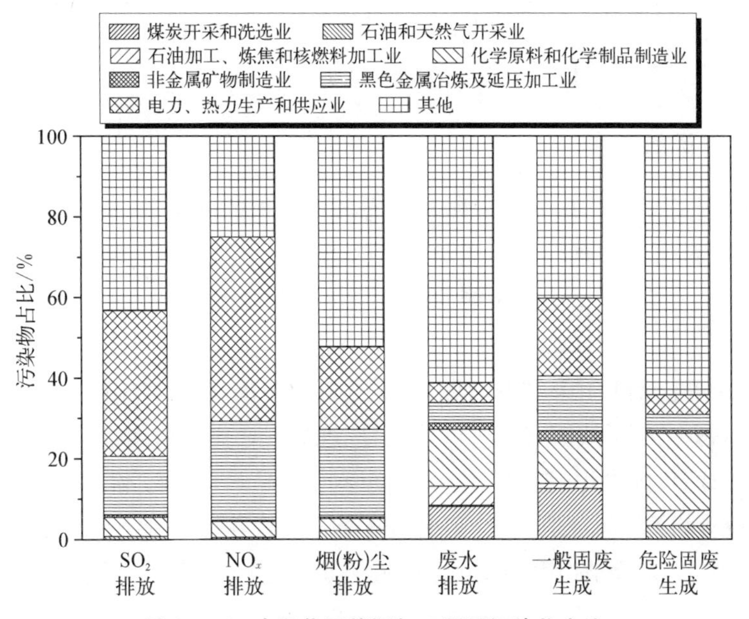

图 2-16　中国化石能源加工利用污染物占比

排放比 2005 年下降 60%～65%。中国高比例化石能源消费带来大量 CO_2 排放，2017 年能源相关 CO_2 排放量高达 92.3 亿吨，比美国高 81.5%，占全球能源相关 CO_2 排放总量的 27.6%，相比 2005 年提高 6 个百分点，如图 2-17 所

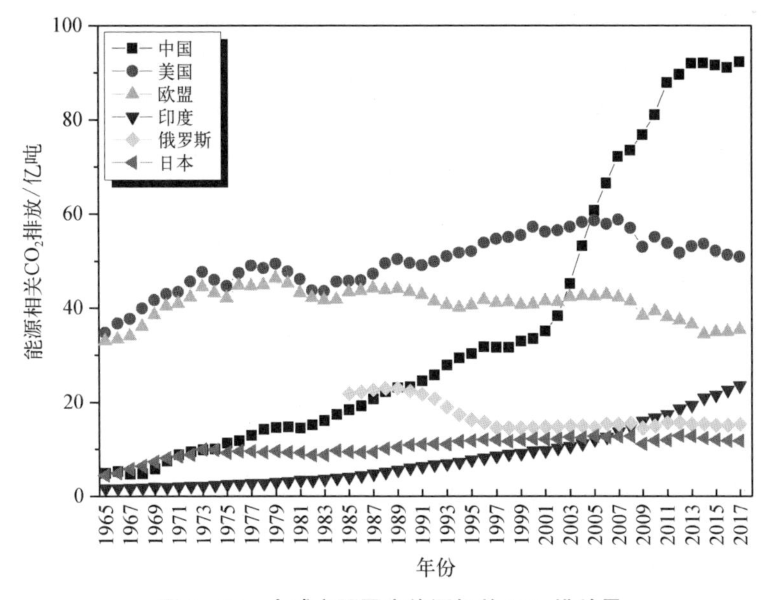

图 2-17　全球主要国家能源相关 CO_2 排放量

示。CO_2 排放成为制约中国自由发展的政治筹码，倒逼化石能源低碳发展，化石能源开发利用面临巨大的 CO_2 减排压力。

2.2.2 解决途径

面对化石能源供应安全保障与生态环境保护的挑战，唯有拓宽海外市场，扩大能源保障能力，加快化石能源利用的清洁化与高效化，才能推动化石能源绿色低碳转型发展，适应未来能源改革与优化发展形势。

1）健全多元化海外供应体系

我国要充分利用国际能源供需相对宽松的契机，深入实施能源“走出去”战略，以“一带一路”沿线国家为重点，加快推进油气合作项目建设，扩大管道天然气进口规模；巩固深化俄罗斯、中亚、中东、非洲、亚太等传统合作区域，推进中巴经济走廊等相关能源通道建设，实现油气资源来源多元化；保障长约合同供应稳定，发挥现货市场调节作用，维护运输安全通道，增强海外化石能源供应保障能力。

2）提高能效、降低碳排放、推进化石能源清洁化

我国 GDP 总量虽仅次于美国，位居世界第二，但由于技术水平落后、生产管理过程中存在的能源浪费，单位 GDP 能耗远高于发达国家水平，甚至高于世界平均水平，约为世界平均水平的 2 倍，因此必须节约利用化石能源，提高能效。通过加大技术升级改造力度加快淘汰低效落后工艺和设备，推进装备大型化，普及先进节能技术，提升能源利用效率。

我国是一个“贫油少气富煤”的国家，化石能源总量中绝大部分为煤炭资源，能源消费严重依赖煤炭，因此，一方面要加强作为清洁能源的天然气的国内开采和供应力度，同时在全球加强能源合作，加大国外天然气供应保障力度；另一方面，要充分利用我国富煤资源特点，着力加强煤炭清洁高效利用，突破煤化工关键性技术，推动煤化工产业规模发展水平，同时要大力实施煤炭发电的超低排放技术应用，推进化石能源清洁化。

降低碳排放，实施绿色发展。绿色低碳革命既要针对化石能源，也要对高污染的传统炼化工业进行产业和技术升级。通过开发绿色低碳技术，推进清洁生产，生产绿色环保产品，实现石油化工行业绿色低碳转型发展。

2.3 我国化石能源发展前景

随着我国经济进入新常态，经济增速放缓，经济结构更加优化，我国能源

发展也进入新常态，能源消费重心由生产领域逐步转向生活领域，对能源的需求也由对量的追求转变为对质的要求。尽管未来化石能源占比下降，核能和可再生能源占比上升，但化石能源为主导的能源结构在今后较长一段时期内仍然不会改变。要坚持新发展理念，建设能源文明消费型社会，将能效水平、能源科技、能源装备提升至世界先进水平。通过建成现代能源体系，保障实现现代化。开展能源生产与消费革命，加快构建现代能源体系，切实推进化石能源清洁高效可持续开发利用。

2.3.1　中国能源发展潜力

经济发展、人口增长是驱动能源消费总量增长的主要因素。从1970—2016年全球主要国家人均能耗与人均GDP的数据关系分析中，可以看出发展中国家的能源经济、能源人口关系特点与发达国家区分较为明显。发达国家曲线总体呈现横向发展的趋势，以人均GDP增长为主。发展中国家曲线总体呈现横向纵向均衡发展的趋势，人均GDP增长的同时伴随着几乎同等比例的人均能耗增长。目前中国虽然是全球第一大能源消费国、第二大经济体，但人均能耗、人均GDP分别仅有3.1吨标准煤与6 774美元，较发达国家还有一定差距，但这一差距正在逐年缩小。未来中国人口将保持较大的基数，为了实现两个“一百年”奋斗目标，人均能源消费水平将不断提高，能源刚性需求将长期存在。

2.3.2　我国化石能源发展趋势

我国能源发展对全球能源格局影响深刻，知名机构纷纷对中国未来能源需求进行预测，如图2-18所示。英国石油公司认为，未来中国一次能源消费量将持续增长，2020年、2030年、2040年将分别达到48.3亿吨标准煤、57.4亿吨标准煤和61.7亿吨标准煤。化石能源消费量将先增后减，2030年将达到43.6亿吨标准煤，2040年将降至40.9亿吨标准煤。煤炭、石油消费量分别将于2025年和2035年后逐渐减少，天然气消费量将持续增长。化石能源消费占比将持续下降，由2020年的83.4%下降至2040年的66.3%。国际能源署同样认为，未来中国一次能源消费量将持续增长，2020年、2030年、2040年将分别达到45.7亿吨标准煤、51.9亿吨标准煤和54.2亿吨标准煤，均低于英国石油公司预测值。化石能源消费量将先增后减，2030年将达到42.3亿吨标准煤，低于英国石油公司预测值3.0%，2040年将降至41.3亿吨标准煤，高于英

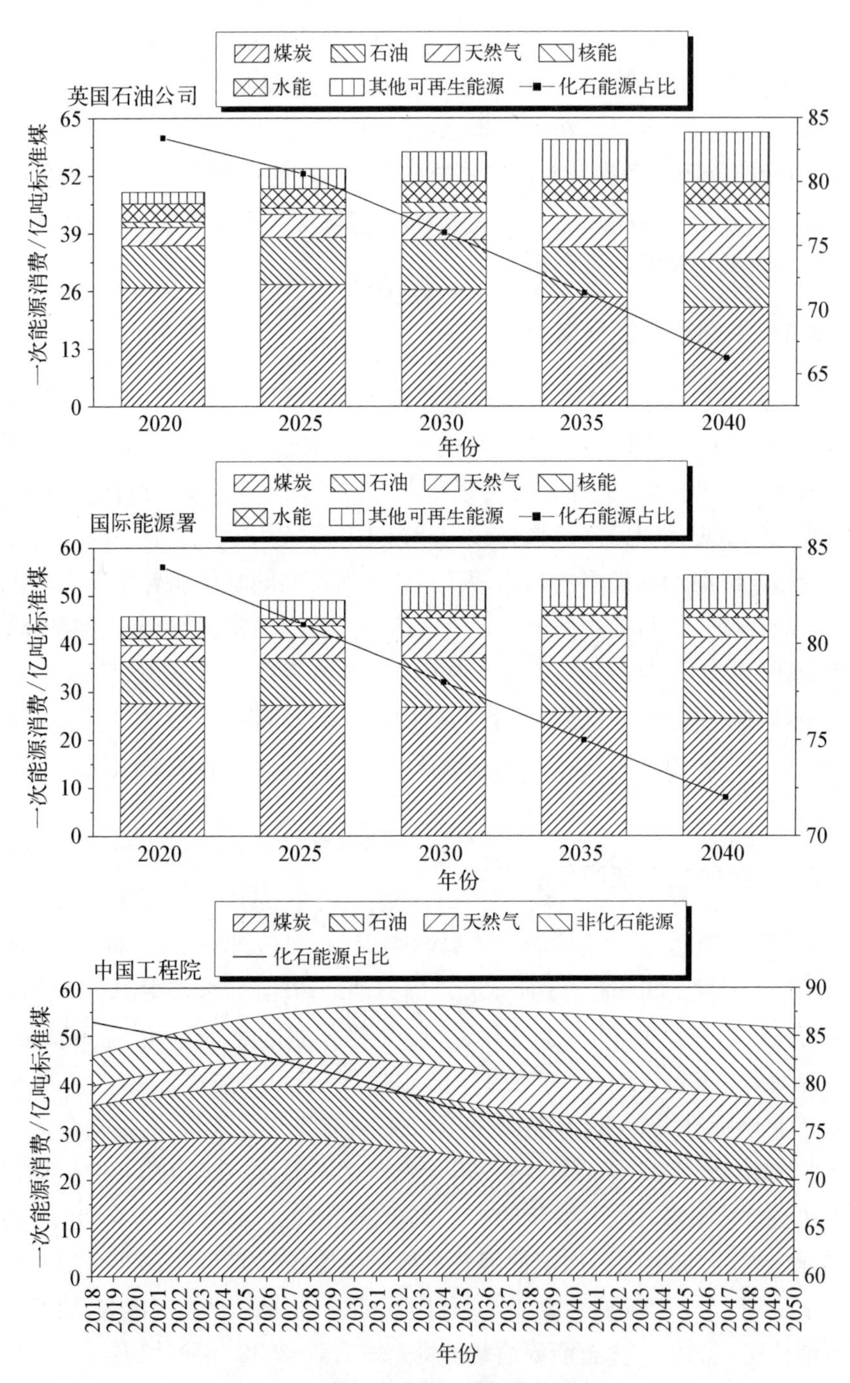

图 2-18 中国未来一次能源消费量预测

国石油公司预测值 1.0%。2020 年后煤炭消费量将逐渐减少，石油消费量将由 2020 年的 8.8 亿吨标准煤增加至 2035 年的 10.2 亿吨标准煤，之后趋于平稳，天然气消费量将持续增长。化石能源消费占比将持续下降，由 2020 年的 83.9%下降至 2040 年的 72.1%。中国工程院相关研究指出，未来中国一次能源消费量将先增后减，2032 年将达到 56.4 亿吨标准煤，2050 年降至 51.4 亿吨标准煤。化石能源消费量将先增后减，2028 年将达到 45.2 亿吨标准煤，2050 年将降至 35.9 亿吨标准煤。煤炭、石油消费量分别将于 2025 年和 2033 年后逐渐减少，天然气消费量将持续增长。化石能源消费占比将持续下降，由 2018 年的 86.5%下降至 2040 年的 69.9%。

国家层面的能源战略与政策积极引导我国能源的发展。2016 年，发改委、能源局颁布《能源发展“十三五”规划》，随后又制定一系列关于煤炭、石油、天然气、电力、可再生能源等不同能源品种的“十三五”规划文件，全部明确具体的短期约束性或指导性目标。2020 年，能源消费总量控制在 50 亿吨标准煤以内，煤炭消费总量控制在 41 亿吨以内。全社会用电量预期为 6.8～7.2 万亿千瓦时。能源自给率保持在 80%以上，增强能源安全战略保障能力，提升能源利用效率，提高能源清洁替代水平。保持能源供应稳步增长，国内一次能源生产量约为 40 亿吨标准煤，其中煤炭为 39 亿吨，原油为 2 亿吨，天然气为 2 200 亿立方米，非化石能源为 7.5 亿吨标准煤，发电装机 20 亿千瓦左右。非化石能源消费比重提高到 15%以上，天然气消费比重力争达到 10%，煤炭消费比重降低到 58%以下。发电用煤占煤炭消费比重提高到 55%以上。单位国内生产总值能耗比 2015 年下降 15%，煤电平均供电煤耗下降到每千瓦时 310 克标准煤以下，电网线损率控制在 6.5%以内。单位国内生产总值 CO_2 排放比 2015 年下降 18%。能源行业环保水平显著提高，燃煤电厂污染物排放显著降低，具备改造条件的煤电机组全部实现超低排放。能源公共服务水平显著提高，实现基本用能服务便利化，城乡居民人均生活用电水平差距显著缩小。2017 年，发改委、能源局颁布《能源生产和消费革命战略(2016—2030)》，对中长期约束性或指导性目标进行阐述。2030 年，可再生能源、天然气和核能利用持续增长，高碳化石能源利用大幅减少。能源消费总量控制在 60 亿吨标准煤以内，非化石能源占能源消费总量比重达到 20%左右，天然气占比达到 15%左右，新增能源需求主要依靠清洁能源满足。单位国内生产总值 CO_2 排放比 2005 年下降 60%～65%，CO_2 排放 2030 年左右达到峰值并争取尽早达峰。单位国内生产总值能耗(现价)达到同期世界平均水平，主要工业产品能源效率达到国际领先水平。自主创新能力全面提升，能源科技水平位居世界前列。现代能源市场体制更加成熟完善，能源自给能力保持在较高水平，更好利用国际能源资源，初步构建现代能源体系。2050 年，能源消费总量基本稳定，非化石能源占比超过一半，建成能源文明消费型社会。能效水平、能源科技、能源装备达到世界先进水平，成为全球能源治理重要参与者。建成现代能源体系，保障实现现代化。

2.3.3 推动能源生产与消费革命

为了应对我国化石能源面临的诸多挑战，习近平总书记在 2014 年 6 月就能源革命提出五点要求。第一，推动能源消费革命，抑制不合理能源消费；第二，推动能源供给革命，建立多元供应体系；第三，推动能源技术革命，带动产业升级；第四，推动能源体制革命，打通能源发展快车道；第五，全方位加强国际合作，实现开放条件下能源安全。

中国工程院于 2013 年 5 月启动“推动能源生产和消费革命战略研究（一期）”项目，研究探讨能源革命阶段、方向和举措。研究提出中国的能源革命将经历三个阶段。2020 年前为能源结构优化期，主要是煤炭的清洁高效可持续开发利用，淘汰落后产能，提高煤炭利用集中度，到 2020 年煤炭、油气、非化石能源消费比例达 6∶2.5∶1.5。2020—2030 年为能源领域变革期。主要是清洁能源尤其是可再生能源替代煤炭战略，力争 2030 年煤炭、油气、非化石能源消费比例达 5∶3∶2。2030—2050 年为能源革命定型期。形成“需求合理化、开发绿色化、供应多元化、调配智能化、利用高效化”的新型能源体系，力争 2050 年煤炭、油气、非化石能源消费比例达 4∶3∶3。

针对中国农村地区“一带一路”倡议的能源相关问题，中国工程院在“推动能源生产和消费革命战略研究（一期）”研究的基础上，于 2015 年 11 月启动“推动能源生产和消费革命战略研究（二期）”项目，重点研究农村能源革命与西部能源科学开发利用，研究提出农村能源革命目标。2020 年，基本建成适应农村全面小康社会需要的清洁、便利、安全、有效的能源供需要求。2035 年，初步建成清洁低碳、安全高效的新型农村能源体系。2050 年，建成城乡一体化、城乡平等的清洁低碳、安全高效的能源体系，实现能源强国目标。同时，立足西部地区作为我国重要的生态安全屏障的客观情况，根据资源环境承载能力科学规划能源资源开发布局，坚持优存量和拓增量并重，以打造新疆现代能源基地为重点，提出西部能源大通道建设目标，为我国特别是西部地区在新常态下的经济社会可持续发展提供动力保障，如表 2-1 所示。

表 2-1　西部能源大通道建设目标

主要目标	2020年	2035年	2050年
煤炭产量/亿吨	20.4	22.8	23.7
石油产量/万吨	6 900	8 000	8 000
天然气产量/亿立方米	1 485	2 210	2 250
清洁能源装机/亿千瓦	3.4	6.9	9.3

党的十九大报告指出中国特色社会主义进入了新时代，社会主要矛盾发生了变化，提出“在21世纪中叶建成富强、民主、文明、和谐、美丽的社会主义现代化强国”的发展目标。报告将能源问题置于建设现代化经济体系和加快生态文明体制改革建设美丽中国章节中，说明绿色低碳是现代化经济体系的主要特点，推进能源生产和消费革命，构建清洁低碳、安全高效的能源体系是加快生态文明体制改革，建设美丽中国的重要举措，因此继续深化能源革命，建设现代能源体系是实现发展目标的重要任务。在此背景下，中国工程院于2018年3月启动“推动能源生产和消费革命战略研究（三期）”项目，重点研究各区域在国家能源革命中的定位、目标、特色和重点方向以及能源革命在保障国家能源安全和区域能源供应方面的重要作用和战略。

2.4　发展建议

结合我国化石能源发展形势、问题与发展前景，提出以下发展建议。

1）能源转型要立足资源禀赋，以煤为主、发展天然气

要在能源体系框架下进行能源转型和结构优化，因我国“贫油少气富煤”的资源禀赋，故应首先立足于实现以煤为主的化石能源的清洁高效可持续开发利用，防范不切实际的能源转型。所以，从能源安全、经济发展稳定等现实角度考虑，我国仍然离不开煤炭。现阶段，我们要在全产业链上进行绿色开发，实现清洁高效利用的煤炭。对煤炭的高效可持续利用是构建能源体系的重要内容，也是实现低碳社会和可持续发展战略的必然选择。

天然气在未来能源转型中扮演非常重要的角色，是未来增长最快的化石能源。发电、制造业和居民生活是天然气发展的主要领域，其中发电和制造业天然气需求空间较大。天然气需求在2050年前将持续增长，特别是2030年前，因雾霾治理等，天然气在工业、居民和发电部门的消费将快速增长。

2）做好煤炭产业链整体清洁高效利用，提高天然气发电比例

我国当前能源结构与供给关系使得发展现代煤化工势在必行。煤炭发展要由要素驱动为主向科技驱动方式转变，煤炭开采要从以需定产向科学开发方式转变，煤炭输配由粗放供给向提质后对口配送方式转变，煤炭输运由单一输煤向输煤输电并举方式转变，燃煤发电由局部领先向整体节能环保转变，煤化工由低效高污染向高效清洁节水转变。未来数年内，我国应该充分利用先发优势与资源优势，进一步加强顶层设计，以现代化、大型化、分质联产化、多原料化、标准化和智能化理念，按照“高效利用、耦合替代、多能互补、规模应用”路线，大力发展我国能源体系下的现代煤化工产业。

与煤炭、石油相比，同等质量条件下，天然气的热值最高，对环境影响最小，是比较清洁、高效的发电能源。同时，天然气发电具有高效、启停灵活，便于为电网调峰等优势，未来在与可再生能源协调发展、分布式能源、天然气发电调峰等方面具有较大潜力。

与西方发达国家相比，我国天然气在一次能源中的利用率较低。为减少环境污染，能源结构低碳化得到社会的广大支持，作为低碳化能源的天然气在未来应快速发展，使其在我国能源结构中的比重逐年增加。

化石能源是我国的主体能源，为国家城镇化、工业化进程以及居民日常生活提供有力的能源保障。未来一段时间内，化石能源仍将是我国最主要、最可靠的基础能源。在中西部地区，化石能源开发利用成为当地支柱性产业，是最主要的经济增长点，为缩小区域贫富差距做出巨大的贡献。

为了应对资源枯竭、能源供应安全威胁、生态环境破坏严重、CO_2 减排压力巨大等问题，我国必须积极进行能源生产与消费革命，加快构建现代能源体系，切实推进化石能源清洁高效可持续开发利用，为全面建成小康社会、实现中华民族伟大复兴提供有力支撑。

第3章
我国海洋油气资源发展前景分析

海洋油气资源是指由地质作用形成的具有经济意义的海底油气等矿产资源。随着陆地油气资源开采逐步进入衰退期，占据世界油气资源30%以上的海洋油气资源愈发受到重视，并随着海洋油气开采工程技术的提升，成为未来新增油气产量的主要构成。

3.1 海洋油气资源发展战略需求

迄今为止，陆地石油勘探开发的历史已经超过130年，而对海洋石油的开发则是在20世纪60年代后逐渐展开的。经过多年的开采，陆地油气资源即将进入衰退期。与陆地油气勘探开采逐步进入衰退期形成对照，海洋油气近年来开始快速发展，成为未来新增油气产量的主要来源。2015年，海洋石油供应量由2014年的28 000千桶/日快速提升至38 000千桶/日，而海上天然气供应量则将由2014年的16 000千桶/日快速提升至2025年的39 000千桶/日，增长空间巨大。

但与储量相比，海洋油气资源的勘采比例较低，开采潜力巨大。全球海洋石油资源量约为1 350亿吨，2017年已探明储量仅占总量的约28%；全球海洋天然气资源量约为140万亿立方米，已探明储量仅占约29%(2017年)。浅海区域油气资源(水深小于50 m)勘探开发成本较低，地质特征与陆地油气田相似度较高，开发与利用程度较高。深海区域油气资源的开采难度大，受限于深海工程科技的发展，开采进程相对缓慢，但随着深海工程装备与技术的进步革新，深海油气资源的开发正逐渐升温。

本章作者：李清平，中海油研究总院。

我国作为一个海洋大国，广阔的领海与海洋油气资源对勘采提出了极为迫切的需求。海洋油气能源的开发与利用是维护我国海洋权益、保障国家能源安全、缓解我国资源和环境制约瓶颈的战略前沿，是拓展国民经济和社会发展战略空间、加大深水能源开发战略纵深的重要举措，是建设海上丝绸之路和海洋强国的重要组成，对我国现在与未来社会发展具有非常深远的战略意义和重大的现实意义。

1）开发利用海洋油气资源是保障国家安全和能源安全的重要战略

21世纪以来，世界经济进入新的发展周期，各国对石油天然气资源的需求持续上升。面对巨大的能源需求，世界范围内的油气产能建设和油气生产却相对不足，特别是对我国而言，在当前经济持续快速发展的情况下，我国石油供应不足已成为突出问题，国内石油产量已难以满足国民经济发展的需求，使能源供需矛盾日益突出。

我国油、气可采资源量分别占全世界的3.6%、2.7%。1993年，我国首次成为石油净进口国。2009年，我国原油进口依存度首次突破国际公认的50%警戒线。2011年，我国超过美国成为世界第一大石油进口国和消费国，当年，官方公布的数据显示我国原油对外依存度达55.2%，超越美国的53.5%。2015年，我国原油净进口量为3.28×10^{8} t，对外依存度达到60.6%。根据中国工程院《中国可持续发展油气资源战略研究》成果，到2020年我国石油需求将达$4.3\times10^{8}\sim4.5\times10^{8}$ t，对外依存度将进一步提高。在油气严重依赖进口的形势下，国内油气生产还表现出后备资源储量不足的问题。石油供应安全被提到非常重要的高度，已经成为国家三大经济安全问题之一。

目前我国海洋油气资源开发主要集中在陆上和近海，因此在加大近海油气能源开发力度、开发范围的同时，挺进深水、自主实施深水油气资源开发、探索和提升深海资源勘探开采与利用技术是当前的主要任务。切实把握国际海洋能源科技迅速发展的态势和建设海洋强国、海上丝绸之路等战略机遇，大力发展海洋油气能源开发利用技术，提升海洋油气资源利用水平与能力，有效缓解我国能源的供需矛盾，维护与保障国家资源与海洋利益，实现能源与环境的和谐发展已经成为保障国家能源探索安全的重要战略。

2）近海油气田的高效开发是充分利用海洋石油资源的战略举措

随着陆地油气勘探程度的不断提高，世界石油工业早已把目光投向了广袤的海域。特别是近年来，油气勘探开发技术与装备不断取得重要进展，进一步促进了世界油气勘探开发重点的战略转移。

根据新一轮全国油气资源评价的结果，我国近海石油地质资源量为 1.074×10^{10} t，天然气地质资源量为 8.1×10^{12} m^3。经过近 50 年的勘探开发，我国近海石油已经具备了坚实的物质基础、技术保障能力和管理体系，已经具备 300 m 水深以浅的海洋油气田勘探开发能力，初步建成以海洋石油 981 半潜式钻井平台为核心的深水重大工程装备。

我国近海油气资源丰富，勘探开发程度远低于陆地，尚处于蓬勃发展期，近海油气田将是我国油气产量主要增长点。图 3-1 给出了 1971 年到 2013 年全国石油产量构成柱状图，从图中可看出，全国石油产量整体上呈稳步增长的趋势，自 1990 年以来，全国石油增长总量的 60%来自中海油。

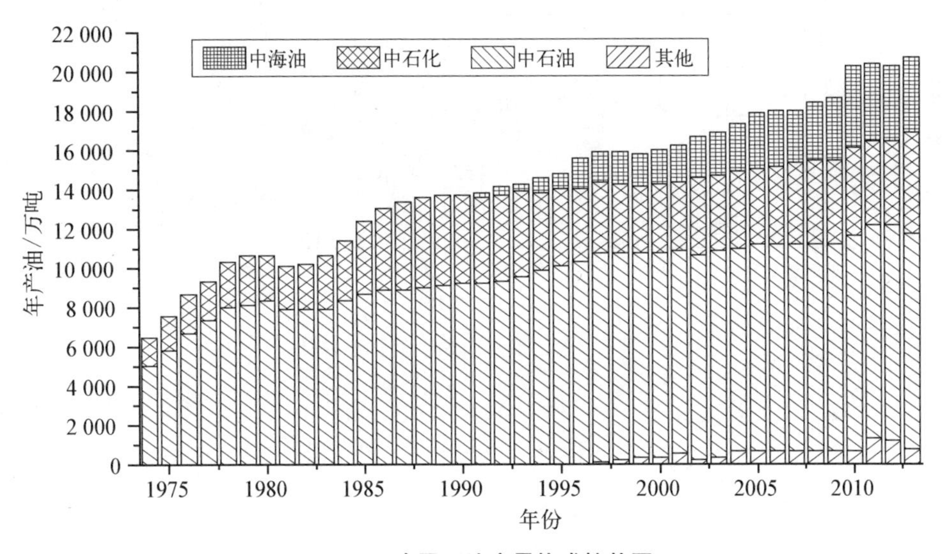

图 3-1　全国石油产量构成柱状图

截至 2013 年年底，全国已投入开发的海上油气田为 90 个(油田 82 个，气田 8 个)，累计产油 5.3×10^{8} t，累计产气 1.3658×10^{11} m^3。自 2010 年建成海上大庆以来，国内近海油气当量一直稳定在 5×10^{7} t 以上。目前我国近海油气开采的主要产量来自渤海，渤海油田现有在生产油气田 42 个，于 2010 年成功产出 3×10^{7} t，成为国家重要的能源基地，并为建设“海上大庆”油田奠定了坚实的基础。2014 年 4 月，我国南海第一个深水气田荔湾 3-1 气田(水深 1 480 m)成功投产。

当前中海油年产油当量规模为 5 000 万立方米，根据中海油发展规划，到 2030 年国内海上将建成 1 亿吨油气当量年产规模，南海、东海、黄海将增加一倍的产能，届时近海油气产量在我国石油产量构成中的比重将更加突出，近海油气对我国国民经济的支撑作用将更加凸显。

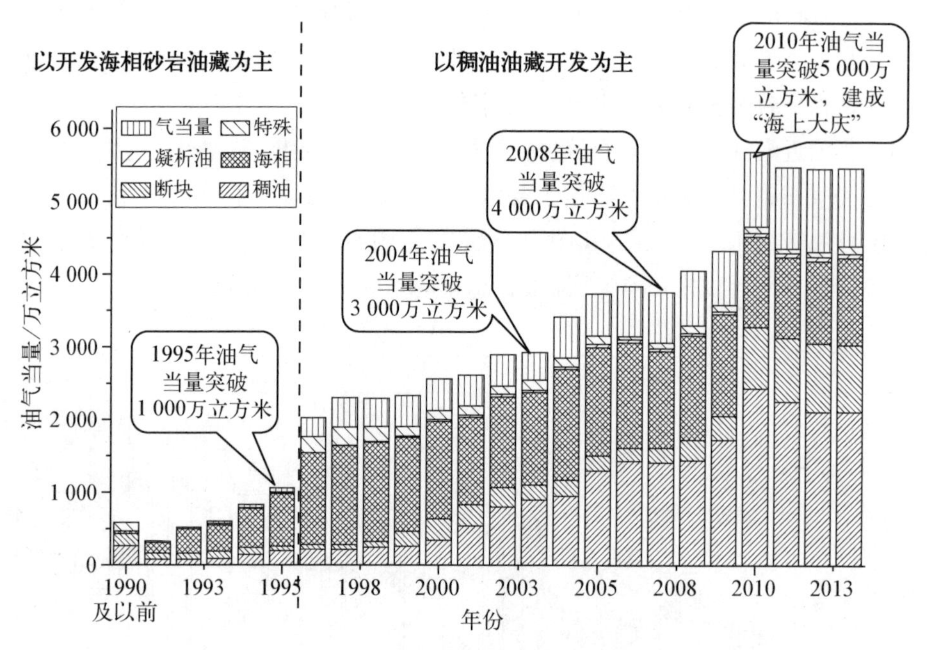

图 3-2　全国海洋石油产量构成柱状图

3）深水是我国海洋能源开发的重点领域和维护海洋权益的前沿

以美国埃克森美孚、雪佛龙德士古、英国石油公司、荷兰皇家壳牌、法国道达尔石油公司以及挪威、巴西国家石油公司等为代表的大型国际石油公司掀起了深水油气勘探开发活动的热潮，墨西哥湾、巴西、西非、东非深水区已成为热点和油气增储上产的新亮点。显然，深水区已成为世界油气资源开发的重要战略接替区，也是世界石油工业发展的必然趋势。

我国是海洋大国，传统海域辖区总面积近 3×10^{6} km^{2}。以 300 m 水深为界，浅水区面积约为 1.46×10^{6} km^{2}、深水区面积约为 1.54×10^{6} km^{2}。我国南海传统疆界内石油地质储量为 $1.643\,9\times10^{10}$ t、天然气地质资源量为 $1.402\,9\times10^{13}$ m^{3}，油当量资源量约占我国总资源量的 23%，油气资源潜力巨大；其中 300 m 以下深水区盆地面积为 5.818×10^{5} km^{2}，石油地质储量为 8.304×10^{9} t、天然气地质资源量为 7.493×10^{12} m^{3}。目前我国在南海的油气勘探主要集中在北部 4 个盆地，面积约为 3.64×10^{5} km^{2}。

目前，我国南海、东海、黄海与周边国家存在大量海域争议，争议区面积达

1.87×10^6 km^2，受多方面因素影响，争议区油气资源开发与权益保护形势不容乐观。周边国家在南海大规模油气勘探始于20世纪50年代中期，特别是70年代以来，越南、印度尼西亚、马来西亚、文莱、菲律宾等国家采用产量分成合同模式吸引外国石油公司投资，勘探开发活动遍及整个南沙海域陆架区，并延伸至我国传统疆界线以内。

此外，南海的战略位置十分重要，既是太平洋和印度洋海运的要冲，又是优良的渔场，并蕴藏着丰富的油气资源，在我国交通、国防和资源开发上都具有十分重要的地位。遵照"十八大"提出的"海洋大开发"重大决策，我国必须拓展经济发展的战略空间，"大力发展深海技术，努力提高深海资源勘探和开发技术的能力，维护我国在国际海底的权益"。

3.2　国内外海洋油气资源发展现状及态势

随着能源需求的增大以及陆地能源储量的逐步减少，海洋油气资源的勘探与开采逐步加速，已经成为世界石油工业的主要增长点。伴随海洋工程技术与重大装备技术的飞速发展，海洋油气资源开采规模和水深不断增加，已由近（浅）海域油气资源勘采拓展至深水（海）区，且深水可采储量占比呈逐年快速增长态势，已成为海洋油气资源储量增长的重要接替区。

3.2.1　国外海洋油气资源开发现状

随着深水海洋工程技术与装备的快速发展，国外已经大力拓展深水区油气资源开采，并使其成为油气资源储量的主要增长点。

1）深水是21世纪世界石油工业油气储量和产量的重要接替区

近20年来，全球深水油气田勘探开发成果层出不穷，深水区已发现29个超过5亿桶的大型油气田；全球储量超过1亿吨的油气田中有60%位于海上，其中50%位于深水区。

深水油气勘探始于20世纪70年代，虽起步晚但发展快。1975年英荷皇家壳牌公司在密西西比峡谷水深约313 m处发现了Cognac油田，拉开了墨西哥湾深水油气勘探序幕。随着深水勘探开发技术与装备制造不断取得重要进展，近年来深水钻探记录不断刷新，深水油气勘探开发已从深水区（300 m≤水深<1 500 m）拓展到超深水区（水深≥1 500 m）。2009年，在美国墨西哥湾深水区钻探了Green Canyon 945井，水深1 631 m，井深10 690 m，为目前海域钻井

最深的探井；同年，在墨西哥太平洋海岸盆地深水区钻探了 Tiakin－1 井，水深为 4 398 m，为目前海域水深最深的探井。目前，深水已开发油气田中，井深最深的是位于美国墨西哥湾的 Pony 油田，其井深达 9 890 m，水深为 1 631 m；水深最深的是位于美国墨西哥湾的 Tobago 油田，其水深为 3 973 m。

水区是油气储量增长的重要领域。据 IHS 数据库统计，截至 2012 年，深水区共发现油气田 1 178 个，其中深水油田 682 个，深水石油储量主要分布于墨西哥湾、西非海域、巴西海域；深水气田 496 个，分布更为广泛，但天然气储量主要集中于东非海域、地中海、北海、澳大利亚西北大陆架、东南亚等地区。从国外历年可采储量统计看，近年来深水可采储量占比呈快速增长态势，其中 2011 年、2012 年分别占总量的 56%、88%（见图 3－3）。2011 年，国外十大油气发现中，有 6 个位于深水区，储量占 74%（见表 3－1）；2012 年，国外十大油气发现全部来自深水区（见表 3－2）。可见，深水区已成为储量增长的重要接替区。

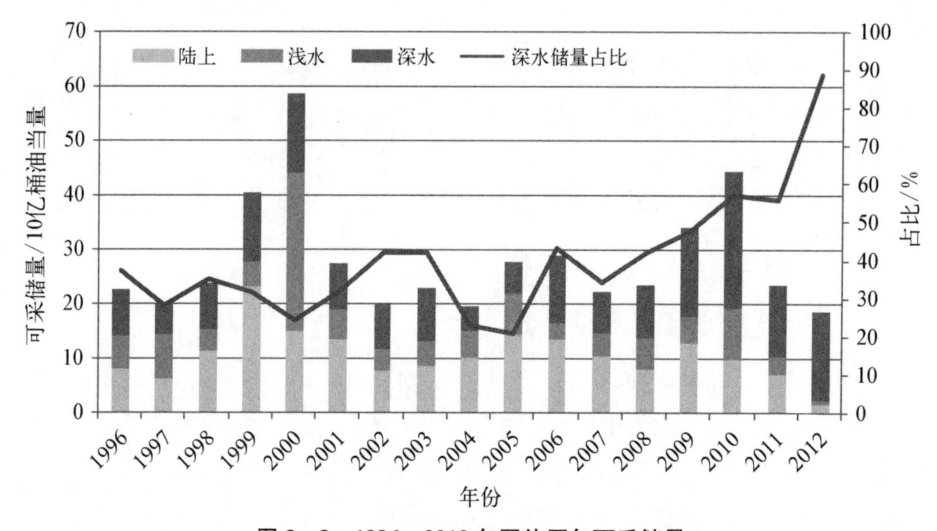

图 3－3　1996—2012 年国外历年可采储量

表 3－1　2011 年国外海域十大油气发现

排序	国　家	所在盆地	发 现 井	海陆	油气类型	作业者	油气储量
1	伊　朗	扎格罗斯	Madar 1	陆上	气/凝析气	伊朗国油	4.1
2	莫桑比克	鲁伍马	Mamba South 1	深海	气	埃　尼	3.6
3	阿塞拜疆	南里海	Absheron	深海	气/凝析气	道达尔	2.1
4	塞浦路斯	利凡特	Aphrodite 1	深海	气	诺贝尔	1.6

（续表）

排序	国　家	所在盆地	发 现 井	海陆	油气类型	作业者	油气储量
5	法属圭亚那	亚马孙	GM－ES－1X	深海	油	壳　牌	1.3
6	莫桑比克	鲁伍马	Camarao 1	深海	气	阿纳达科	1.1
7	安哥拉	宽　扎	Cameia 1	深海	油气	Cobalt	1.1
8	马来西亚	中洛克尼亚	Kasawari 1	海上	气	Petronas	0.7
9	伊拉克	扎格罗斯	Atrush 1	陆上	油	勘探伙伴	0.7
10	印度尼西亚	宾图尼	Asap 1XST1	陆上	气/凝析气	GOKPL	0.5

表3－2　2012年国外海域十大油气发现

国　家	所在盆地	油 气 田	气田类型	海陆	原油/（$\times10^8$ t）	天然气/（$\times10^8$ m^3）	油气合计/（$\times10^8$ t）
莫桑比克	鲁伍马	Mamba Northeast 1	气田	海域	0.04	4 245	3.45
莫桑比克	鲁伍马	Golfinho 1	气田	海域	0.03	3 396	2.76
莫桑比克	鲁伍马	Coral 1	气田	海域	0.02	2 122.5	1.72
莫桑比克	鲁伍马	Atum 1	气田	海域	0.02	1 698	1.38
莫桑比克	鲁伍马	Mamba North 1	气田	海域	0.02	1 556.5	1.27
巴　西	坎普斯	1－PAODEA-CUCAR－RJS	油田	海域	0.75	629.675	1.26
巴　西	桑托斯	4－SPS－086B－SPS	油田	海域	1.02	212.25	1.19
坦桑尼亚	鲁伍马	Mzia 1	气田	海域	0.01	1 273.5	1.04
伊　朗	南里海	Sardar E Jangal 1	油田	海域	0.67	141.5	0.78
坦桑尼亚	鲁伍马	Jodari 1	油田	海域	0.01	962.2	0.78

2）海洋工程技术和重大装备成为海洋能源开发必备手段

高风险、高投入、高科技是深水油气田开发的主要特点，20世纪80年代以来，世界各大石油公司和科研院所投入大量的人力、物力、财力制订了深水技术中长期发展规划，持续开展了深水工程技术及装备的系统研究，如巴西的PROCAP1000、PROCAP2000、PROCAP3000系列研究计划，欧洲的海神计划，美国的海王星计划等。经过多年研究,深水勘探开发和施工装备作业水深不断增加。根据 2011 年 4 月统计资料,全球共有钻井平台 801 座,平均利用率为 76.4%(见表 3-3);其中,深水半潜式钻井平台和深水钻井船约 290 座,占钻井平台总数的 36%;半潜式钻井平台约占 1/3。现有深水钻井装置主要集中于国外大型钻井公司,其中 Transocean 公司有深水钻井平台 58 座,Diamond offshore 公司有 22 座,ENSCO 公司有 20 座,Noble Drilling 公司有 18 座,深水钻井平台主要活跃于美国墨西哥湾、巴西、北海、西非和澳大利亚海域。

表 3-3　全球海洋钻井平台近况

地　　域	钻井平台总数	利用率/%
美国墨西哥湾	123	55.3
南　美	130	80.0
欧洲/地中海	115	84.3
西　非	66	75.8
中　东	119	76.5
亚　太	143	76.9
世界范围内	801	76.4

深水油气田的开发模式日渐丰富,深水油气田开发水深和输送距离不断增加,新型的多功能的深水浮式设施不断涌现,浮式生产储油装置(FPSO)、张力腿(TLP)平台、深水多功能半潜式(Semi-FPS)平台、深吃水立柱式(SPAR)平台等各种类型的深水浮式平台和水下生产设施已经成为深水油气田开发的主要装备。2001 年起,墨西哥湾深水区油气产量已超过浅水区,墨西哥湾、巴西、西非已成为世界深水油气勘探开发的主要区域。据 OFFSHORE 报道,2016 年全球已建成 240 多座深水浮式平台、6 000 多套水下井口装置,各国石油公司已把目光投向 3 000 m 深的海域,深水正在成为世界石油工业可持续发展的重要领域、21 世纪重要的能源基地和科技创新的前沿。深水油气开发工程技术主要包括深水钻完井、深水平台、水下生产系统、深水海底管线和立管以及深水流动安全等关键技术。

深水钻完井关键技术:深水钻井作业水深已达 3 000 m,各大专业公司都建立了成熟的深水钻井技术体系,成功完成 200 余口超过 1 500 m 水深的深水钻井作业。

深水平台工程技术：目前，深水平台可分为固定式平台和浮式平台两种类型，其中固定式平台主要包括深水导管架平台(FP)和顺应塔平台(CPT)，浮式平台主要包括张力腿平台、深吃水立柱式平台、半潜式平台和浮式生产储油装置。全球已经投产运行张力腿平台共26座(最大水深为1 425 m)，深吃水立柱式平台共19座(最大水深为2 383 m)，半潜式平台共50座(最大水深为2 414 m)。

水下生产技术：自美国首次应用水下井口以来，世界上已有近110个水下工程项目投产。在墨西哥湾、巴西、挪威和西非海域的深水开发活动最为活跃。与此同时，深水水下生产系统也得到了广泛应用。全球已投产的回接距离最长的油田为SHELL公司的Penguin A-E油田，回接距离为69.8 km；回接距离最长的凝析气田为STATOIL公司作业的Snohvit气田，回接距离为143 km。

深水海底管道和立管技术：在深水海底管道和立管设计技术方面，由于水深增加和深层油气高温高压，使深水海底管道和立管设计比浅水更为复杂。高温屈曲和深水压溃是深水海底管道设计中最关注的问题。深水立管由于长度和柔性增加，发生涡激振动和疲劳破坏的概率大大增加，涡激振动和疲劳分析是立管设计的主要内容。在深水海底管道和立管试验技术方面，针对深水立管涡激振动、疲劳问题以及海底管道屈曲问题，国外许多公司和研究机构(如2H Offshore、Marinteck、巴西石油公司等)开展了大量试验研究。疲劳试验和海底管道屈曲试验研究相对较少，巴西石油公司建有高约30 m的立管疲劳试验装置和直径近2 m的屈曲压力舱，可以对SCR立管触地区疲劳和海底管道屈曲进行研究。在深水海底管道和立管检测技术方面，目前主要是利用清管器进行海底管道内检，利用ROV携带仪器进行海底管道外测。超声导波检测技术是近年来出现的一种管道检测技术，与超声波检测相比，它能够实现单次更长距离的检测，该技术在海底管道检测上应用正处于起步阶段。由于水深增加，海底管道和立管检测维修非常困难且费用昂贵，国外公司非常重视深水海底管道和立管监测技术研究，巴西石油公司在1998年对一条SCR立管进行了全面监测，监测内容包括环境参数、立管悬挂位置变化、立管涡激振动、立管顶部和触地区荷载等。国际上对立管监测系统研究较多的有2H Offshore、Insensys、Kongsberg等公司。Kongsberg Maritime和Force Technology Norway AS公司开发了立管监测管理系统。

深水流动安全技术：深水流动保障要解决的主要问题是油气不稳定的流

动行为，包括原油的起泡、乳化和固体物质（如水合物、蜡、沥青质和结垢等）的沉积、海管和立管段塞流以及多相流腐蚀等。流动行为的变化将影响正常生产运行，甚至会导致油气井停产。所以，在工程设计阶段就必须提出有关流动保障的计划和措施，而对现有的生产设施，可进行流动保障检查以优化运行，或采用新技术来实现流动安全保障。

3.2.2 我国海洋油气资源发展现状

我国海洋油气资源勘采主要以近海为主，正逐步拓展在南海深水区的油气资源勘探，但勘探程度还相对较低，仍处于起步阶段。与之相比，我国南海深水区可勘探范围广阔，潜力巨大，亟需深水油气勘探工程技术的突破。

3.2.2.1 我国近海油气勘探开发现状

我国近海油气资源丰富，已建成四大油气生产区。截至2013年年底，我国在渤海湾盆地、东海盆地、珠江口盆地、北部湾盆地、莺歌海盆地、琼东南盆地等近海海域共发现含油气构造343个，累计发现三级石油地质储量为$71.4\times10^8\ m^3$，三级天然气地质储量为$17\,534\times10^8\ m^3$，其中，渤海湾盆地、珠江口盆地、北部湾盆地以石油资源为主，东海盆地、琼东南盆地、莺歌海盆地以天然气资源为主。基于已发现油气资源的分布情况，建成四大海上油气生产基地：渤海油气开发区、南海西部油气开发区、南海东部油气开发区、东海油气开发区。渤海油气开发区主要以渤海盆地勘探开发为主，目前已建成3 000万吨油气当量年产规模；南海西部油气开发区主要以北部湾盆地、莺歌海盆地、琼东南盆地以及珠江口盆地西部的勘探开发为主，目前已建成1 000万吨油气当量年产规模；南海东部油气开发区主要以珠江口盆地东部勘探开发为主，目前已建成1 000万吨油气当量年产规模；东海油气开发区主要以东海盆地勘探开发为主，目前已建成100万吨油气当量年产规模，但随着新的油气资源勘探发现，未来增长潜力很大。

我国近海已形成5 000万吨油气当量年产规模。我国近海油气田开发经历了两个主要阶段：一是1996年之前。这一阶段海上油田开发处于起步阶段，以开发海相砂岩油藏为主，1995年年产油气当量首次突破1 000万立方米大关，1996年油气当量接近2 000万立方米，其中仅南海海相砂岩油田产量就超过1 000万立方米，并自此一直稳定在1 000万立方米以上；二是1996年之后。这一阶段渤海的陆相砂岩油田开发迅猛增长，特别是稠油油藏。2004年国内近海油气当量突破3 000万立方米，2008年突破4 000万立方米，2010年油气当量突破 5 000 万立方米，宣告“海上大庆”的建成，形成了渤海以油为主，南海、东海油气并举的开发格局。这期间陆相砂岩油田产量于 2005 年上产千万吨，之后快速增长，2010 年实现年产 3 000 万吨。截止到 2013 年年底，国内近海在生产油气田共 90 个，其中油田 82 个，动用石油地质储量 33.2 亿立方米；气田 8 个，动用天然气地质储量 4 595 亿立方米。自 2010 年开始，国内近海油气当量一直稳定在 5 000 万立方米以上。我国 2014 年前历年来产油量分布如图 3－4 所示。

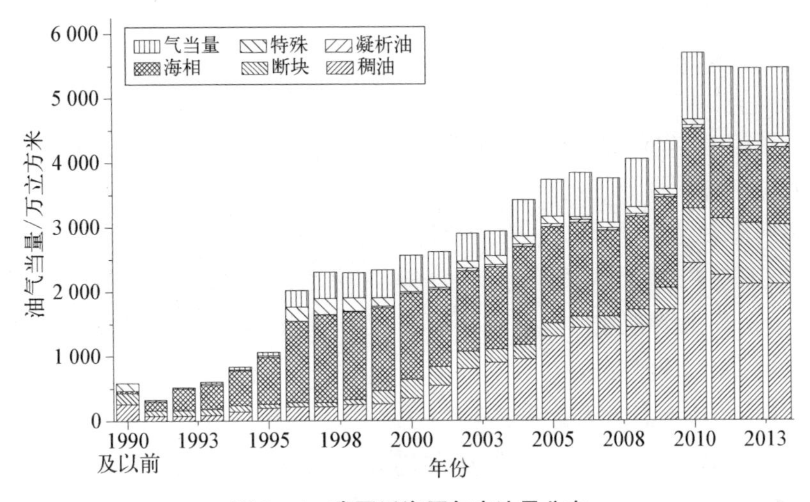

图 3－4　我国近海历年产油量分布

按照发展规划，我国海域油气当量在 2015 年突破 6 000 万吨，之后保持稳定增长，在 2020 年实现 7 000 万吨油气当量规模，但受多重因素影响，实际我国 2014—2019 年海洋原油与天然气产量未持续增长，基本维持不变。

3.2.2.2　我国南海深水油气资源勘探现状

我国深水油气资源开发起步较晚，深水油气勘探开发位于南海深水区。勘探工作量主要集中于南海北部深水区，而南海中南部深水区油气勘探和研究程度还很低。可以预见，为应对我国油气勘探面临的新形势、新挑战，南海深水区将逐步成为未来油气勘探开发的主战场。

南海北部深水区主要发育珠江口盆地、琼东南盆地，油气资源丰富，具有良好的油气勘探前景。珠江口盆地深水勘探主要集中于白云凹陷。琼东南盆地深水勘探以乐东—陵水、北礁、松南—宝岛、长昌等凹陷为主。截至 2013 年年底，我国在南海北部深水区累计采集二维地震 166 718 km、三维地震 39 777 km^2，完成探井 74 口；获深水油气发现 19 个，其中已开发油田 1 个、已开发气田 3 个、认定商业油田 1 个、认定商业气田 2 个、评价后含油构造 3 个、评价后含气构造 3 个、在评价含气构造 5 个、已废弃油田 1 个，累计探明地质储量分别为石油 19 174.36×10^4 t、天然气 805.78×10^8 m^3，累计三级地质储量分别为石油 23 928.85×10^4 t、天然气 1 399.99×10^8 m^3。

南海中南部深水区发育众多沉积盆地，蕴藏着丰富的油气资源，勘探前景广阔。我国在南海中南部油气勘探工作量很少，截至 2013 年年底，累计采集二维地震 138 662 km、三维地震 2 530 km^2。2014 年，在中建南盆地钻探井 2 口。我国南海中南部系统性油气资源综合调查始于 1987 年“南沙海域油气勘查专项”，历时 16 年，至 2002 年累计实施地质调查 16 航次，对 10 个盆地实施普查和概查，共完成多道地震测线 86 715 km。

我国海外深水油气资源勘探开发重点涉及两大区域：一是大西洋两岸，主要为西非和巴西；二是北美墨西哥湾。其中，西非海域深水区勘探开发重点为加蓬、下刚果、刚果扇、尼日尔三角洲等盆地；巴西海域深水区重点盆地为坎波斯、桑托斯、佩洛塔斯、塞阿拉、普第瓜尔、福斯杜—亚马逊等盆地；墨西哥湾重点区域是深水区盆地。

3.2.2.3 南海深水油气资源分布现状

南海发育众多沉积盆地，其中我国九段线内主要盆地有 18 个，面积为 84.62×10^4 km^2。根据 2005 年全国油气资源评价结果以及 2008 年、2010 年、2014 年全国油气资源动态评价成果，我国南海九段线内主要盆地地质资源量分别为石油 188.93×10^8 t、天然气 33.75×10^{12} m^3。石油地质资源量主要集中于珠江口、北部湾、万安、曾母、中建南、文莱—沙巴盆地，六大盆地资源量均在十亿吨以上，累计 155.31×10^8 t，占 82%；天然气地质资源量主要分布于珠江口、琼东南、莺歌海、万安、曾母、北康、南薇西、中建南、礼乐、文莱—沙巴盆地，十大盆地资源量均在万亿立方米以上，累计 32.65×10^{12} m^3，占 97%。

我国南海九段线内深水区分布 16 个盆地，盆地深水区面积为 48.18×10^4 km^2，地质资源量分别为石油 93.57×10^8 t、天然气 15.22×10^{12} m^3，分别占南海油气资源总量的 50%与 45%。深水区石油地质资源量主要分布于珠江口、万安、曾母、北康、南薇西、中建南、礼乐、文莱—沙巴盆地，八大盆地资源量均在五亿吨以上，累计为 85.67×10^8 t，占 92%；天然气地质资源量主要集中于珠江口、琼东南、曾母、北康、南薇西、中建南、礼乐盆地，七大盆地资源量均在万亿立方米以上，累计 12.87×10^{12} m^3，占 85%。

从油气资源总体分布来看，南海深水区具有发育盆地多、油气资源富集、以气为主等特点。因此，南海深水区勘探领域广阔，潜力巨大，有望成为我国油气资源勘探开发的重要战略接替区，也是海上重要的油气增储上产区。

3.2.2.4　深水油气勘探技术发展现状

随着我国南海深水油气勘探工作的不断推进，先后发现了荔湾 3-1、流花 29-1、流花 29-2、陵水 17-2 等气田，也积累了一定的深水油气勘探技术。但深水勘探面临复杂海底地貌和地质构造、少井/无井以及复杂的岩石物理特征等，严重影响了地震资料的成像品质和储层及含油气性预测，加之深水区钻探费用极其昂贵，因而目前我国深水勘探仍然处于起步阶段。

1）勘探地质评价技术

深水区潜在富烃凹陷评价技术。在深水区潜在富烃凹陷优选评价过程中形成了以优质烃源岩识别与预测技术、成藏主控因素分析技术、领域性目标精细评价技术为主体的潜在富烃凹陷评价技术组合，优选出南海北部深水区乐东—陵水、宝岛、长昌等凹陷为潜在富烃凹陷，其中乐东—陵水凹陷已被钻探证实为富烃凹陷。

深水区海陆过渡相煤系源岩评价技术。南海北部深水区主成盆期主要为海陆过渡相，勘探实践中建立了深水区海陆过渡相煤系源岩评价技术，明确了海陆过渡相煤系源岩为主力烃源岩，落实了海陆过渡相煤系源岩分布特征，针对海域深水区含煤盆地煤系生烃特征，提出 4 种含煤地层及煤层组识别方法，构成了海域深水区煤系煤层识别判断的核心技术，形成了深部盆地煤系煤层关键识别方法。

深水区重力流砂岩沉积储层识别技术。针对珠江口盆地白云—荔湾深水区，构建了全地层层序地层格架，揭示了深水区重力流砂岩沉积机理和分布特征，提出了深水重力流砂岩沉积模式，研究认为，陆架坡折带控制的陆架边缘三角洲和陆坡深水重力流砂岩是最有利的储层和勘探目标，珠海组和珠江组沉积时期的两个陆架坡折带控制了白云—荔湾深水区的有利成藏带，在此基础上研究形成了白云深水区重力流砂岩沉积储层识别技术组合。

深水扇和峡谷水道浊积岩控藏分析技术。南海北部新近纪发育珠江深水扇与红河深水扇两大远源碎屑沉积体系，陆架坡折控制珠江深水扇优质储层发育，红河深水扇控制中央峡谷水道优质储层发育，气源岩主要为下伏早渐新世海陆过渡型高熟煤系地层——海相泥岩，大型底辟带和断裂是气源断层，深海巨厚泥岩是优质盖层，气藏为构造—岩性复合型且成群成带分布，在此基础上研究形成了深水扇和峡谷水道浊积岩控藏分析技术。

2）地球物理勘探技术

深水地震采集技术。创新形成了深水高分辨率气枪阵列立体组合、富低频枪阵组合等深水地震资料采集重要关键技术，为深水地震采集奠定了重要基础。

深水地震资料处理技术。包括基于反演预测的高保真深水自由表面多次波压制、各向异性介质速度分析及高阶动校正、多次聚焦共反射面元叠加、波动方程保幅叠前深度偏移等多项深水地震资料处理重要关键技术，在实际应用中获得了较好的成像效果。

深水地震资料解释技术。包括深水区地震区域连片解释技术、深水三维可视化解释技术等，在区域整体评价、构造精细解释、储层解释等中获得较好的效果。

深水储层及油气预测技术。形成了泊松阻抗有效储层预测、多属性动态融合储层描述、深水地震相控非线性随机反演等多项重要关键技术，在实际应用中获得了较好储层及油气预测结果。

深水地震岩石物理实验技术。在地震物理模拟技术方面，开展了“南海深水区复杂地质结构地震采集基础理论研究”技术攻关，形成了面向目标的数值模拟、物理模拟联合采集观测系统分析技术，在南海深水区地震采集设计中进行了有效应用，为深水采集、复杂构造及复杂地质条件下的地震采集提供技术保障。

在岩石物理分析技术方面，开发了包括测井横波速度预测技术 VsPred、地震响应模拟技术 SeisResp、岩石物理数据库 RockDB、岩石物理数据分析 RockStat 四套功能模块的软件包，形成了深水盆地岩石物理与地震响应特征分析技术体系，形成高效稳定的岩石物理数据软件系统，形成的岩石物理新技术为油气田勘探、开发提供了技术保障。

3.3 我国海洋油气资源开发利用存在的问题与挑战

根据海洋油气资源的分布特点以及我国海洋资源开发工程技术的发展现状，我国海洋油气资源开发利用存在的问题与挑战主要包括三大方面。

3.3.1 近海油气资源开发面临挑战

近海油气资源的开发在取得巨大进步的同时，也面临着许多新的挑战，其中既有来自油气开发方面的技术挑战，也有来自下游市场销售方面的经济挑战，还有来自政治、军事等其他方面的挑战。

1）近海低品位油气储量大，亟待技术攻关

按照“先易后难”的思路，经过引进、学习、消化、吸收、创新的步骤，我国已基本掌握了近海常规油气资源的开发技术，形成了完善的工艺体系和配套技术，建立起近海油气资源开发利用的工业体系，但对低品位油气资源的开发利用尚处于探索研究阶段，而稠油、近致密气等低品位油气储量在我国近海油气总储量中占比很大，因此，有必要加强稠油、近致密气等低品位油气资源的开发技术攻关，以期提高该类油气资源开发效果，使其成为我国油气产量的重要增长点。

（1）稠油有效开发难度大。

稠油是指地下黏度在50 mPa·S以上的原油，我国近海纳入规划稠油地质储量为25.8亿吨，占总地质储量的57%。稠油因为地下黏度大，流动性差，用常规开采方法难以经济有效生产。根据黏度不同，稠油又可分为常规稠油和非常规稠油，地下原油黏度在350 mPa·s以下的稠油称为常规稠油，其余稠油则是非常规稠油。目前稠油开发难度主要在于两大方面。

表3-4　我国稠油储量分类表

油藏类型	黏度/mPa·s	三级地质储量/$\times 10^8$ t
普Ⅰ类	50～150	9.2
普Ⅱ类	150～350	6.59
	350～10 000	5.08
特稠油	10 000～50 000	2.32
超稠油	>50 000	

一是常规稠油水驱采收率低。纳入规划的常规稠油（见表3-4中的普Ⅰ类和普Ⅱ类）三级地质储量为15.8亿吨，按照现在开发技术，该类油藏的水驱采收率仅为22.2%，若按照一般普通油藏水驱采收率40%以上的标准计算，该类油藏采收率还可以提高17.8%，即还可增产2.8亿吨，相当于2013年全国的石油产量，潜力是十分巨大的。

二是非常规稠油难以有效动用。黏度350 mPa·s以上的非常规稠油三级地质储量为7.4亿吨，目前动用程度仅13%，仅形成了年产能50万吨的规

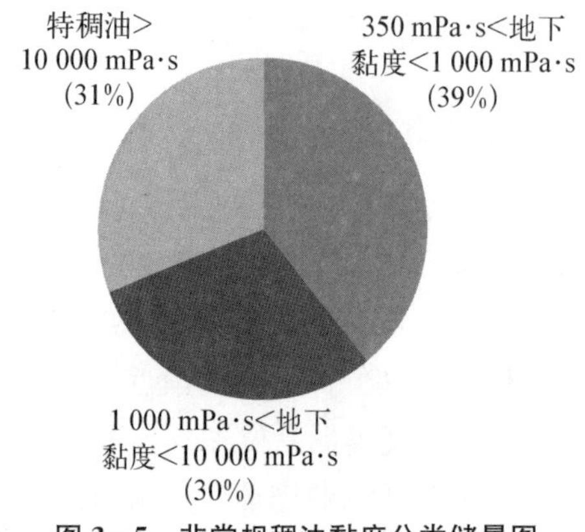

图 3-5　非常规稠油黏度分类储量图

模(见图 3-5)。非常规稠油资源中，黏度在 1 000 mPa·s 以下的占 39%，黏度在 1 000 mPa·s 与 10 000 mPa·s 之间的占 30%，黏度在 10 000 mPa·s 之上的占 31%。不同于陆地稠油油田开发，海上油田开发由于平台面积受限，面临许多陆上油田不存在的问题，许多陆上稠油油田开发技术难以在海上油田得到应用。

稠油特别是非常规稠油开发最常用的技术是热力采油，稠油热采装备如图 3-6 所示，海上稠油热采遇到的难题主要有以下几个方面：

(a)

(b)

图 3-6　稠油热采装备图

(a) 多元热流体注汽装置及辅助系统；(b) 海水淡化装置

① 多元热流体注汽装置及辅助系统非常庞大，狭窄的海上平台难以放置大量大型设备，热采蒸汽设备的优化有待研究。

② 锅炉用水水质要求高，海上平台淡水资源有限，若采用海水淡化，需增加大型海水淡化装置，受制于平台空间，实现难度大。

③ 热采产出液中乳化现象严重，海上平台油水处理技术还需研究。

(2) 缺少近致密气开发技术和经验。

东海天然气资源丰富，总地质资源量为 7.4 万亿立方米，以常规低渗和近致密气为主，特别是西湖凹陷常规气和近致密气分别占 1/3 和 2/3(见图 3-7)。近致密气藏由于储层渗透性差，采用常规的气田开发方法单井产能低，难以经济有效开采。当前近海常规低渗和近致密气的开发存在三个难题：一是目前开发的近海气田主要是中高孔渗，缺乏海上低孔渗油气田高效开发的经验；二是海上低孔渗油气田钻完井成本居高不下；三是海上低渗油气储层改造相关配套的研究和技术欠缺。

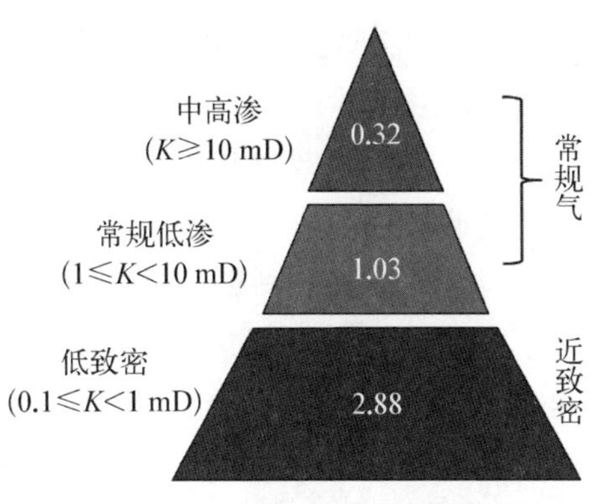

图 3－7　西湖凹陷资源构成
（单位：万亿立方米）

2）我国已建成多气源供气格局，市场竞争激烈

天然气将是未来我国近海油气产量的主要增长点。根据目前的勘探发现，未来近海原油产量将维持在 5 000 万立方米左右，较 2013 年的原油产量略高，而天然气的产量将呈现快速增长的趋势。不同于原油便于储存的特点，采出的天然气需要尽快销售，形成产销一体的管网布局，这就要求天然气田在开发前必须落实好下游市场，否则气田难以投产。环顾国内天然气市场，气源主要来自国内陆地天然气、陆路管道天然气、国内近海天然气以及进口天然气，国内陆地天然气和陆路管道进口气已在沿海地区完成整体布局，近海天然气及进口天然气的市场竞争相当激烈，这直接导致已发现大型气田因下游市场问题无法及时开发。这一问题若不能得到解决，将严重阻碍我国近海油气产量的增长。

3）受航道、军事区、地缘政治影响，开发条件苛刻

海上油气田开发不仅受储层物性、原油物性等地下油藏条件的影响，还受到海上航道、军事区以及地缘政治等用海条件的限制。

很多油气田受海上航道、军事区等用海区域的影响，平台位置难以确定，导致油气田难以经济有效地开发，特别是渤海油气区域。

在东海，富含油气盆地分布在中日边界争议区域内，海上油气的开发不仅是一个公司、一个行业的事情，而是牵涉到国家外交、国家安全等方面，每一个海上平台的建设都可能引起一场外交风波，因此，在这个“敏感区”的油气开发需实行“一事一报”的原则，其开发必须与国家的政治外交紧密相关。

4）近海勘探有待突破

中国海洋石油勘探正面临着新形势和新任务，即由简单构造油气藏向复杂构造油气藏的转移，从构造油气藏向地层-岩性等隐蔽油气藏的转移，从浅、

中层目标向深层目标的转移,从浅水领域向深水领域的转移、从国内海上勘探区域向以国内为主并向全世界含油气盆地扩展等。

中国近海油气勘探亟待大突破、大发现。当前,石油勘探三大成熟探区目标选择难度越来越大,表现为规模变小、类型变差、隐蔽性变强。石油勘探处于转型期,急需开拓新区、新层系和新类型。天然气勘探仍立足于浅水区,但近年来尚未获得重大发现,新的勘探局面尚未打开,新的主攻方向尚不明确。深水天然气勘探虽获重大突破,但短期内受技术和成本制约勘探进展仍然缓慢。新区、新领域勘探和技术瓶颈的不断突破是勘探发展的必由之路,今后很长时期仍应坚持以寻找大中型油气田为目标。

中国近海储量商业探明率和动用率有待提高,这是勘探与开发工作必须共同面对的现实。截至 2009 年年底,在渤海、珠江口、北部湾、琼东南、莺歌海、东海这六个含油气盆地已获油气发现 259 个,累计发现地质储量分别为石油 $58.17\times10^{8}\ m^{3}$、凝析油 $0.60\times10^{8}\ m^{3}$、天然气 $12.46\times10^{11}\ m^{3}$、溶解气 $2.50\times10^{11}\ m^{3}$,油当量 $73.73\times10^{8}\ m^{3}$。已开发、在建设、认定商业性油气田 129 个,仅占油气发现个数的 49.8%,其探明地质储量分别为原油 $34.76\times10^{8}\ m^{3}$、凝析油 $0.40\times10^{8}\ m^{3}$、天然气 $5.13\times10^{11}\ m^{3}$、溶解气 $1.32\times10^{11}\ m^{3}$,油当量 $41.61\times10^{8}\ m^{3}$。现有油气三级地质储量商业探明率分别为原油 60%、凝析油 67%、天然气 41%、溶解气 53%、油当量 56%。此外,部分油田储量动用率偏低,如 JX1 - 1、BZ26 - 3 等。分析表明中小型、复杂油气藏越来越多,部分边际含油气构造暂时无法开发。可见,依靠科技进步,开展含油气构造潜力评价,提高储量商业探明率和动用率是勘探和开发需要共同承担的任务。

3.3.2 深水油气勘探面临的挑战

深水油气勘探具有高投入、高技术、高风险的特点,其成本明显高于浅水区,也远远高于陆上。我国深水油气勘探起步较晚,南海深水油气地质条件较为复杂,加之南海敏感区范围广,因此我国南海深水油气勘探面临诸多挑战。

1) 深水油气勘探一体化技术体系尚未形成

一是深水地震勘探技术体系尚不成熟。针对南海深水复杂地质构造,研究形成了深水采集、处理和储层及油气预测等关键技术,已取得较好的应用效果,但尚未形成一体化技术体系,需要进一步发展、完善和推广应用。此外,对于琼东南盆地西南部的深水海底火山带、南海中南部中深层海相地层以及中南部碳酸盐岩-生物礁发育区,目前国内研究非常少,尚待深入研究,因此针对深水油气勘探的技术仍有很长的路要走。

二是深水储层识别与预测技术尚待丰富。虽然深水区中央峡谷优质储集体已得到证实，但仍需要进一步深入开展研究以寻找更多沉积类型的大型储集体。同时在南海北部深水区还具备碳酸盐岩台地和生物礁滩发育的有利环境，南海北部尚未钻探，南海中南部已发现了大型的生物礁油气田。因此，针对南海深水区的碎屑岩和碳酸盐岩两类储层，需要开展南海北部与南部的对比研究，准确识别并预测深水区沉积体系的优质储集体分布以及碳酸盐岩台地-生物礁储层。

三是深水油气勘探新领域尚需进一步开拓。在以往的深水勘探中，一直都是以寻找构造圈闭或构造-岩性为主，随着深水勘探程度的提高，中浅层的构造圈闭越来越少，圈闭面积也越来越小，随着深水勘探成本不断上升，要寻找大中型油气田，必须开辟勘探新领域和新层系，岩性地层圈闭的研究就为深水勘探提供了一个新领域。

2）深水油气勘探五项关键技术尚未成熟

一是宽频宽方位地震勘探技术。长期以来，海上地震勘探存在窄方位限制和鬼波影响问题，成为制约深海地震勘探地震成像与信息保真的瓶颈问题，实施宽/全方位海上地震采集是解决问题的关键。另外常规单炮激发方式的不足之处是野外采集效率较低，多源同步激发在采集方面可以提高采集效率、降低采集成本，还有利于采集宽方位地震资料，有效提高深水地震勘探资料的品质。

二是优质陆源海相烃源岩发育机制及评价技术。陆源海相烃源岩的分布和生烃机制仍不明确，需采用钻井样品，通过生烃实验模拟，分析陆源海相烃源岩的生烃机制，综合评价浅海—半深海相泥岩优质—中等丰度源岩的生烃潜力，提出有效评价标准，扩张有效烃源岩的层系。

三是优质储层形成条件与识别技术。进一步研究优质大型储集体的发育条件与分布，精细描述和评价储层。分析碳酸盐岩-生物礁发育控制条件，预测有利分布，落实大型储集体；前期研究预测的北礁凸起区生物礁发育有利区需要结合新钻井资料进一步落实和明确。选取有利的生物礁圈闭和目标，评价勘探潜力，优选钻探，扩大油气发现新领域。

四是大型海底扇、三角洲等岩性圈闭成藏研究。在以往的深水勘探中，一直都是以寻找构造圈闭为主，对岩性地层圈闭研究较少。制约在岩性地层圈闭发现大油气田的技术瓶颈主要是对岩性圈闭成藏条件认识不清，成藏主控因素不明确,因此亟待在深水区开展岩性地层圈闭成藏研究,为寻找大型油气田开拓新领域。

五是油气资源评价。"十一五"和"十二五"期间,深水区发现了荔湾 3-2、流花 29-1、流花 34-2、陵水 22-1 和陵水 17-2 等气田(群),但发现数量和油气储量规模远远低于预期,深水区油气发现以中小型为主,最大气田探明储量规模也没超过 500 亿立方米,与深水区万亿立方米大气区的资源前景严重不符。并且在北部深水区已证实的富烃凹陷(盆地)的数量少,在南海中南部还有很多盆地和凹陷评价没有开展,油气田形成条件还不清楚,严重制约了深水区油气资源潜力和勘探前景。

3) 高温高压领域天然气勘探开发

高温高压领域天然气勘探仍未取得重大突破。莺歌海、琼东南盆地天然气地质资源量期望值达 31.207×10^{11} m^3,其中 52%~65%赋存于高温高压地层,但目前勘探主要集中于浅层/常压带,已发现的天然气地质储量与其地质资源量极不相称。此外,东海、渤海等盆地也存在高温高压天然气资源潜力。因此,发展并掌握高温高压天然气勘探理论和勘探技术(地质、地震、钻井、储层保护及测试等方面)必将加速我国的海上天然气勘探。

3.3.3 深水油气开发工程面临的挑战

深水具有超水深、大陆坡、崎岖海底、地下结构复杂等特点,这对深水工程提出了迫切要求。

1) 环境条件恶劣、深水陆坡区域潜在工程地质风险

我国海洋环境条件复杂,南"风"北"冰"。海洋特别是深水恶劣的自然环境依旧严重威胁着深水海上设施和生产的安全进行。2005 年墨西哥湾的飓风 Katrina 和 Rita 使美国石油工业遭受惨重损失;据不完全统计,在该海域有 52 座海上平台遭受到毁灭性破坏,另有 112 座海上平台、8 根立管、275 根输油管道受到不同程度的损坏,导致该海域 25.5%的油井关闭,18%的气田生产关闭,造成油气产量剧减,这使人们不得不对热带气旋灾害引起高度重视。

南海特有内波、海底沙脊沙坡。内波(internal wave)是一种因海水密度垂直分层而引发的波动,发生于海面下。近海面处的海水因对流、波浪运动等"搅拌",形成密度均匀的混合层,但继续往下,海水密度受温度盐度影响而分层明显,分层界面受到扰动便产生内波。我国南海内波是目前已知全球最大的内波。内波对海面上的船只影响不大,但对水下航行与海洋工程的安全影

响甚深，海中的结构物如钻油平台底柱会受到强大的扭力而毁损。加上沙脊沙坡的不坚固、易迁移特性，我国南海资源的开采难度极大。南海及世界主要深水区环境条件对比如表 3－5 所示。

表 3－5　南海及世界主要深水区环境条件对比

	墨西哥湾		西非(安哥拉海)		巴　西		南　海	
	10 年	100 年	10 年	100 年	10 年	100 年	10 年	100 年
有义波高/m	5.9	12.2	3.6	4.4	6.9		99	12.9
谱峰周期/s	10.5	14.2	14－18	14－18	14.6		13.5	13.7
1 分钟风速/(m/s)	25.0	39.0	5.7	5.7	22.1		41.5	53.6
表面流速/(m/s)	0.4	1.0	0.9	0.9	1.7		1.38	2.09

2) 深水工程技术和装备面临更为严峻的挑战

我国深水工程技术起步较晚，远远落后于世界发达水平，同时我国海上复杂的油气藏特性以及恶劣的海洋环境条件决定了我国深水油气田开发将面临诸多挑战。制约我国深水油气田开发的主要问题表现在以下几个方面：

一是深水工程试验模拟装备和试验分析技术。我国初步建立了深水工程室内装置，但离系统的试验设施和性能评价设施还有很大差距，试验分析技术也有待提高。

二是我国深水工程设计、建造和安装技术。国外已经形成规范性的深水工程技术规范、标准体系，我国深水工程关键技术研究才刚刚起步，大都停留在理论研究、数值模拟和实验模拟分析研究阶段，而且针对性不强，研究成果离工程化应用还有一段距离，远远落后于世界发达水平。

三是深水油气开发技术能力和手段。深水油藏、深水钻完井和深水工程等方面存在大量的空白技术有待研究开发。在深水工程方面，我国急需研究深水油气田开发的总体工程方案，急需开发深水工程的浮式平台技术、深水海底管道和立管技术、深水管道流动安全保障技术和水下生产系统技术等。

四是海洋深水工程装备和工程设施。我国急需能够在深水区作业的各型海洋油气勘探开发和工程建设的船舶和装备，主要包括深水钻井船、深水勘察船、深水起重船、深水铺管船、深水工程地质调查船和多功能深水工作船；急需研究开发各型深水浮式平台、水下生产系统、海底管道和立管、海底控制设备以及配套的作业技术体系，同时现有深水作业装备数量有限，无法满足未来对深水油气开发的战略需求。

五是深水油气工程设施的设计和建设能力。我国尚不具备 500 m 以上深海设施的设计能力，不具备深海工程设施的建造总包和海上安装经验，难以在激烈的国际竞争中抢得先机，急需尽快形成深水平台的建造总包和海上安装能力。

3）深水油气勘探重大装备和技术仍需进一步突破

（1）深水装备作业船队和作业技术体系。

尽管我国深水油气勘探作业装备和技术已取得一定进展，但装备研发工作基础仍相对薄弱，自主核心技术和核心装备数量有限，今后需突破 3 000 m 深水装备的关键技术，大力发展半潜式深水钻井平台、深水钻井船、深水物探船等重大装备及深水勘探专业技术，为我国深水油气勘探的大力推进提供装备和技术支撑。

（2）海洋能源开发应急救援。

海洋油气资源开发中的重大原油泄漏事故不仅造成了巨大的经济损失，而且带来了巨大的环境和生态灾难，特别是 2010 年墨西哥湾 BP 公司重大原油泄漏事故导致的灾难性影响，使得人们对海洋石油开发的安全问题提出了一些质疑。因此，针对深海石油设施溢油事故研究及其解决方案和措施，研制海上油气田水下设施应急维修作业保障装备就显得非常迫切。

3.3.4 南海国际形势挑战

南海国际形势复杂，对海洋油气资源开采带来挑战。

1）南海深水区存在主权纷争，政治因素敏感

我国对南海拥有无可争辩的主权，但周边国家在南海勘探开发活动非常活跃。截至 2012 年年底，马来西亚、越南等国在九段线内共有合同区块 70 个、开放区块 26 个、招标区块 10 个，累计面积分别为 32.21×10^4 km^2、21.03×10^4 km^2、2.13×10^4 km^2，上述区块几乎涉及整个南海中南部，油气资源盗采猖獗，我国南海主权受到严峻挑战。近年来，南海周边国家油气勘探作业已逐步向深水区推进。因此，南海深水区尤其是中南部的油气资源开发必然会产生主权和利益争端。

2）自主勘探开发保障机制尚不健全

目前南海敏感区油气勘探开发执行“一事一议”制度，自主勘探开发保障

机制尚不健全，自主勘探开发作业易受周边国家干扰，甚至无法开展相关工作，导致南海敏感区深水油气勘探部署难以把握。

3.4 我国海洋油气资源开发利用发展战略

根据我国海洋油气资源现状、问题及挑战，凝练形成未来海洋油气资源开发利用的发展思路、发展原则、战略目标以及发展建议。

3.4.1 发展思路

以国家海洋大开发战略为引领，以国家能源需求为目标，实现近海稠油、东海天然气高效开发，加大深水油气资源勘探开发核心技术和重大装备攻关，“以近养远”“屯海戍疆”，建立覆盖深水、中深水、浅水在内的多元油气开发和供给体系，保障国家能源安全和海洋权益，为走向世界深水大洋做好技术储备。

3.4.2 发展原则

1）服务国家战略，统筹科技体系

紧密结合国家油气资源战略，以海洋资源勘查领域为导向，以科学发展观为指导，统筹基础与目标、近期与远期、科研与生产、投入与产出的关系，针对目前海洋资源勘查生产实践中存在的挑战和需求，不断完善科技创新体系。

2）坚持创新原则，形成特色技术

坚持“自主创新”与“引进集成创新”相结合的原则，力争在海洋资源勘查与评价技术领域有所突破，努力形成适用不同勘探对象的特色技术系列。

3）加强科技攻关，注重成果转化

继续加强海洋资源地质理论、认识和方法的基础研究，坚持实践，为海洋资源勘查提供理论指导和技术支撑。

继续加快技术攻关，着眼于常规生产问题，推广和应用先进适用的成熟配套技术；着眼于研究解决勘探难点和关键点，形成先进而适用的有效技术；着力解决制约勘探突破的瓶颈，继续完善初见成效的技术，及时开展现场试验；着眼于勘探长远发展，做好超前研究和技术储备。

4）依托重点项目，有机融合生产

依托与海洋资源勘查相关的国家重大专项、“863”计划、“973”计划、国际科技重点研发任务等重大科技研发项目，有机地融合勘查工作需求，形成一系列针对复杂勘探目标的勘探地质评价技术、地球物理勘探技术、复杂油气层勘探作业技术等配套技术系列，为油气勘查的不断发现和突破提供技术支撑和技术储备。

3.4.3 战略目标

1) 海洋油气资源开发战略目标

海洋油气资源勘探开采能力实现由 300 m 到 3 000 m、由南海北部向南海中南部、由国内向海外的实质跨越，2020 年部分深水工程技术和装备跻身世界先进行列，2030 年海洋油气资源勘探开发利用能力部分达到世界领先水平，建设南海气田群示范工程，助力南海大庆和海外大庆(各 5 000 万吨油气当量)。

(1) 渤海：建立国家级油气能源基地。

针对渤海丰富的稠油资源储量，属于中国内海，不存在主权争议，该区石油资源丰富，勘探开发相对成熟，可将其建成国家重要能源基地和“以近养远”的战略基地。规划在 2020—2030 年力争稳产 4 000 万吨油气当量年产规模。

以海上稠油油田为主要对象，初步建立健全海上稠油聚合物驱油及多枝导流适度出砂技术体系，加快化学复合驱、热采利用的研究和应用步伐。以渤海稠油油田为主要对象，借鉴陆上稠油油田开发的成功经验，发展海上稠油开发技术，形成具有中国特色的海上稠油开发技术体系。到 2030 年，通过海上油田高效开发系列技术，为渤海油田“年产 5 000 万立方米油当量、建设渤海大庆”提供技术支撑。

(2) 东海：国家天然气稳定供应基地和东海“屯海戍疆”前沿阵地。

东海油气开发区天然气资源丰富，勘探开发程度低，潜力较大，可将其建成国家天然气稳定供应基地和东海“屯海戍疆”前沿阵地。规划在 2020 年天然气年产量达到 100 亿立方米，2025 年达到 200 亿立方米，2030 年实现 300 亿立方米的规模。

(3) 南海北部：以点带面，实现深海工程技术的应用与提升。

以荔湾 3-1 气田群、陵水气田群、流花油田群为依托建成南海北部气田群和油田群，建立深水工程技术、装备示范基地，为南海中南部深水开发提供保障。

(4) 南海中南部：外交协同，促进资源的开采与权益保护。

外交协同，独立自主开发，稳步推进深水油气勘探进程，以民掩军，建立“屯海戍疆”前沿阵地，维护国家海洋权益。

2) 深水工程技术战略目标

在目前已基本形成的深水油气田开发工程装备基本设计技术体系基础

上，到2020年，实现3 000 m深水油气田开发工程研究、试验分析及设计能力，逐步建立我国深水油气田开发工程技术体系，逐步形成深水油气开发工程技术标准体系，实现深水工程设计由1 500 m到3 000 m的重点跨越；到2030年，实现3 000 m水深深远海油气田自主开发，实现3 000 m水深深远海油气田装备国产化，进入独立自主开发深水油气田海洋世界强国。

3.4.4　发展建议

根据发展目标与发展问题，从加大油气开发力度，提升油气开采技术水平两大方面提出相关建议。

1）建立经济高效的近海油气田开发技术体系

海上油气开发是一项复杂的技术密集型产业，需要勘探、开发、工程、环保、经济等多学科协同合作，构建一套完善的近海油气田高效开发技术体系与科技发展战略。首先，秉承一体化的开发理念，包括勘探开发一体化、油藏工程一体化和开发生产一体化三个方面，将各学科紧密联系起来，使各专业工作更有针对性、目的性，通过协同合作，提高工作效率，压缩开发成本；其次，构建完善的开发技术体系，形成整体加密及综合调整技术、稠油热采技术、聚合物驱技术三大海上油气田开发及提高采收率技术体系，为近海不同类型油气藏高效开发提供技术支撑；最后，建立完备的保障体系，包括安全保障和环保保障，确保近海油气田在实现高效开发的同时，不存在人身安全隐患和环境污染问题，创建和谐的社会人文环境，为海上油气田高效开发保驾护航。

（1）渤海油气开发区。依托国家重大专项、海洋石油高效开发国家重点实验室等科研平台，我国近海已初步形成“海上稠油油田丛式井网整体加密技术”“海上稠油聚合物驱技术”“海上稠油热采技术”等技术体系，并在渤海进行了示范应用，取得了良好效果，下一步渤海油气区将加大这三项技术的推广力度，依托先进技术体系实现渤海油气区高效开发。

（2）东海油气开发区。东海天然气资源丰富，但地缘政治复杂，且气田开发不同于油田开发，需要构建产销一体的供气管网以及稳定的下游销售，因此东海油气区的开发战略应着眼整体布局、上下游双向调节，同时还要紧密结合国家战略需求。

2）加快建立深水油气田勘探技术体系

解决南海深水复杂地质构造油气勘探面临的问题，形成深水地震采集、处理和储层及油气预测一体化技术体系，发掘深水区新的勘探领域，引领大中型油气田的发现。

(1) 形成南海深水区复杂构造及储层地震采集处理关键技术。开展南海深水区宽频、宽/全方位采集技术攻关，获取高精度地震资料；开展针对海上宽/全方位地震采集数据的地震资料处理配套技术研究，高精度快速建模及各向异性成像技术研究，有效改善地震资料处理的精度；开展富低频地震资料储层及油气预测配套技术、小波域储层流体识别技术研究，提高深水区储层及油气预测成功率。

(2) 形成深水区优质储层预测技术。分析深水区优质储层的形成条件及其分布规律；在沉积体系的约束下，利用地球物理技术，识别储层展布特征；建立深水区优质储层预测技术方法和体系。

(3) 深入开展南海中南部盆地油气地质条件研究。在“十一五”“十二五”研究基础上，充分利用新的地震资料，深化盆地结构充填演化等基础地质认识，进一步明确南沙海域主要盆地油气地质条件和资源潜力，厘定油气资源潜力，优选骨干富油气盆地或凹陷，探索南沙海域独特地质条件下油气成藏的主控因素，为大南海地质规律研究提供素材和依据。

(4) 完善深水大中型油气田成藏理论。以大南海的区域整体研究为基础，深化大南海区域整体构造、沉积演化研究；深化南海深水区优质烃源岩研究；加强南海深水区关键成藏条件研究，揭示深水区油气成藏动力机制，总结深水区油气成藏规律；完善深水区大中型气田成藏理论，指导深水区油气勘探。

(5) 进一步突破深水勘探重大装备和技术。我国深水油气勘探作业装备和技术基础仍相对薄弱，尤其是自主核心装备和核心技术数量有限，未来要重点突破 3 000 m 深水勘探装备的关键技术，在深水钻井装备、深水物探装备等重大装备及测井、录井等深水勘探专业技术方面获得新的突破，为我国深水油气勘探提供装备和技术支撑。

第4章
我国核电发展前景分析

核电是指利用核反应(核裂变、核聚变、核衰变)释放的核能,通过核电转换方式产生的电能。核电是清洁、低碳、稳定、高能量密度的能源,其发展对我国能源绿色低碳发展具有不可替代的作用。

4.1 国内外核电发展现状及态势研究

随着世界能源消费需求的持续增长、新兴市场的经济快速发展以及能源结构转型的加快,世界各国纷纷重视新能源技术的发展,核能作为安全、高效、稳定的清洁能源,是基荷电源的有力选项,愈发受到关注。受福岛核事故影响,部分核电大国调整核电发展计划,核电发展的重心已由传统核电大国转向新兴经济体国家,且随着核电技术的升级改造,三代核电机组已经成为全球在建核电的主力。

4.1.1 世界能源发展趋势

能源需求的增长与新兴经济体的快速发展刺激能源技术的发展与升级,核电等低碳清洁能源迎来新的发展机遇。

1) 能源消费需求继续增长,新兴市场增速超过传统消费中心

根据国际能源署(IEA)、美国能源信息署(EIA)、英国石油公司(BP)等国际著名机构和企业对世界能源需求预测的统计结果,2035年以前,全球一次能源消费将继续增长,预期年平均增速维持在1.4%～1.7%。

1998年以来,全球97%的新增能源消费来自新兴经济体。2015年,非经

本章作者:苏罡,中核集团核电工程有限公司。

合组织国家的能源消费总量已超过经合组织国家。据《2017 年世界能源展望》预测,2015—2040 年世界能源平均消费水平将增长 28%,其中非经合组织(non - OECD)国家的能源消费增长 41%,经合组织(OECD)国家仅增长 9%。到 2040 年,非经合组织国家的能源消费占比将超过七成。其中,中国和印度占全部增长的一半左右,非洲和中东地区能源消费增长率将分别达到 51% 和 45%。

2017 年 7 月发布的《BP 世界能源展望》(2017 版)预测,到 2035 年,全球 GDP 将比 2015 年增长 1 倍(年均增长 3.4%)。全球经济增长的主要驱动力是全球生产力的持续增长和将近 20 亿人口脱贫(其贡献约占世界经济增长的四分之三);其余四分之一的贡献来自世界人口的增长(20 年间大约增加 15 亿人口)。

2) 能源结构转型加快,能源结构低碳化,能源技术多样化

当前,全球范围内能源结构转型加快,能源结构低碳化、能源技术多样化的趋势日益明显,包括核能在内的低碳清洁能源将迎来新的发展机遇。

《巴黎气候协定》签署后,为了实现减排温室气体的目标,世界各国能源结构低碳化进程不断加快。预期到 2035 年,全球非化石能源的占比将增加到 25%左右。

在化石能源中,天然气成为增速最快能源,预期年均增长 1.6%,2030 年有望超过煤炭成为第一大能源品种。

非化石能源中,太阳能和风能等可再生能源成为增速最快的能源,预期年均增长 7.1%,可再生能源的比重将从 2015 年的 3%增长到 2035 年的 10%。在新增能源中,可再生能源、水电和核能占一半以上,将有力促进世界能源结构向低碳化方向发展。

能源结构低碳化是一个漫长而复杂的过程。尽管可再生能源和新能源技术日新月异,具有一定的竞争优势及良好的发展前景,但太阳能、风能等可再生能源"靠天吃饭",不能全天候地保证能源供应。在储能技术取得根本性突破、可再生能源供应稳定性、电网可靠性和适应性等一系列问题解决之前,可再生能源难以成为电网的基荷电源。

展望未来,全球能源系统将呈现多种能源形式并存的局面。化石能源、可再生能源、核能、新能源等不同能源并存互补,各自发挥自己的优势,为全球经济和社会发展提供充足的能源保障。而核电因其独具的低碳清洁、高效稳定发电等特点,可以满足电网基荷电源的要求,能大规模代替煤炭等化石能源,

成为未来能源系统的重要组成部分。

图 4-1 为《2017 年世界能源展望》报告对 2040 年全球各类能源增长趋势的预测。从图 4-1 可以清晰地看出：

(1) 除煤炭以外，所有能源在预测期内都呈现增长的趋势。煤炭消费量在 2020 年左右达到最大值，此后将出现一定程度的下降，2040 年消费水平与 2015 年基本持平。

(2) 可再生能源与天然气的消费将持续走高，2040 年与 2015 年相比将增长 40%以上。

(3) 全球核电发展将维持低速增长的局面。福岛核事故使全球核电发展速度放慢，但没有改变核电继续增长的发展趋势。

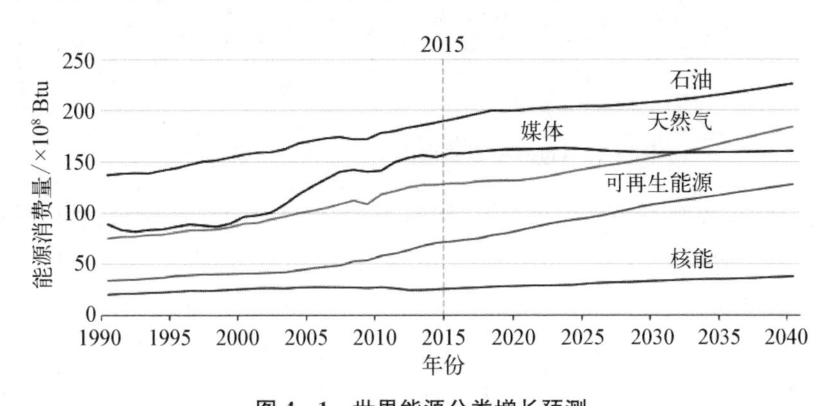

图 4-1 世界能源分类增长预测

(注：1 Btu=1 055.06 J)

4.1.2 世界核电发展概况及趋势

经历 60 余年的发展，核电日益成熟，成为火电、水电以外的第三大电力来源。尽管受福岛核事故影响，世界核电建设速度略有放缓，但绝大部分国家坚持核能持续发展的共识，总装机容量总体维持增大趋势。

1) 世界核电机组运行及建设现状

截至 2020 年 4 月，全球在运机组 438 台，总装机容量为 390 吉瓦(39 000 万千瓦)，分布在 31 个国家和地区。全球核电机组已经积累了超 17 415 堆·年的运行经验，总体运行情况良好，核电行业被美国安全机构和媒体评价为“安全状况最好的行业”。

世界主要核电国家核电机组数量及装机容量(兆瓦)情况如图 4-2 所示。

拥有在运机组最多的前五名分别是美国(94 台)、法国(56 台)、中国(47 台)、俄罗斯(38 台)、日本(33 台),这与核电技术门槛高的特性是一致的。

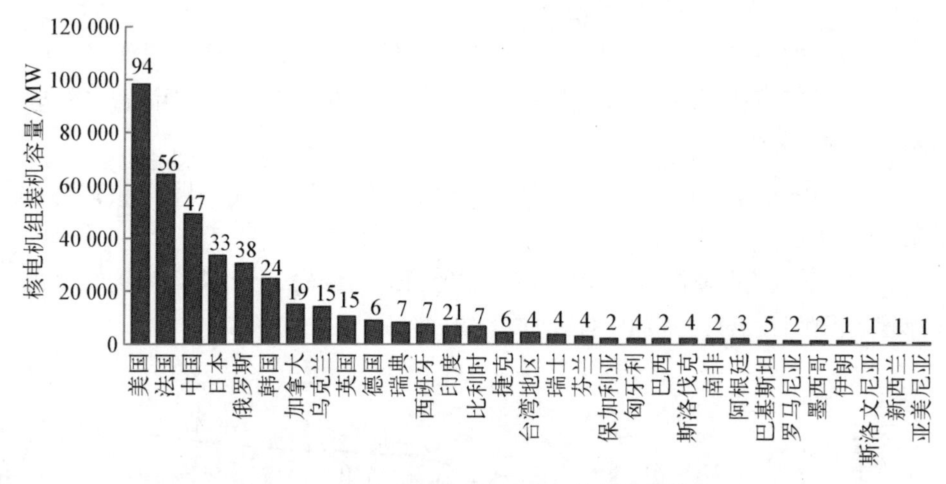

图 4-2　世界主要核电国家在运核电机组情况

2016 年,全球核电发电量为 2 476 太瓦时(24 760 亿千瓦时),在世界电力结构中的占比为 10.8%。与历史最高点相比,发电量下降了 7%(2006 年全球核电发电量达到 2 660.85 太瓦时),发电量在世界电力结构中的占比下降了 7 个百分点(1997 年核电发电量占比 17.6%)。下降的主要原因是 2011 年 3 月发生的日本福岛核事故。日本福岛核事故使全球核电发电量大幅下跌(见图 4-3),核电发电量要恢复到福岛核事故以前的水平(2010 年核电发电量 2 629.82 太瓦时),估计还要 3～5 年时间。一次严重核事故使全球核电发展倒退 10 年,教训十分深刻。

世界主要核电国家的核电发电量占比都保持在较高水平,核电是有关国家低碳清洁能源的主要贡献者。截至 2017 年年底,法国的核电占比最高,达到 72.3%;乌克兰的核电占比超过一半,达到 52.3%;其他如韩国为 30.3%,英国为 20.4%,美国为 19.7%,俄罗斯为 17.1%,加拿大为 15.6%,都超过 15%。2017 年,我国核电发电量占比仅为 3.6%,是所有核电大国中最低的,而且远低于世界平均水平(10.8%)。

截至 2019 年年底,全球在建核电机组 54 台(不含我国漳州 1、2 号,太平岭 1、2 号),分布在 19 个国家,总装机容量约 57.4 吉瓦(5 740 万千瓦)。中国是全球在建机组最多的国家,在建核电机组 11 台。排在中国后面的是俄罗斯和印度,它们在建核电机组分别是 7 台和 6 台。

2）福岛核事故后，各国核能发展分化

20 世纪 50 年代以来，全球核电经历了半个多世纪的发展历程。2011 年 3 月 11 日，在 9 级大地震和 14 m 高强海啸的双重打击下，日本福岛第一核电站发生了严重核事故。福岛核事故给刚刚复苏的世界核电造成巨大冲击。经过各国政府和核电界的共同努力，对核电安全的信心逐步得到恢复。美国、法国、英国、俄罗斯等国政府机构和领导人明确表示支持核电发展，并且制定了一系列鼓励核电发展的政策和计划。

欧洲各国核能政策：英国制定重大的新建核电项目规划，用于取代即将退役的核电站；波兰和土耳其等新兴核电国家计划开发第一座核反应堆；法国计划未来保持现有核电装机容量水平；芬兰、匈牙利和捷克共和国则计划提高其核电装机容量；德国、比利时和瑞士正逐步停止使用核能，面临着能源替代和核反应堆退役的挑战；由于没有找到替代能源，瑞典的核能基本维持运行。

日本是福岛核事故的当事国，在事故后曾经摇摆了很长一段时间，也有人提出过“零核电”的主张。在对国内外能源状况详细评估以后，日本内阁通过的新能源白皮书明确表示要继续发展核电，并且为国内核电机组的重启进行了充分准备。2012 年以来，全球核电发电量呈现逐年上升的趋势（见图 4－3）。

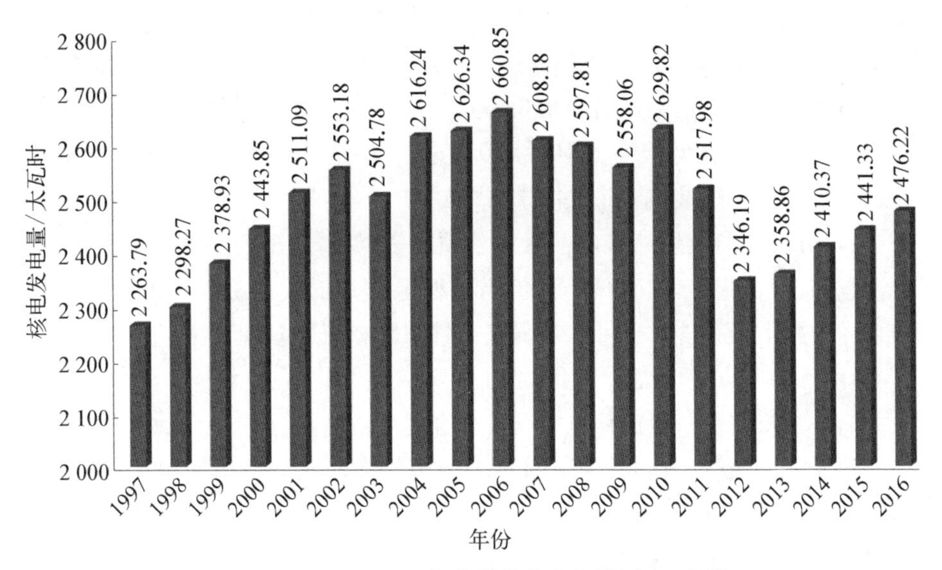

图 4－3　1997—2016 年世界核电发电量（太瓦时）情况

美国为保证核能技术领先，批准开展新建核电机组，并通过一系列提升功率的举措将核电装机容量提高 6 吉瓦以上；同时，美国能源部特别重视 SMRs

的发展。

俄罗斯未来核能发展将稳定增加新反应堆装机能力，更换老化的、待退役的核反应堆，到2030年实现核电份额提高到25%～30%。

韩国制定了一个长期战略目标，以提升核电的份额，但是新政府取消了新建计划。印度2020年核电总装机容量约678万千瓦，政府期望到2030年使其核电装机容量达到20吉瓦，可能会在2040年成为世界第三大核能国家。

中东地区随着电力需求的快速增长，计划采用核能来提升能源安全，通过能源的多元化来减少国内石油和天然气的消耗，以节省更多的资源用于出口；同时，日益增加的淡水需求使得利用核能淡化海水从中长期来看具有很大的吸引力。

对于越南、泰国和菲律宾等东南亚大量进口能源的国家而言，核能能够帮助提升能源安全状况，并减少对化石燃料进口的依赖。

3）国际原子能机构(IAEA)发布报告《2017年核电国际现状与前景》

报告就两种不同情境下的未来核电装机进行了预测。许多国家一如既往地认为核电是成熟、清洁、可调度和经济的技术，有望在加强能源供应和减缓气候变化过程中发挥越来越重要的作用。报告显示，28个国家有兴趣引进核电，16个国家有新建反应堆的计划。

在"高发展情境"下，预计全球核电装机容量2030年增长42%，2050年增长123%。这一情境假设经济和电力需求均保持稳定增长。虽然在低值情境核电装机容量到2050年没有净增长，但这并不意味着没有新核电机组建成投运。实际上，即使在低值情境中，到2050年仍将有约320吉瓦新核电容量建成投运，以弥补在运装机容量关闭造成的缺口。

报告分析了可能影响核电前景的各项因素，如筹资融资、电力市场及公众接受度等。报告指出，"高情境发展"需要核电作为低碳能源的潜力能得到认可，且先进核电设计能够进一步加强安全性以及核废物管理。

4）小结

综合来看，当前阶段的核电发展有两个鲜明的特点。

一是核电发展的重心从传统的核电大国转向新兴经济体国家。对亚洲、东欧、南美、非洲等许多新兴经济体国家来说，核电是不可或缺的重要选择，特别是亚洲，已经成为全球核电发展最快的地区。

二是核电技术升级改造的步伐加快，三代核电机组成为全球在建核电的主力。发展安全性更高、经济性更好的三代核电已经是许多国家保证电力供应、应对气候变化的一个重要选择。

4.2　我国核电发展现状

经过近40年的发展，我国核电产业取得了举世瞩目的成就，截至2019年底，已投入运行47台核电机组，总装机容量4 875万千瓦，发电约占全国总发电量的5.25%，在建机组15台，装机容量约1 690万千瓦，成为世界核电装机容量第三的核电大国，核电技术与产业体系完善，设计与运行安全国际先进。

4.2.1　我国核电发展历程及现状

自1991年秦山30万千瓦压水堆核电站投运、1994年大亚湾100万千瓦压水堆核电站商运开始，中国核电产业历经30多年的努力，已经跻身世界核电大国行列。

2018年1月，核能行业协会发布《全国核电运行情况(2017年1—12月)》：

(1) 2017年1—12月，37台商运核电机组累计发电量为2 474.69亿千瓦时，约占全国累计发电量的3.94%；核电设备平均利用小时数为7 108.05 h，设备平均利用率为81.14%。

(2) 红沿河、宁德、福清、昌江、防城港在内的五个核电厂中有8台机组出现应电网要求降功率运行或停机备用，设备平均利用率低于70%。

截至2019年底，我国大陆在运核电机组47台，装机容量为4 875万千瓦，位列世界第三。在建核电机组为15台，已经多年保持世界第一。继美国、法国、俄罗斯后，我国成为又一个拥有自主三代核电技术和全产业链的国家，三代核电发展的比较优势基本形成。就在建规模和发展前景而言，我国已成为全球三代核电发展的中心，核电发展进入技术升级、产业格局调整和发展重心转移期，具备了从“核电大国”向“核电强国”迈进的条件。

2019年7月，核能行业协会发布《全国核电运行情况(2019年1—6月)》：

(1) 2019年6月30日，我国运行核电机组1—6月累计发电量为1 600.14亿千瓦时，约占全国累计发电量的4.75%，核电发电占比创历史新高。

(2) 核电设备平均利用小时数为3 480.65小时，设备平均利用率为80.13%。(利用率较2018年有统计以来达到最高值)。红沿河、昌江在内的二个核电厂中有3台机组出现应电网要求降功率运行或调停，设备平均利用率低于60%。核电限发相对于2017年有好转，个别省份形势依旧严峻。

4.2.2 我国核电由二代向三代的技术跨越

截至2019年底，我国大陆在运的47台核电机组在技术层面都属于“二代”或者“二代加”，在建的15台机组中，有13台属于“第三代”压水堆技术，包括11台华龙一号、2台CAP1400，其余2台为高温气冷堆与示范快堆，而且今后新建的机组也将全部采用“第三代”技术，因此，我国核电已经实现了由“二代”向“三代”的技术跨越。

在技术研发方面，随着“华龙一号”和CAP1400开工建设，我国成为又一个拥有独立自主三代核电技术的国家。在高温气冷堆与小堆技术领域，我国自主研发的成果走在世界前列。

我国已形成了完整先进的核电产业链，涵盖核电工程设计与研发、工程管理、装备制造、核燃料供应、运行维护等各个环节，核电设备制造能力和核电工程建造能力世界第一。

在核电“走出去”方面，“华龙一号”已在海外开工建设，与阿根廷、英国、罗马尼亚、土耳其、南非等国开展了进一步合作。

4.2.3 我国核电技术具有较强竞争力

核电技术的竞争优势主要体现在安全性和经济性两个方面。

在安全性方面：我国自主研发的华龙一号与CAP1400均按照第三代核电技术的要求设计建造，安全水平达到国际公认的最高核安全标准。

华龙一号以“177组燃料组件堆芯”“多重冗余的安全系统”和“能动与非能动相结合的安全措施”等技术改进为主要技术特征。CAP1400在AP1000引进、消化、吸收基础上，通过优化非能动安全系统配置、提高关键设备可靠性等系统性优化和创新措施，增加了安全裕度。华龙一号和CAP1400两种机型不仅满足我国新建核电厂的安全要求，也能满足国际原子能机构的安全要求和美欧的三代技术标准，达到三代核电技术国际先进水平。

在经济性方面：经济性是国际市场竞争的一个决定性因素。从以往经验看，俄罗斯的VVER、韩国的APR1400在国际竞争中胜出的一个主要原因是造价相对较低。韩国的阿联酋核电项目（APR1400）价格200亿美元，固定价比投资约为3 500美元/千瓦。而法国AREVA、美国GE、西屋等一些老牌NSSS供应商在竞争中失利，也往往是因为造价过高。例如，美国佛罗里达州利维的2台AP1000项目比投资为7 400美元/千瓦；佛罗里达州土耳其角的比投资为5 780～8 071美元/千瓦；美国佐治亚州Vogtle比投资为6 360美元/千瓦；法国弗拉芒维尔3号机组总投资60亿欧元，固定价比投资为5 200美元/千瓦。英国计划2025年建成2 500万千瓦新的核电机组，估计新建核电总投资1 100亿英镑(1 700亿美元)，估算综合比投资为6 800美元/千瓦。

我国自主三代核电技术拥有自主知识产权，具有完整的产业链与强大的核电工程建设能力，主要设备制造基于国内成熟的装备制造基础，有利于保证工程进度，降低建设成本。

我国在建的华龙一号福清项目和防城港项目的比投资有望控制在16 000元/千瓦左右(不到2 500美元/千瓦)，CAP1400示范工程的比投资预期也在16 000元/千瓦左右。特别是批量化建设和设计优化以后，华龙一号和CAP1400国内造价还会进一步下降，在国际核电市场上具有较强的竞争力。

4.3　核能在能源体系中的定位

作为清洁、低碳、安全、高效的能源，核能即便面临可再生能源的强劲冲击，仍具有较大发展空间，将在我国能源结构改革与优化中发挥极为重要的作用。

4.3.1　核能在建设清洁低碳能源体系中发挥重要作用

核电是清洁、低碳、稳定、高能量密度的能源，发展核电将对中国突破资源环境的瓶颈制约，保障能源安全，减缓CO_2及污染物排放，实现绿色低碳发展具有不可替代的作用。

1) 国家能源与资源安全需求

核能在保障能源供给安全中具有特殊的战略优势。根据《BP世界能源统计年鉴(2017年)》的资料，2016年核电发电量占全球发电量10.6%，仍然是世界主力电源之一。法国、英国、美国、俄罗斯的核电发电量占比分别为72.3%、20.4%、19.7%和17.1%，而中国仅为3.6%。在中国一次能源消费中，煤炭占比62%，石油占比19%，水电占比9%，天然气占比6%，可再生能源占比2.8%，核电占比仅为1.6%，很明显中国核电发电量占比低于世界平均水平。

从以上能源结构看出，我国的主要能源形式为煤炭、石油、水电和天然气，核电占比很小。而水电由于其间歇性的特点，供给不稳定；石油和天然气主要依靠进口，根据EIA的预测，2016年中国石油进口依存度达到65.4%，预计2020年将超过70%（截至2020年上半年约73.4%）；天然气进口依存度在40%以上。过分依赖进口的能源结构，特别是供给无法保障的进口，影响着国家能源供给安全。因此发展三代核电，减少国家能源对于油气进口的过分依赖，通过能源多样化增强能源供给的安全，是我国能源安全的必由之路。

核燃料资源能量密度高、体积小，燃料费用所占发电成本比重较低。核电以同样的贸易额，提供了50倍石油的能量，体积不及石油的万分之一，保障能源持续供应的时间也远大于石油。因此核电站燃料运输储存量小，可以通过市场燃料价格低时大量收储的方式保障核燃料的供应，因此从燃料保障、运输和储存方面看，核电在能源安全性方面具有优势。

2）国家能源与环境容量需求

发展核电有利于减排改善环境，实现绿色低碳发展。尽管近年来光伏、风能的开发在稳步增长，但我国电力生产中仍有62%来自煤炭，煤炭在中国能源生产中占据主导地位。煤炭消费产生的SO_2、NO_x、CO_2、烟尘等污染物，形成酸雨和温室效应，损害了生态环境和人民健康。此外，我国石油、天然气等化石能源的进口依存度高，风电、光伏发电的间歇性和水电的季节性决定了在相当长时间内难以成为稳定的基荷电源。

我国目前温室气体排放量高达100亿吨以上，要完成我国向国际社会承诺的2030年左右“单位国内生产总值二氧化碳排放比2005年下降60%～65%，非化石能源占一次能源消费比重达到20%左右”的目标，核电必不可少，核电是我国替代化石能源的首选。

核电排放少、效率高，对保护环境、降低环保成本具有重要的意义。2018年，中国核电发电量2 865.11亿千瓦时，与燃煤发电相比，核能发电相当于少燃烧标准煤8 824.54万吨，减少的二氧化碳、二氧化硫、氮氧化物等有害气体的排放量相当于种植了4个可覆盖深圳全境的森林面积。核电是电力工业减排污染物、减缓温室效应的有效措施，可以在改善我国能源结构中发挥重要作用。

加快发展核电、水电、风电等清洁能源，是减少污染排放、实现环境治理的必然选择。2018年，我国光伏和风电的装机容量分别为1.74亿千瓦和1.84亿千瓦，占全国电力装机容量的9.2%和9.7%，但光伏和风电的设备利用小时数低，发电量分别为1 775亿千瓦时和3 660亿千瓦时，约占全社会用电量的2.6%和5.3%。由于无法提供全天候的稳定电力供应，靠风电和光伏难以保障能源的安全供给。

在低碳能源中，唯有核电可以提供稳定电力供应。一座百万千瓦级核电厂每年可减少二氧化碳排放600多万吨，核电不排放CO_2、SO_2等温室气体和气态污染物，是减排效应最显著的能源，发展三代核电可以有效应对气候变化和减少大气污染。

根据测算，2030年中国一次能源消费总量可能达到60亿吨，非化石能源占一次能源消费总量的比例达到20%、相当于12亿吨标准煤。2030年，全国非化石能源发电总装机12亿千瓦，其中核电装机1.5亿千瓦，占非化石能源发电总装机的12.5%，但发电量占非化石能源的30%以上。届时，核电年发电量将达到1万亿千瓦时以上，占中国全社会发电量的10%左右，相当于替代了3.4亿吨标准煤的燃烧，每年可以减排9亿吨二氧化碳和大量的固态、气态污染物，为国家环境治理和绿色中国建设做出巨大贡献。

此外，核燃料不需要大规模运输，可以显著减少我国长期形成的"北煤南运"的运输压力。同时，未来核能作为优质的一次能源，不仅可以用于大规模发电，还可以用来制氢、海水淡化、供热制冷等，对于满足城镇化的能源需求，乃至开发燃料电池汽车都具有重要战略意义。

3）科技创新型社会发展需求

核能产业技术密集、知识密集，世界核强国都十分重视核技术的研发和应用，力争占领核科技领域的制高点。开发更加先进的核能技术是确保核电安全发展的保障，按照国际最高安全标准，加快具有自主知识产权的新一代核电技术开发和工程建设，完善先进的核燃料循环体系，是核工业落实创新驱动发展的重要体现。

中国企业自主开发的三代核电技术形成了大量的自主知识产权，极大地促进了核电研究设计、装备制造，以及相关领域科技实力的提升，为新一代核电技术研发和国内其他工业领域的科技进步提供了重要支撑。

（1）基础材料：三代核电建设带动了核燃料包壳用的耐高温高压锆合金材料、核级与非核级焊接材料、耐腐蚀材料的国产化自主化，填补了国内基础材料领域的空白，也为其他领域的工业化应用创造了条件。

（2）加工工艺：三代核电发展解决了我国大型锻件制造技术、高精度加工技术、自动焊技术等一系列长期困扰我国制造业的难题，对提高我国装备制造业的能力和水平发挥了重要作用。

(3) 设计技术：三代核电设计中关于系统重要管道破前漏(LBB)的概念及相关技术可推广应用到其他行业中。

(4) 检测技术：三代核电研发的堆芯及主系统关键参数检测技术具有先导性、前瞻性，引领了特殊复杂环境下检测技术的发展，可以在其他工程中推广应用。

(5) 项目管理：作为全球最复杂的大型项目，核电项目建设周期长，参与方多、接口复杂，计划控制难度大，在核电项目管理中取得的经验和技术突破，对于其他大型复杂工程有重要的借鉴作用。

(6) 软件开发：三代核电研发中形成的大量的技术专利和软件著作权，涉及仪控技术平台、核电站数字化仪控系列产品、核电设计软件包、核电设计验证软件等诸多领域，不仅满足了人才培养和技术积累的要求，也有力地促进了国家整体科技实力的提升。

4) 能源与资源经济竞争力需求，扩大相关产业出口重要引擎

中国核电产业走出国门已经成为国家“一带一路”倡议中重点合作领域之一。核电项目投资大、周期长，核电出口对国内产业的拉动效应明显。核电已成为国家新名片，这对带动装备制造业走向高端，打造中国经济“升级版”意义重大。以出口我国自主知识产权三代核电技术“华龙一号”为例，设备设计、制造、建安施工、技术支持均由国内提供，单台机组需要8万余台套设备，国内可有200余家企业参与制造和建设，可创造约15万个就业机会。出口价格约300亿元人民币，相当于30万辆小汽车出口价值。如果再加上数十年的核燃料供应、相关后续服务，单台机组全寿期可以创造约1 000亿人民币产值，核电出口拉动我国经济增长和结构调整的作用十分明显、潜力非常巨大。

我国已先后与巴基斯坦、阿根廷、沙特阿拉伯、伊朗、埃及、苏丹、加纳、巴西、英国、罗马尼亚、南非、土耳其等国讨论使用中国核电技术在当地建设核电站事宜，出口主打产品包括华龙一号、CAP1400等三代核电机组，以及具有四代核电技术特点的高温气冷堆机组。中国已经在巴基斯坦卡拉奇开工建设两台华龙一号机组(K2/K3)，几乎与国内华龙一号示范电站建设同步进行。

随着国内三代核电建设的完成和运行经验的积累，三代核电机组将成为中国核电出口的主流产品。其中，华龙一号按计划即将建成，2025年前后在海外开工建设的华龙一号有望达到10台，包括巴基斯坦恰西玛核电站5号机组、巴基斯坦穆扎法尔格尔核电站、阿根廷阿图查核电站、英国布拉德维尔B核电站、罗马尼亚切尔纳沃德核电站等。CAP1400国内示范电站建成以后，

2030年左右南非和土耳其的CAP1400核电项目有望开工建设。

核电走出去不限于核电项目，核燃料供应、装备制造等也可以带动国内企业走出去。以中广核纳米比亚湖山铀矿为例，在投资总额约20亿美元的湖山项目集聚了中广核集团、中核建集团、中国兵器工业集团、中国建筑工程总公司、中电建集团和中冶集团等多家大型央企。中国企业合同总额约为27亿元，其中矿建施工14亿元，设备供货13亿，带动了3台套330吨大型矿用卡车首次出口海外市场，下一步还将从国内采购20多台，为中国企业走向海外提供了很好的平台。

此外，中国与俄罗斯、法国等核电强国正在积极探讨共同开发第三方市场，以及在土耳其、保加利亚、约旦等核电项目上的合作，也在研究通过股权并购、工程总承包、战略投资等方式与斯洛伐克、西班牙、荷兰等国开展核电建设、核电站运营等方面的全方位合作。核电领域的国际合作可以充分发挥我国的比较优势，取得"双赢"的结果，同时也可以带动和扩大中国核电相关产业的产品出口。

4.3.2　面临可再生能源的激烈竞争核电仍有较大发展空间

根据IEA预测：《能源技术展望2015》(ETP 2015)2D的核能发展愿景，以及核能对能源体系脱碳的贡献，全球核电总装机容量达到930吉瓦才能支持能源体系的转型过渡。欧盟国家的核电装机容量将从2040年开始下降，而俄罗斯和韩国将出现最大的核电装机容量增长，到2050年增长将超过一倍；中国和印度成为增速最快市场，其他市场包括中东、南非和东盟国家。

近年来，可再生能源技术进步日新月异，全球可再生能源发展势头迅猛，风能发电、太阳能发电都以两位数增长。根据统计，2018年全球风能发电量增长16%(增长132太瓦时)，太阳能发电量增长30%(增长77太瓦时)，可再生能源发电量占全球新增发电量的62%。随着技术进步和批量化规模化发展，可再生能源的发电成本和上网电价也大幅降低，对核电发展带来巨大压力。

尽管如此，出于对能源供给的稳定、经济、可持续性等多方面的综合考虑，相当多的国家仍然坚持安全高效发展核电，把核电视为能源结构中不可或缺的重要组成部分，这也是由核电的特点所决定的。

在现有的低碳能源中，风能发电、太阳能发电、水力发电等都是间歇性能源，设备利用小时数受到自然条件的限制。有研究结果表明，当间歇性能源在电力结构中的比重超过30%时，将会给电网带来安全风险，增加电力成本，甚至导致温室气体排放量的增加。因此，随着电网中可再生能源比例的增加，必须有稳定、高效的基荷能源来配套和护航，而核电设备利用小时高、连续稳定发电的特性正好弥补了可再生能源的不足，可以扮演电网基荷能源的角色。

目前全球电力生产主要依赖化石燃料，特别是依赖煤炭。要实现全球温室气体减排的近中期目标，必须大力发展低碳清洁能源，建设绿色低碳的能源体系。绿色低碳能源体系的建设离不开核能发电。

国际原子能机构(IAEA)的预测显示，在高发展情况下，2050 年全球核电装机容量可能达到 871 吉瓦，比 2015 年增长 123%；在低发展情况下，2030—2035 年核电装机容量会有所下降(下降 12%～13%)，到 2050 年又恢复到目前的水平。国际原子能机构同时指出，如果人们更多地提高对核电的认识，进一步提升核能利用的信心，随着反应堆设计、核电安全和放射性废物管理技术的进一步改善，核电前景将更加广阔。

世界核协会(WNA)预计，到 2050 年世界核电装机容量将达到 1 000 吉瓦，比 2015 年增长 163.85%。

经合组织核能署(OECD - NEA)和 IEA 预测，2030 年世界核电装机容量为 543 吉瓦，比 2015 年增长 43.76%；2040 年核电装机容量为 624 吉瓦，比 2015 年增长 65.21%；2050 年世界核电将达到 930 吉瓦，比 2015 年增长 146.22%。

美国能源信息署(EIA)预计，2040 年全球核电装机将达到 557 吉瓦，比 2015 年增长 45.64%。

从上述预测结果可以看出，不同机构的预测数据有较大的差别，但总体上都是积极的，认为未来全球核电的装机容量会有显著的增长。

4.4 我国核能发展面临的问题与挑战

尽管我国核电的发展取得显著成效，但面向未来长远与可持续发展需要，我国核电仍存在研发力量分散、资源储量不确定、乏燃料处理制约核电可持续发展以及厂址资源保护与利用不力等问题。

4.4.1 核电研发和工程设计力量分散

核电的可持续发展有赖于技术的持续进步，我国正处于由核电产能大国向核电技术强国转变的重要历史时期，近年来国内核电建设步骤放缓，国外市场难以取得实质性突破，在国际竞争中处于明显的劣势地位，核电发展面临困境，其根源就在于我国核电技术进步相对缓慢，在局部技术上与世界核电强国还存在较大差距，需要尽快填平补齐短板，在竞争中占据优势。

我国目前的核电研发力量相对分散，同质化竞争非常严重，造成低水平重复建设、无序竞争的局面，对国家和企业资源浪费严重，以压水堆为例，无论是大型先进压水堆、模块式小型堆、低温供热堆等，各研发单位均一哄而上，难以形成合力，甚至出现互相掣肘的现象，造成工程项目难以落地。

核电研发具有投入大，周期长的特点，需要稳定持续高效的科研攻关和人力资源投入，同时核电站是复杂的巨系统工程，需要有效协同工业界的优势力量，形成小核心、大协作的研发组织模式，才能更有效地推动核电技术进步。

4.4.2　铀资源利用能否保证核电规模化长期发展

当前铀价格低，通过国内国外两种途径，铀资源不会成为核电规模化发展的制约因素。为保障资源供应安全，应将铀资源保障提到战略层面，做好国家和企业储备。

我国铀矿找矿在北方盆地取得重要突破，实现了资源储量的翻一番，落实 6 个万吨至 10 万吨级铀矿资源基地。积极推进天然铀千吨级大基地建设战略，开发出我国第三代绿色地浸采铀技术，中国本土铀矿供应能力逐渐提升。我国自主的铀纯化转化由湿法向先进环保的干法转换，商业离心浓缩铀生产能力提升 4 倍，形成自主品牌高性能压水堆核燃料。

4.4.3　乏燃料及核废物安全处理与处置问题关系到可持续发展

如压水堆按照线性到 2050 年发展到 2 亿～3 亿千瓦，并保持这个装机容量，可以预计在 21 世纪中，我国的压水堆将累计产生 20 万吨以上的乏燃料。乏燃料是放射性核素的宝库，核技术应用前景广阔，其中积累的钚作为人造可再生资源，为下一步快堆发展提供足够燃料，开展提取是当务之急。需要加强高放废液全分离工艺研究，不断降低最终处置废物的放射性毒性，达到高放废液的资源化和地质处置废物量的减量化；加强后处理加玻璃固化的处置方式，放置到数百米深的地层内掩埋，使之与人类可接触环境隔离。

目前我国乏燃料贮存能力持续提升，后处理中湿法和干法贮存能够满足全寿期乏燃料贮存需求和对接后处理需求；行业发展坚持核燃料闭式燃料循环政策，自主后处理示范工程项目已开工建设；同时坚持“两条腿”走路，推动中法合作建设800吨大型商用后处理厂。建设低、中放废物三座处置场,并开始高放处置库6大预选区勘察和现场试验。

4.4.4 厂址资源保障及有效的保护涉及核能发展布局

根据《核电中长期发展规划(2011—2020年)》,截至2020年底,我国在建在运以及已经批准开展前期工作的沿海核电机组装机容量约为8 800万千瓦,而我国目前已确定的核电厂址资源能够满足核电中长期发展需求,2020年前核电建设无厂址资源限制。尽管如此,与2035年、2050年核电发展远景目标相比,现有厂址资源较为有限。为更加长远发展,需要论证启动内陆核电建设。

我国内陆地区发展面临着保障能源安全和保护生态环境的双重压力,核电作为一种安全、清洁和高效的能源形式,是可以实现工业化生产的重要新能源,是解决能源需求、保障能源安全的重要支柱,是提高空气质量、应对气候变化、加速我国能源低碳转型、建设生态文明的重要手段。根据环保部对我国备选厂址的分类评价和研究,我国目前比较成熟的备选厂址中有近四成是内陆厂址;而且随着内陆地区经济加快发展,未来电力供需缺口增大,特别是湘鄂赣三省,未来能源消费总量及人均能耗在数量上将有显著提升。三省能源供应特点是大中型水电基本开发完毕,火电受煤炭储量限制,电煤对外依存度超过80%;石油、天然气也基本依赖从省外调入,仅依靠远距离输电和长途运煤难以保障用电安全;核电与可再生能源的发展是互补协同的关系。因此,国家在核电布局上,需要在沿海核电建设的基础上,发展内陆核电。

4.5 新形势下核能发展前景分析

我国经济社会的快速发展与能源供给需求的提升为核能的发展提供了充足发展空间,核电技术的创新发展也为未来核能在能源市场的竞争提供良好技术基础。

4.5.1 我国核电发展具备持续向好的技术基础和稳中求进的现实需求

按照《核电中长期发展规划(2011—2020年)》,2020年核电运行装机容量达到5 800万千瓦,在建3 000万千瓦,基本难以实现。

根据《巴黎协定》中国2030年的行动目标为2030年左右二氧化碳排放达

到峰值;结合国内能源结构和核电建设能力和节奏,预计2030年核电运行装机容量为1.2亿～1.5亿千瓦,在建4 000万～5 000万千瓦。届时国内核电发电量约占10%以上,达到规模化发展;在满足电力需求同时,满足环境和生态文明需求,开拓核能在热电联供、海水淡化等多领域应用;商用快堆和后处理技术成熟,建立起核燃料闭式循环能力。

2050年实现后处理与快堆闭式循环规模化发展。保持合适的建设节奏,压水堆预计2050年可以达到3亿～4亿千瓦。而根据我国的铀资源约200万吨的预期,压水堆发展到2亿～3亿千瓦是比较合适的,其不足部分需要由快堆及其增殖的核燃料来支撑,通过嬗变来降低次锕系元素(MA)累计量。我国未来核能的发展规模变化情况如图4-4所示。

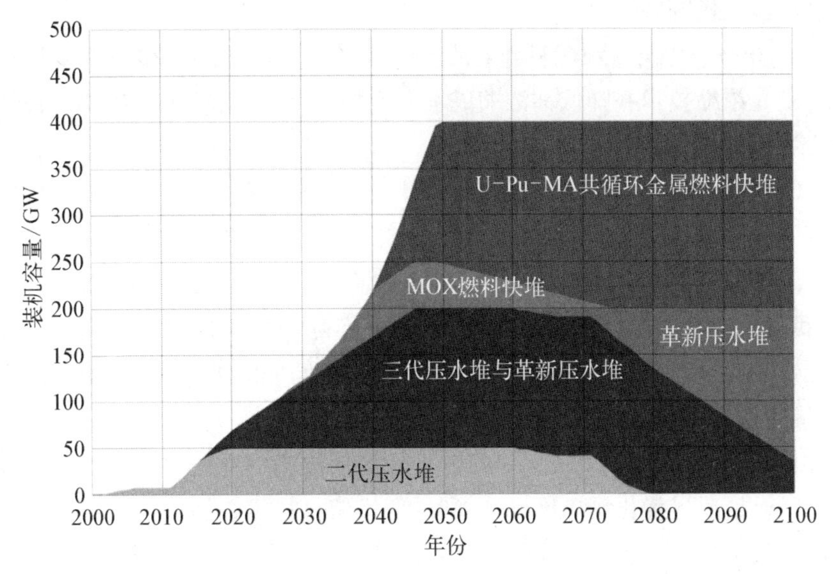

图4-4　基于200万吨天然铀边界条件的我国核能发展情景分析初步研究

4.5.2　新堆型新技术的发展将带动核能技术实现提升跨越

新兴技术的快速发展与核能技术的深度融合,使得新堆型技术的应用逐步成为可能,新技术的发展逐步进入实用阶段,切实提升核能技术的跨越提升。

4.5.2.1　世界核能发电领域科技发展热点

目前国际核能发电领域科技的主要发展热点集中于新堆型技术开发、在役机组优化延寿、先进核能安全技术研发以及退役技术等。

(1) 在役反应堆的安全升级和长期运营：提升核电站应对重大地震灾害、洪涝灾害、多重外部事故对多机组厂址的影响以及严重事故的紧急应对能力；保证安全、经济、可靠地运营这些核反应堆，特别是要考虑核电机组平均使用寿命。

(2) 新型反应堆技术的开发：更加关注严重事故缓解系统的功能，严重事故的预防管理以及安全壳可靠性，极端自然灾害的预防管理，制订相关的管理导则，尤其对余热导出功能、堆芯熔毁机制、氢气风险管理方面开展大量研究，争取最大程度减缓或缩小场外应急。

(3) 耐事故燃料元件(事故容错燃料元件)研发(ATF)成为研发热点。

(4) 核能非电力应用：核能的热电联产，工艺热应用，海水淡化，利用高温制造氢气，提供“储能”服务。

(5) 核燃料循环：铀燃料当前的供应量完全能够满足到 2035 年及以后的需求，激光浓缩技术在降低铀浓缩成本方面颇具潜力，对能抵御事故的核燃料的开发成为研究重点。

(6) 延寿和退役：在未来的几十年中，核电站的延寿和退役将成为核电行业活动中越来越重要的方向。

4.5.2.2 我国大型商业堆领域科技发展方向

我国压水堆核电技术能够实现“设计上实际消除大量放射性释放”，能够满足最新的、最高要求的安全目标，示范工程建设提前进入安装高峰，证明具备批量化建设条件。

由于在安全方面投入巨大，三代/三代加核电站的经济性竞争力必须进一步提升，包括通过优化反应堆设计、利用现代信息技术、大宗采购、模块化和标准化施工、全球供应链的合作、创新融资解决方案，支持性的监管和监督环境，以求最大程度缩短工期，提高热效率和反应堆利用率，继而提高核电的安全性和竞争力，寻求安全性经济性平衡。

下一步发展应该认识到安全性和经济性是一致的，从风险角度正确认识核安全，完善严重事故研究，采取 ATF 新技术、新材料和数字化技术，实现安全技术突破，才能实现系统简化，真正地提高经济性，最终实现安全经济统一发展。

1) 采用新材料、技术缓解严重事故

安全壳是包容放射性裂变产物的最后屏障，而严重事故缓解技术的最终目标就是确保严重事故后安全壳的完整性。

建议的重点方向包括熔融物安全滞留技术(堆内、堆外),能动结合非能动的冷却技术,氢气风险控制技术,严重事故安全分析软件,严重事故管理导则等。

2) 耐事故燃料研发及影响

相比于标准的 UO_2-锆合金燃料,能够在更长时间里经受堆芯失去冷却的考验,并在正常工况下具有相当或更好的燃料性能。特别是,提供更长的事故应对时间,并因此潜在地通过主动或被动方式缓解事故后果。扩展的 ATF 还应包括几何形状的变化,如环形燃料。研究包括材料、工艺和检测、验证技术。

研发目的是通过增强燃料包容裂变产物和包壳材料抗氧化的能力来提高反应堆和乏燃料水池在事故情况下的安全性,提供更长的事故应对时间,并因此潜在地通过主动或被动方式缓解事故后果,实现更深的燃耗,并提高燃料的经济性。

研发方向均着眼于包括革新的包壳和新型燃料,可分为三个方向:提高锆合金包壳的高温抗氧化能力及强度;具有高强度和抗氧化能力的非锆合金;比 UO_2 具有更好性能和裂变产物滞留能力的新型燃料。

3) 人工智能在核电的应用

核工业是高科技战略产业,人工智能的应用具有重要意义。为保障核电运行全寿期的安全高效运营,需要加强核电关键系统和设备的自动运行监控,提高系统、设备的可靠性;同时提高核电站运行的可利用率,提高经济性;实现对人不可达区域进行机器人维修,减少工作人员的受照剂量;最终为严重事故处理及退役创造技术条件。因此,核电应用需要落实新一代人工智能在核能行业发展的规划,需深入并广泛应用以工业机器人、图像识别、深度自学习系统、自适应控制、自主操纵、人机混合智能、虚拟现实智能建模等为代表的新型人工智能技术,包括从智能仪表智能控制器采用到核电站全数字仪控系统建立;利用互联网+建立大数据系统开发数字核电站(三维动态)、开发虚拟现实(VR)技术到操作指导和事故处理指导,核电站设备系统的智能维护,利用机器人或机器人系统维修高放射性区域不可达地区。

4.6 新形势下核能发展建议

结合新形势下核能的发展需求与挑战,从核能技术的竞争力提升、核能战略地位的重视、军民融合发展、核安全普及与宣传以及放射性废物处置与核电站退役等角度提出相关发展建议。

1）持续加强核能安全的同时注重安全性与经济性的平衡

一是明确核安全目标，通过创新设计、合理简化的方式实现核安全目标，减轻安全系统负担，提高核电经济性。

二是具备设计上消除大规模放射性释放条件，更高的安全必然带来从技术上可实现的更为简化的厂外应急，提高核电站建设经济性。

三是保障安全，防止严重事故的发生，并提高能够正确分析事故原因、降低影响的应对能力。

四是推进风险管控，自主地提升安全性，安全保障措施从只重视满足监管标准的“强制型”，逐渐向未雨绸缪、能够防患于未然的“预测型”过渡。

五是将重点放在降低核辐射对健康的影响方面，并推进相关防灾、减灾活动。

2）从解决全球变暖问题、改善民生和经济的观点出发利用核能

一是由于电力市场竞争愈发激烈，给核电的发展带来了不小的挑战，因此要发挥核能的优势，探讨解决核能未来市场的相关问题，强化核能竞争力。

二是核电不仅能够实现温室气体减排，还能在民生、经济以及电力稳定供给方面发挥积极作用。因此政府需要综合考虑，明确核电在长时期所能发挥的重要作用，并探讨相关必要对策。

三是在核电成本中，资本成本占据很大比重，而燃料和其他成本则较少；核电站在合理的情况下运行的时间越长，发电成本就越低。因此，核能机构有必要提高轻水堆的安全性，进行相应改造措施，保障其长期利用。

3）根据国际趋势布局核能战略

一是随着全球化进程加快，核能行业相关机构也应提高国际意识，积极收集、分享和利用国际先进知识和经验；并将全球标准和系统应用于我国的核能体系中。

二是政府、监管机构、核能机构和大学应根据各自的职责，促进国内外的合作交流，与国际社会分享福岛事故的经验教训，促进国内外核能的安全利用。此外，还应加强合作，推进核能新兴国家在工业、医疗、农业等领域的辐射应用。在扩大海外业务的同时，还要注意维持和发展我国高水平核能技术和人才队伍。

4）确保核能军民融合发展

核工业是高科技战略产业，是国家安全重要基石。在新的起点上，核工业

要大力弘扬“两弹一星”精神，坚持安全发展、创新发展和军民融合发展，坚持和平利用核能，全面提升核工业的核心竞争力，续写我国核工业新的辉煌篇章。作为最典型的军民融合技术，核电发展需要借鉴美俄等国家模式，落实发展战略。

5）建设新时代的公众沟通及分享机制

福岛事故加深了我国国民对于核能的不信任，鉴于此情况，政府以及核能相关机构需要采取必要措施，通过开展双向对话、举办公众听证会，以及其他形式的交流活动，增进核电站附近居民以及国民对核能的认知了解；此外还要建立一个基于互联网的信息系统，使公众可以自行检索，快速找到易于理解的科学依据，解答核能相关问题和疑虑，并通过独立思考获得更深层次的理解。

6）稳步推行退役和放射性废物处置工作

一是落实秦山一期的延寿和退役工作，利用国内外的先进经验与技术，开展污染水处理、放射性废物处理处置等工作。

二是对于已经决定退役的核电站或是大学和相关研发机构中的研究堆等核设施，应确保长期退役经费的稳定支持，按计划推进废物处理、处置等一体化的退役工作；同时确保退役技术和人才的继承和发展。

三是应将放射性废物的处理处置问题作为当代人的责任，切实推进相关工作的实施。政府方面需要加强整体进度的管理，为此，应设立一套集中监测体系，用于确定各种放射性废物的贮存、处理和处置状况，制定综合性的废物处置政策。此外，更应重点推进高放废物的地质处置工作。

第一座商用核电站建于20世纪50年代，经过近60余年的发展，核电及配套的核燃料技术成为日益成熟的产业，在世界上成为继火电及水电以外第三大发电能源，能够规模化提供能源并实现二氧化碳及污染物减排。经过1979年的三哩岛事故、1986年的切尔诺贝利事故和2011年的福岛核事故，核电的安全性不断地得到提高，并通过第三代核电的开发和建设，使核电的安全性达到了一个新的高度。福岛核事故后，国际上提出“从设计上实际消除大规模放射性释放”，实现在任何情况下，确保环境和公众的安全。

基于我国核能发展三步走战略，核能领域科技和发展的近期目标是优化自主三代核电技术，实现核电规模化发展，中期目标是建成基于热堆和快堆的闭式燃料循环，长期目标是发展核聚变技术。从压水堆反应堆技术的发展来说，未来总体发展方向是围绕核能利用长期安全稳定及效能最大化，包括反应堆热效率、核燃料燃耗及核电厂的可利用率大幅度提升，提升竞争力。通过先进核燃料研发，严重事故机理研究，完善先进理念的安全系统、设置完善的严重事故预防和缓解措施、增强对外部事件的防御能力应用，开展核废物最小化等方面的改进研究。

研发领域主要分为两方面，一方面是基于核电站的生命周期，另一方面则是基于核燃料循环的研发领域。核电站生命周期领域的研发主要涉及设计和施工、装配和建设、运行、发电和产热、维护和资源扩展、中低放废物处理和处置、退役等方面；核燃料循环领域的研发主要涉及铀矿开采、铀转化、铀浓缩、核燃料制造和再加工、乏燃料的回收和处置、高放废物处置等方面。

我国推出了以华龙一号和 CAP1400 为代表的自主先进压水堆系列机型，实现了“从设计上实际消除大规模放射性释放”，是核电规模化建设的主力机型。根据确定的进度，随着华龙一号的批量建造，CAP1400 示范工程机组的开工建造，目前我国已形成自主三代核电技术的型谱化开发，带动核电装备行业的技术提升和发展；全面实施中低放废物的处理，制定轻水堆的延寿和退役方案；通过开展核燃料产业园项目整合核燃料前端产能；突破关键技术，实现后处理厂示范工程及商业规模工程的建设；在核能的多用途利用方面，开发模块化小型堆技术，建设陆上示范工程实现热电联产和海水淡化，同时推动浮动核电站建设，开拓海洋资源。在 2030 年左右完成耐事故核燃料元件开发和严重事故机理及严重事故缓解措施研究；形成商业规模的后处理能力，与快堆形成闭式核燃料循环，建立地质处置库。在 2035—2040 年实现快中子增殖堆的规模化建设，实现可持续的燃料循环。

核电安全发展的目标是做到消除大规模放射性释放，能够达到减缓甚至取消场外应急。为实现技术目标，首先需要研究如何增强固有安全性，通过先进核燃料技术和反应堆技术研究创新应用；同时需要研究堆芯熔融机理，通过开展堆芯熔融物在堆内迁移以及堆外迁移的主要进程和现象研究，优化完善严重事故预防与缓解的工程技术措施和管理指南等，最后需要关注剩余风险保障措施，确保即使发生极端严重事故，放射性释放对环境的影响也是可控的，保障环境安全。

根据 OECD 发布铀资源红皮书预测，全球已探明铀资源完全可以满足未来 120 年核电发展需求。为保证我国核电规模化发展对于铀资源的需求，重点发展深层铀资源和复杂地质条件下空白区铀资源勘查技术。通过创新深部铀成矿理论体系和发展深部铀资源勘查开发技术，开辟深部第二、第三找铀空间，通过拓展复杂地质条件下空白区的找矿，推进新类型铀矿的发现，提供更多铀资源战略接替和后备基地。突破深部铀资源开发的关键技术，地浸铀资源的利用率由70%提高到80%以上，地浸停采浸出液含铀浓度降到5 mg/L以下。建成集约化、数字化的硬岩铀矿山。推动盐湖和海水提铀技术实现工程化，实现非常规铀资源的经济开发利用。

随着核电规模快速增长，乏燃料存储和处理的需求日益增加。为解决制约中国核电发展的铀资源利用最优化和放射性废物最小化两大问题，统筹考虑压水堆和快堆及乏燃料后处理工程的匹配发展，通过重大科技专项解决在PUREX① 工艺流程基础上，先进无盐二循环工艺流程和高放废液分离流程工艺、关键设备、材料及仪控、核与辐射安全等技术，开展部署快堆及后处理工程的科研和示范工程建设，以实现裂变核能资源的高效利用。乏燃料后处理产生的高放废物将进行玻璃固化和深地质处置；在核燃料闭式循环实现之前，开展乏燃料中间储存技术和容器研制，以解决乏燃料的厂房外暂存问题。

掌握我国中等深度处置废物源项参数，确定处置库候选场址，提出中等深度处置库工程设计总体参考方案，完成中等深度处置初步安全评价，满足我国放射性废物中等深处置库建造基本条件。我国正在开展高放废物地质处置的地下实验室研究，计划未来5～10年内完成高放废物地质处置库工程关键技术研究。

此外，我国正在研究开发ADS系统（加速器驱动的次临界系统），利用ADS或快堆可善变乏燃料后处理后裂变产物中长寿命、高放射性核素，使其转化为短寿命核素，乏燃料中90%以上的铀和钚将得到再利用，2%～3%的高放废物将进行玻璃固化，然后深地质埋藏，可以说核废物不会给环境和人类带来影响。

为实现我国节能减排目标和保障国家能源供应，在坚持生态优先、绿色发展理念的基础上，在能源体系中统筹考虑，“安全高效”核电开发，构建风电、光伏发电、核电等“清洁能源基地”及“一体化”发展模式，推动能源结构优化升级，努力构建清洁低碳、安全高效的能源体系。

---

① PUREX指用磷酸三丁酯萃取法从辐照核燃料中回收铀、钚的普雷克斯流程。

第5章
我国风能、太阳能发展分析

风能与太阳能是自然界中分布最广泛的可再生能源之一，随着能源绿色低碳转型升级与技术进步，风能与太阳能发展迅猛，投资与装机规模大幅提升，在我国能源可持续发展中发挥着愈发重要的作用。

5.1 国内外风能、太阳能发展现状

随着技术的发展以及可再生能源地位的提升，各国对风电、太阳能发电投资加大，政策扶持机制更为合理，风电、太阳能发电装机规模增长迅猛，进入规模化发展阶段，成为能源投资增量的主体。

5.1.1 全球风能、太阳能发展现状

21世纪以来，为应对气候变化、保护生态环境、保障能源可持续供应，通过大规模开发利用风能、太阳能等新能源，促进能源清洁低碳转型成为全球化趋势。2016年11月4日《巴黎协定》正式生效，提出确保全球平均气温较工业化前水平升高控制在2℃之内的长远目标。在积极应对气候变化的全球背景下，世界各国纷纷提出温室气体减排目标，优化能源结构，推动能源低碳发展迈上新台阶。截至2017年年底，全世界共有90个国家和区域提出2025年电力的50%以上将来自可再生能源，其中部分国家提出2025年将完全依靠可再生能源发电。主要国家/地区能源转型发展目标列于表5-1中。

本章作者：张玮，国家电网公司研究室。

表 5-1　主要国家/地区能源转型发展目标

主要国家/地区	能源转型发展目标
欧　盟	2007 年提出，至 2020 年，可再生能源占一次能源消费比重提高到 20%； 至 2030 年，可再生能源在能源总消费量中的占比达 35%
美　国	2005 年，发布《2005 国家能源政策法案》，开始实施光伏投资税减免政策； 2007 年，通过《2007 能源独立和安全法案》，开始大力发展清洁能源技术； 2016 年，计划到 2030 年光伏发电占总电量的 20%，2050 年前达 40%； 2017 年，超 250 位市长提出 2035 年可再生能源完全满足地区能源需求
日　本	2016 年 3 月，发布《能源革新战略》，旨在提高能效并大力发展可再生能源，2030 年使可再生能源在电源结构中占比达 22%～24%
中　国	2016 年 12 月，印发《能源生产和消费革命战略(2016—2030)》，2020 年、2030 年、2050 年非化石能源占一次能源消费比重达 15%、20%及 50%以上

能源转型大背景下，全球风电、太阳能发电快速发展，在能源结构调整中的作用凸显。2008—2017 年全球风电、太阳能发电投资、装机容量、技术进步等表现为以下特点。

1）投资规模和增速超过化石能源

2008—2017 年全球风电、太阳能发电投资快速增长。如图 5-1、图 5-2 所示，十年间，全球风电投资由 609 亿美元增长至 1 072 亿美元，年均增长约为 5.8%；全球光伏投资由 387 亿美元增长至 1 608 亿美元，年均增长约为 15.3%。化石燃料发电投资年均增速则为-1.3%。2008—2017 年全球风电、太阳能发电投资合计为 2.3 万亿美元，约为化石燃料发电投资 1.4 万亿美元的 1.7 倍，成为发电投资的主导。

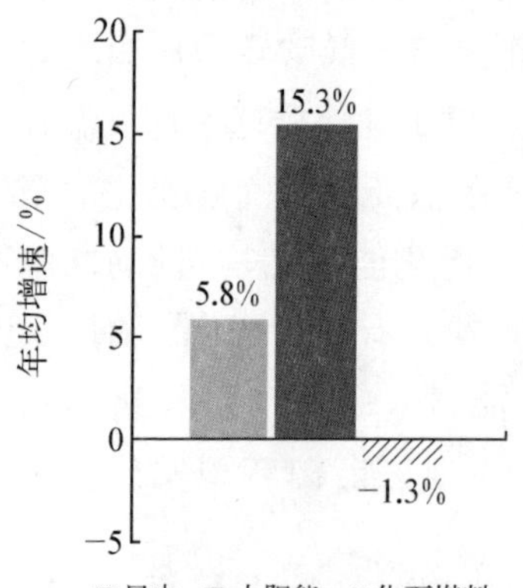

图 5-1　世界风电、太阳能、化石燃料发电十年投资年均增速

2）装机增长迅猛，占比大幅提升

2008—2017 年，风电、太阳能发电装机由 1 亿千瓦增长到 9 亿千瓦，年均增长率约为 24.6%，

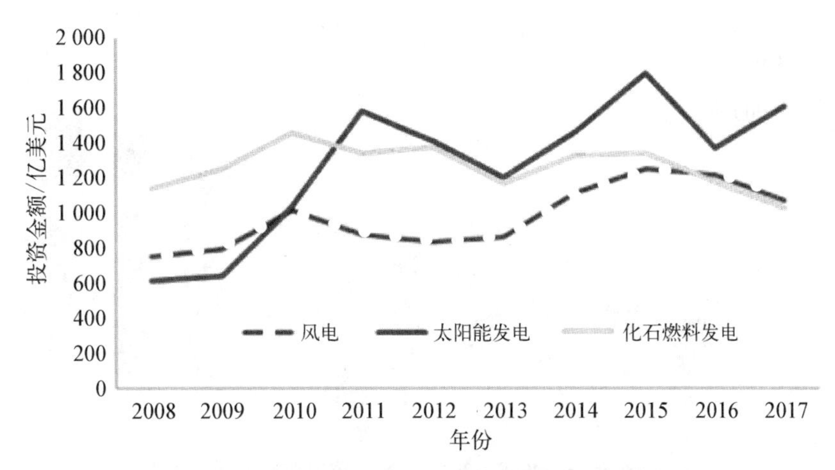

图5-2　世界风电、太阳能、化石燃料发电十年投资额变化

比火电高21个百分点。其中风电装机由9 356万千瓦增长到5.1亿千瓦，年均增长率约为18.5%；太阳能发电装机由926万千瓦增长到3.9亿千瓦，年均增长率约为46.4%。风电、太阳能发电在全球总装机占比显著提升，由2.8%提高至13.4%，十年间提升了10.6个百分点。具体自2008年至2017年间装机年增长率、装机容量数据如图5-3～图5-5所示。

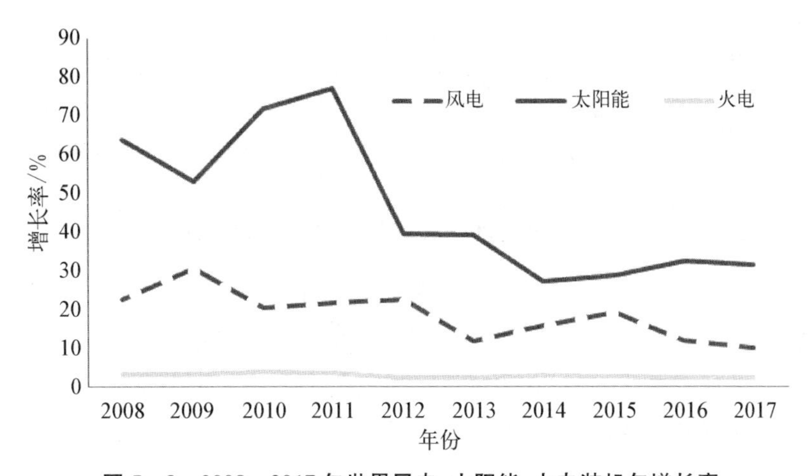

图5-3　2008—2017年世界风电、太阳能、火电装机年增长率

3）主要国家高度重视，新能源发展呈现大国领跑特征

2017年底，中国、美国、德国、印度、日本的风电、太阳能发电合计装机容量为6.3亿千瓦，占世界的69%。2017年底，中国、美国、德国、印度、西班牙风电装机容量分别为16 406、8 754、5 588、3 288、2 299万千瓦，合计占世界风电

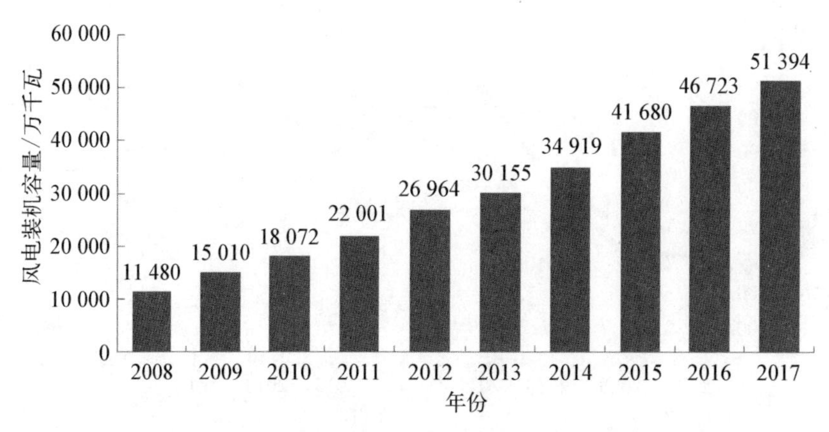

图 5-4　2008—2017 年世界风电装机容量

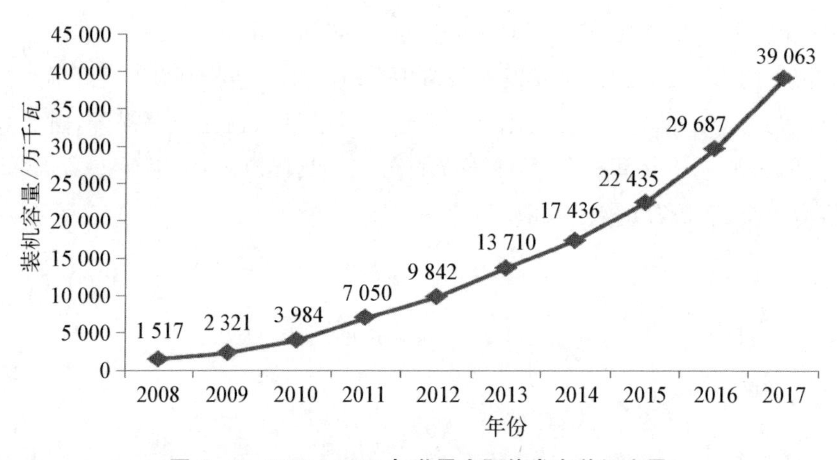

图 5-5　2008—2017 年世界太阳能发电装机容量

总装机容量的 70.7%。2017 年底，中国、日本、美国、德国、意大利太阳能发电装机容量分别为 13 065、4 860、4 289、4 240、1 970 万千瓦，合计占世界太阳能发电总装机容量的 73%。2017 年全球风电与太阳能发电装机容量排名前十的国家及其容量数据如图 5-6、图 5-7 所示。

4）技术不断进步，大功率、高效率成为技术方向

陆上风电单机容量和轮毂高度持续增大。如图 5-8 所示，从 20 世纪 80 年代开始，发达国家在风力发电机组研制方向取得巨大进展，当时，全球最大单机容量为 75 kW，轮毂高度为 20 m。90 年代，单机容量达到 300～750 kW，轮毂高度为 30～60 m，并在大中型风电场中成为主导机型。进入 21 世纪以来，为获取更多的风能资源，有效利用土地，单机容量在兆瓦级以上，轮毂高度为 70～

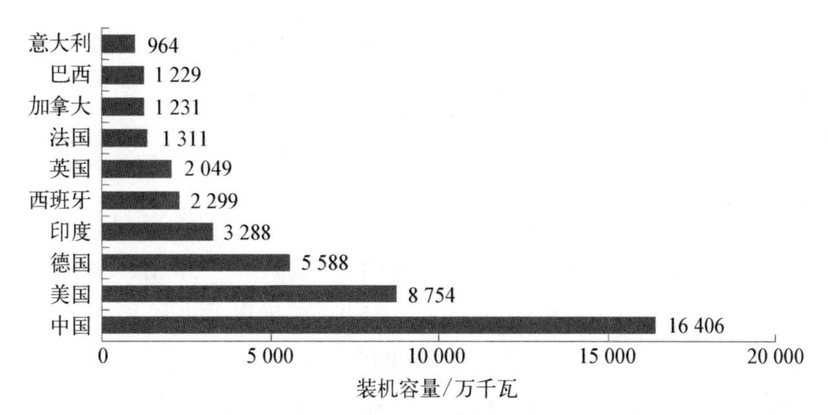

图 5－6　2017 年世界风电累计装机排名前十国家

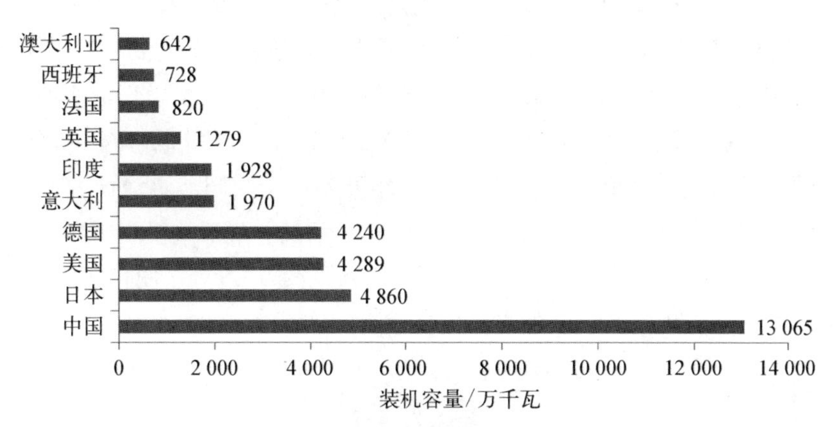

图 5－7　2017 年世界太阳能发电装机排名前十国家

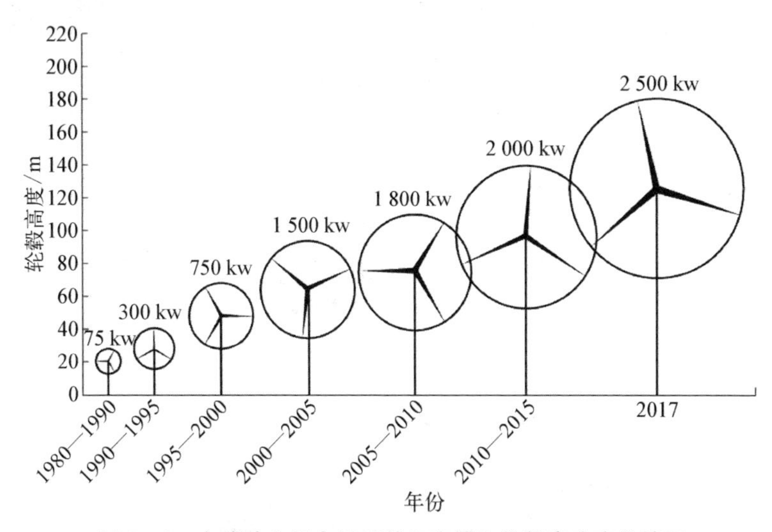

图 5－8　全球陆上风电机组单机容量和轮毂高度变化情况

100 m 的风电机组逐渐成为主力机组。2010 年后，为获取更多风能资源，风机轮毂高度超过 100 m，2017 年，全球平均风机单机功率约为 2.5 MW，平均轮毂高度达到 118 m。

全球海上风电自 2007 年开始进入加快发展阶段，当时海上风电单机容量相对较小，主流机型约为 3 MW。2010 年后，海上风电单机容量不断扩大，达到 3～5 MW。2017 年全球新建风场海上风机单机平均容量达到 5.9 MW，比 2016 年提高了 23%；全球海上风电场平均容量达到 493 MW，比 2016 年提高了 34%。欧洲海上风电单机容量为 5～8 MW，中国海上风机主流机型单机容量为 3～5 MW。

全球光伏技术发展速度明显加快，电池效率屡创新高。目前产业化单晶硅电池转换效率达到 20%～23%，产业化多晶硅电池转换效率达到 18.8%～19.3%，预计到 2020 年晶硅电池产业化平均转换效率有望达到 26.7%（理论极限为 29.4%）。钙钛矿电池是光伏电池领域有史以来效率增长最快的电池，具有较高的稳定性，即使连续 25 年甚至更长时间暴露于外部环境中，其每年性能的衰减率也远远低于 1%。自 2008 年开始用于太阳能电池研究以来，钙钛矿电池的转换效率不断提升。仅用短短十年时间，钙钛矿太阳能电池效率就从 2008 年的 3.8%增加到 2017 年的 24%（见图 5－9），这使得钙钛矿电池技术成为迄今为止发展最快的太阳能技术。

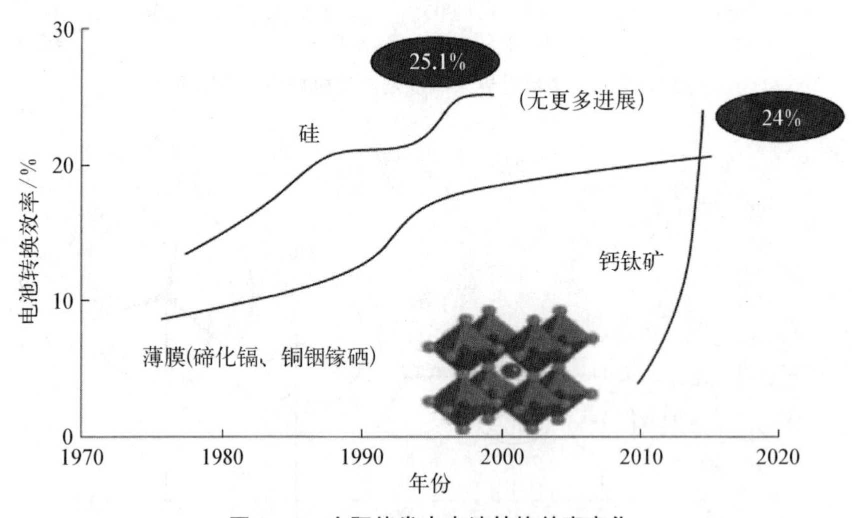

图 5－9　太阳能发电电池转换效率变化

5）各国普遍采取固定上网电价机制和市场溢价机制政策，推动新能源发展

由于能源转型要求、政策框架、市场模式等方面差异，不同国家的新能源

支持政策存在差别，其中以固定上网电价机制（FIT）和市场溢价机制（FIP）为主流，具体如表5-2所示。从政策发展趋势来看，推动新能源参与市场是各国新能源支持政策的发展趋势。德国2014年在《可再生能源法》（2014版）中引入可再生能源市场溢价机制；2017年，在《可再生能源法》（2017版）中全面引入可再生能源发电招标制度，正式结束基于固定上网电价的政府定价机制。英国在2013年《能源法2013》中正式引入差价合约，取代可再生能源义务制。

表5-2　部分国家新能源支持政策

国家或地区	1998年	1999年	2000年	2001年	2002年	2003—2011年	2012年	2013年	2014—2017年
西班牙					FIT/FIP				
德国						FIT			FIP
意大利						RPS		FIP	
英国							RO		CfD
美国加州								RPS	
日本						RPS		FIT	
韩国						FIT		RPS	
澳大利亚							RPS		

说明：FIT—固定上网电价制（feed-in-tariff）；FIP—市场溢价制（feed-in-premium）；RPS—可再生能源配额制（renewables portfolio standard）；RO—可再生能源义务制（renewables obligation）；CfD—差价合约（contract for difference）。

5.1.2　典型国家风能、太阳能发展现状

国外风能、太阳能发展利用方面最具代表性的国家包括美国、德国、丹麦，其能源战略、风能太阳能利用情况与政策机制对于认识国际风能太阳能发展特点与现状极为重要。

5.1.2.1　美国

下面从国家能源战略、风能太阳能发电规模及风能太阳能相关政策几个方面介绍美国风能、太阳能发展现状。

1）国家能源战略

2009年6月，美国众议院通过了旨在降低温室气体排放、减少对外石油依赖、刺激经济复苏的《2009年美国清洁能源与安全法案》。法案中规定了电力

供应商必须通过可再生能源发电和节能措施满足一定比例的电力需求，2012年达到6%，2015年达到9.5%，2020年达到16.5%，2030年达到20%，在各年份的比重中，可再生能源发电所占的份额必须在3/4以上。2016年，美国能源部发布“太阳计划2030”，该计划设定了具有挑战性的目标，计划光伏发电到2030年占总电量的20%，2050年前达40%。

2）风能与太阳能发电规模

近年来美国新能源发电保持快速增长态势。2008—2017年的十年间，美国风能、太阳能发电装机年均分别增长15%、44%，二者合计年均增长率为20%；风能、太阳能发电量年均分别增长15.2%、51.3%。2017年底，美国风能、太阳能发电装机分别为8 754、4 289万千瓦，二者合计占总装机10.7%；2017年美国风能、太阳能发电量分别为2 470亿千瓦时与845亿千瓦时，二者合计占总发电量的8.2%。

美国新能源发电利用小时高，风光发电利用率处于全球高水平。2017年，全球风电、太阳能发电平均利用小时数分别为2 168 h与1 164 h，美国风能、太阳能发电利用小时数分别为2 822 h与1 970 h，显著高于全球平均水平。

3）风能、太阳能相关政策

美国是世界上最早实施可再生能源配额制的国家。可再生能源配额制的正式概念最初由美国风能协会在加利福尼亚公共设施委员会的电力结构重组项目中提出来，并于1983年在艾奥瓦州（Iowa）实施。可再生能源配额制（RPS）指通过法律的形式对可再生能源发电的市场份额做出强制性规定，要求在电力总量中必须有一定比例的电力来自可再生能源。美国大多数州引入可再生能源配额制政策，推动可再生能源发展。截至2017年年底，已有29个联邦州以及哥伦比亚特区制定并实施可再生能源配额制。实施可再生能源配额制，一方面，通过出售证书获得一定补偿，实现“价补分离”，可再生能源发电商可直接参与电力市场；另一方面，售电公司会与可再生能源发电商签订购电合约（PPA）以满足配额指标要求，通过PPA证明可再生能源发电商的收益预期，可以降低项目融资难度，确保可再生能源发电项目的顺利建设。

除可再生能源配额制外，美国可再生能源发展政策还包括生产税抵免、投资税抵免等。1992年，联邦政府颁布《能源政策法案》，提出可再生能源生产税抵减（production tax credit, PTC）政策，以促进风电等可再生能源项目发展。该政策相当于给并网可再生能源发电提供一定额度的电价补贴。享受PTC政策的包括风电、生物质能发电、地热发电、垃圾填埋气、城市固体垃圾、符合条件的水力发电以及海洋和流体动力发电等。2009年2月17日，美国总统奥巴马签署了《2009年美国复苏与再投资法案》(ARRA)。该项立法规定延长三年PTC政策，并提出一项新计划，即新能源开发商可放弃PTC，取而代之获得由财政部提供的补助金，相当于投资减税额(ITC)的30%。

PTC是联邦政府对可再生能源发电的主要激励政策，对于美国可再生能源的发展也起到了关键作用。自1992年PTC政策实施以来，共经历了7次延期和更新。2015年12月，《2016统一财政拨款法案》(consolidated appropriations act 2016)出台，对PTC政策进行了第七次延期和更新。法案规定，对2015年1月起的可再生能源电力进行追加补贴。法案同时规定，自2017年起，风电补贴额度将逐年缩减。排除物价水平的影响，与当时风电PTC补贴额度相比，2017年、2018年和2019年PTC补贴额度将分别减少20%、40%和60%。2019年12月31日，风电PTC政策到期终止。

5.1.2.2　德国

德国风能、太阳能发展现状包括国家能源战略、装机发电规模以及相关政策情况。

1) 国家能源战略

德国是能源进口大国，大部分化石能源来自少数政治不稳定的地区。因此，对于资源匮乏的德国来说，能源供应安全和能源价格存在长期风险和隐患，对其国民经济发展造成不利影响。此外，德国的能源政策面临环境保护的挑战。在德国，能源消耗造成80%的温室气体排放。为此，德国联邦政府于2010年9月颁布了《能源方案》，用于应对能源政策和气候政策方面的挑战。2011年福岛核事故后，德国政府正式将“能源转型”作为其能源政策的主导方针。能源转型核心是通过发展可再生能源和提高能效，建设可靠、清洁和经济的能源供应系统。

德国联邦政府为可再生能源的推行制定了非常高的目标。联邦政府计划到2025年可再生能源在电能消费的百分比将达到40%～45%，2035年达到55%～60%；到21世纪中叶，可再生能源占比将达到至少80%。此外德国联邦政府计划可再生能源消费量占一次能源消费总量的比例从2010年的10%提高至2050年的60%。

2) 风能、太阳能装机发电规模

德国作为全球能源转型引领者，风光合计装机占比接近一半，太阳能发电装机占比全球最高。2008—2017年，德国风能、太阳能发电装机年均增长率为

10.5%、24%,二者合计年均增长率为 14.6%。2017 年年底,德国风能、太阳能发电装机分别为 5 588 万千瓦与 4 240 万千瓦,二者合计 9 828 万千瓦,总装机占比达到 46.8%。其中,太阳能发电装机占比 20.2%,为全球最高。2008—2017 年,德国风能、太阳能发电量年均增长率为 11.1%、27.7%,二者合计年均增长率为 13.8%。2017 年,德国风电、太阳能发电量合计为 1 465 亿千瓦时,占总发电量的 24.5%。

3) 风能、太阳能相关政策

德国可再生能源发展政策演变与德国可再生能源发展阶段密切相关。纵观德国可再生能源十余年来的发展历程,以德国《可再生能源法》修订为标志,德国可再生能源政策大致可分为以下 6 个发展阶段:

阶段一:EEG 2000(1991—2003 年),确定以固定上网电价为主的可再生能源激励政策,德国国内可再生能源发电市场启动。

阶段二:EEG 2004(2003—2008 年),完善上网电价政策,可再生能源发电快速发展。

阶段三:EEG 2009(2009—2012 年),建立基于新增容量的固定上网电价调减机制、鼓励自发自用,首次提出市场化方面的条款。

阶段四:EEG 2012(2012—2014 年),完善基于新增容量的固定上网电价调减机制和自发自用激励机制,鼓励可再生能源进入市场。

阶段五:EEG 2014(2014—2016 年),严格控制可再生能源发电补贴,首次提出针对光伏电站的招标制度试点,分阶段、有重点推动光伏发电市场化。

阶段六:EEG 2017(2017 年之后),全面引入可再生能源发电招标制度,正式结束基于固定上网电价的政府定价机制,全面推进可再生能源发电市场化。

1991 年,德国政府颁布了《电力入网法》(StromEsG),是德国推动可再生能源发展的政策开端。由于激励力度较小、效果有限,而后被德国《可再生能源法》取代。2000 年,德国首部《可再生能源法》出台,成功启动了德国国内光伏市场,为德国近年来光伏的快速发展奠定了坚实的法律基础。2003 年、2008 年、2011 年、2014 年,德国分别对《可再生能源法》进行修订。2003 年的《可再生能源法》调整,进一步推动了德国光伏的快速发展。2008 年,德国光伏发展过快、补贴成本过高等问题开始显现,德国开始通过光伏补贴动态下调等政策调整控制光伏发展速度。2011 年修订的《可再生能源法》则进一步凸显出推动光伏发电市场化、进一步调减补贴、关注光伏的电网消纳等政策调整方向,预示德国光伏发展进入第三个阶段。2013年，德国新一届联邦政府开始酝酿《可再生能源法》2.0版本，以适应现阶段及未来德国更高比例光伏发展的政策需求。2014年版《可再生能源法》首次提出针对光伏电站的招标制度试点，分阶段推动光伏融入电力市场、调减并最终退出补贴。同时，通过调整对用电密集型企业、自发自用电量等的电费附加分摊减免政策，严格控制可再生能源电费附加。

5.1.2.3　丹麦

丹麦风能、太阳能发展现状包括国家能源战略、装机发电规模以及相关政策情况。

1）国家能源战略

1973年全球石油危机后，丹麦政府即改变能源发展战略，推进能源转型，其能源转型的核心是能源供给多样化与提高能源效率。2012年，丹麦通过了被该国政府称为“世界最具雄心的能源计划”，提出的能源转型目标如下：2020年，可再生能源满足全国35%的能源需求，其中风电将满足全国50%的电力需求；到2050年，全国能源需求100%由可再生能源满足。

2）风能、太阳能装机发电规模

丹麦发电结构中新能源装机占比高，风电发电量占比将近50%。2008—2017年丹麦新能源装机保持平稳增长。十年间风能、太阳能发电装机年均增长率为6.4%和88.7%，二者合计年均增长率为8.2%。丹麦电源结构中，风电占比高，太阳能发电占比小。2017年底，丹麦风能、太阳能发电装机分别为552万千瓦、91万千瓦，二者合计占总发电装机的44.8%。2017年，丹麦风能、太阳能发电量分别为149亿千瓦时、9亿千瓦时，在总发电量占比分别为46.4%、2.8%。2008—2017年丹麦风能、太阳能发电量年均增长率为19.1%和48.9%，二者合计年均增长率为23.0%。

3）风能、太阳能相关政策

目前丹麦风能、太阳能发展政策主要分为两类：一类是市场电价＋溢价补贴，针对陆上风电和企业自主开发的海上风电项目。对于2008年2月之后、2013年12月之前并网的陆上风电项目，在满负荷发电22 000小时之内，溢价补贴是0.25克朗/千瓦时，平衡成本补贴是0.023克朗/千瓦时；超过满负荷运行22 000小时之后，不再进行补贴。对于2014年1月之后并网的陆上风电项目，溢价补贴标准与风电满负荷运行小时数有关，也与风电容量及叶片大小有关。对于一个风电项目，满足溢价补贴的风电发电量是6 600小时的满负荷运行小时对应的发电量以及叶片扫面积乘以 5.6 MWh/m^2 对应的发电量之和。同时设置市场电价+溢价补贴的上限为 0.58 克朗/千瓦时，也即如果市场电价超过 0.33 克朗/千瓦时，则风电溢价补贴相应调减。自 2016 年 1 月，平衡成本补贴为 0.018 克朗/千瓦时，有效期 20 年。对于开发商自主开发的海上风电项目，风电补贴政策与陆上风电相同。开发商自行组织相应的勘察、环评等前期工作，且开发商承担海上到陆上的接网费用。另一类是通过招标机制形成固定上网电价。该政策主要针对政府招标的海上风电项目。

5.1.3 我国风能、太阳能发展分析

我国幅员辽阔，风能和太阳能资源储量极大，面对新能源高速发展的形势，我国可再生能源投资快速增加，接近全球可再生能源投资的一半，风能、太阳能装机容量世界第一。

5.1.3.1 我国风电、太阳能资源情况

1) 风电

陆上风电：根据中国气象局风能资源详查和评价结果，我国陆地 80 m 高度 3 级以上(多年平均有效风功率密度大于等于 300 W/m^2)风能资源技术可开发量为 3.5×10^9 kW，技术可开发面积为 1.7323×10^6 km^2。

海上风电：考虑到近海风能资源的开发受水深条件的影响很大，目前水深 5～25 m 范围内的海上风电开发技术较成熟，水深 25～50 m 区域的风能开发技术还有待发展。风能资源评价结果显示，我国近海水深 5～25 m 范围内风能资源潜在技术开发量为 1.9×10^8 kW。

从我国风能资源分布看，内蒙古、新疆、甘肃、河北、吉林、黑龙江、山东、江苏等大型风电基地风能资源丰富。根据中国气象局最新风能资源详查和评价结果，这些地区 80 m 高风电技术开发量分别为 16.1、3.89、1.76、0.48、1.01、1.87、0.5 和 0.137 亿千瓦，合计占全国风电技术可开发量的 92%。

2) 太阳能发电

我国地处北半球，幅员辽阔，跨越热带至寒温带，拥有丰富的太阳能资源。根据我国气象局风能太阳能资源中心的评估数据，我国太阳能资源总储量为 1.47×10^8 亿千瓦时/年，相当于 1.8 万亿吨标准煤。我国 50%以上地区太阳能辐射量高于 3.8 千瓦时/平方米·天，96%以上地区太阳能辐射量高于 2.9 千瓦时/平方米·天。绝大部分地区具有开发太阳能资源的良好条件。测算表明，我国西部 6 省(区)光伏电站装机开发潜力超过 45 亿千瓦。

5.1.3.2 我国风电、太阳能发展现状

我国可再生能源投资快速增加，接近全球可再生能源投资的一半。2017年，我国可再生能源投资1 266亿美元，占全球可再生能源投资总额的45.2%。2008—2017年，我国可再生能源投资年均增长率为22.5%，全球可再生能源投资年均增长率为5.8%，高于全球16.7个百分点(见图5-10)。

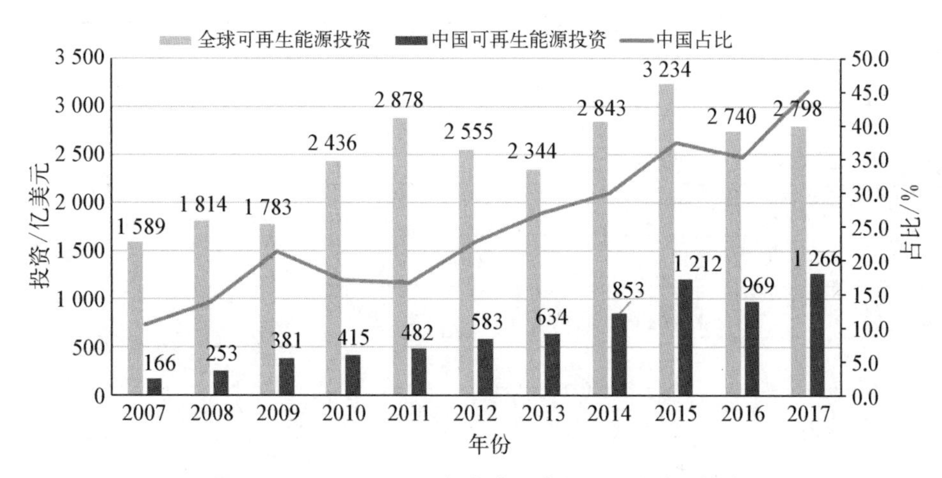

图5-10 2008—2017年全球及我国可再生能源投资

我国风能、太阳能发电装机容量居全球第一。截至2017年年底，我国风能和太阳能发电装机总容量分别为1.6亿千瓦和1.3亿千瓦，均居世界第一，占全部电源装机容量的17%。2008—2017年，我国风能、太阳能发电装机年均增长44%和191%，大大高于全球19%和46%的平均增速，如图5-11所示。

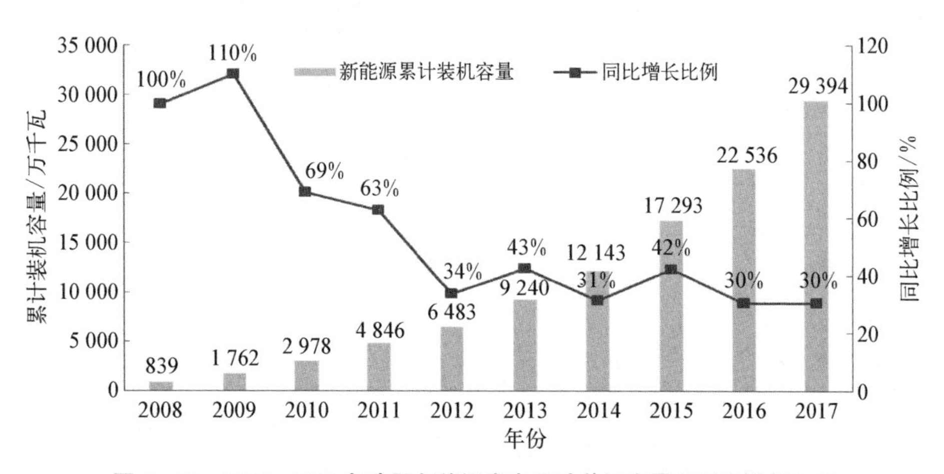

图5-11 2008—2017年我国新能源发电累计装机容量和同比增长比例

如表 5－3 所示，我国 20 个省份新能源装机占比超过 10%。甘肃、青海、宁夏、新疆、河北、内蒙古等 19 个省份新能源成为第一、二大电源，其中甘肃省新能源发电成为第一大电源。截至 2017 年年底，甘肃省新能源发电装机容量为 2.068×10^7 kW，占当地电源总装机容量的 41.4%。

表 5－3 新能源装机占比超过 10%的 20 个省区

地　区	风电/万千瓦	太阳能发电/万千瓦	新能源发电装机占比/%
甘　肃	1 282	786	41.4
青　海	162	791	37.5
宁　夏	942	620	37.3
新　疆	1 806	933	32.2
河　北	1 181	868	30.1
内蒙古	2 670	743	28.9
西　藏	1	79	28.4
吉　林	505	159	23.2
黑龙江	570	94	22.4
陕　西	363	524	20.4
江　西	169	449	19.5
辽　宁	711	223	19.2
山　西	872	590	18.1
安　徽	217	888	17.1
山　东	1 061	1 052	16.8
江　苏	656	907	13.6
云　南	819	233	11.8
河　南	233	703	11.7
浙　江	133	814	10.6
湖　南	263	176	10.3

得益于风电、太阳能发电迅猛发展，我国发电增量逼近低碳化拐点。“十三五”前两年，我国新增发电量为 7 241 亿千瓦时，其中 49.7%来自非化石能

源。2017 年，我国风电、太阳能发电新增装机容量达到 6 857 万千瓦，新增规模超过火电。“三北”地区（西北、华北、东北）是我国风电、太阳能发电规模化开发的战略重点。截至 2017 年年底，“三北”地区风电、太阳能发电累计装机容量为 1.97 亿千瓦，占全国风电、太阳能发电装机容量的 67%。其中，“三北”地区风电累计装机容量为 12 173 万千瓦，占全国风电装机容量的 74%。内蒙古风电装机容量超过 2 000 万千瓦，新疆、甘肃、河北、山东超过 1 000 万千瓦。“三北”地区太阳能发电累计装机容量为 7 556 万千瓦，占全国太阳能发电装机容量的 58%。山东太阳能发电装机容量超过 1 000 万千瓦，新疆、江苏、安徽、河北、浙江超过 800 万千瓦。

近两年东中部地区太阳能分布式开发快速增长。截至 2017 年年底，我国分布式光伏发电装机容量为 2 966 万千瓦，同比增长为 190%。2016 年、2017 年我国分布式光伏发电新增装机容量分别为 445 万千瓦、1 905 万千瓦，呈爆发式增长趋势，新增户数分别为 18.1 万户、53.9 万户，主要集中在东中部地区。8 个省份分布式光伏发电累计并网容量超过 100 万千瓦。

5.1.3.3　我国新能源发展政策情况

我国高度重视新能源发展，产业发展初期建立了以固定上网电价和可再生能源保障性收购为主的可再生能源发展政策体系；2016 年新能源进入规模化发展阶段，提出实行风电、光伏项目竞争性配置，加强新能源规模管控和加快补贴退坡，促进产业健康发展。

2005 年 2 月，第十届全国人大常委会第十四次会议审议通过了《中华人民共和国可再生能源法》，2009 年 12 月，全国人大常委会审议通过《中华人民共和国可再生能源法修正案》。以可再生能源法为核心，建立了我国可再生能源的基本制度和政策。其中，构建了支持可再生能源发电发展的五项基本制度，包括总量目标制度、全额保障性收购制度、固定电价制度、费用分摊制度、发展基金制度。核心要点包括可再生能源发电项目的上网电价由国务院价格主管部门根据不同类型可再生能源发电的特点和不同地区的情况，按照有利于促进可再生能源开发利用和经济合理的原则确定，并根据可再生能源开发利用技术的发展适时调整可再生能源发电项目的上网电价；电网企业全额收购其电网覆盖范围内可再生能源并网发电项目的上网电量，并为可再生能源发电提供上网服务等。以《可再生能源法》实施为标志，我国新能源进入快速发展期。

随着新能源快速发展，新能源发展面临弃电现象严重、可再生能源补贴缺口扩大的问题，国家开始调整新能源产业发展政策，通过实行竞争性配置，加强新能源项目管理、加快补贴退坡，推动新能源产业技术进步和健康发展。自 2016 年起，建立风电、光伏投资监测预警机制，出台“5.18”“5.31”风电、光伏发电项目开发管理新政，要求享受补贴的风电、光伏发电项目均纳入规模管理，通过竞争方式配置项目。我国 2003 年至 2018 年间与风电、太阳能发电相关发展政策变化情况如图 5 - 12 所示。

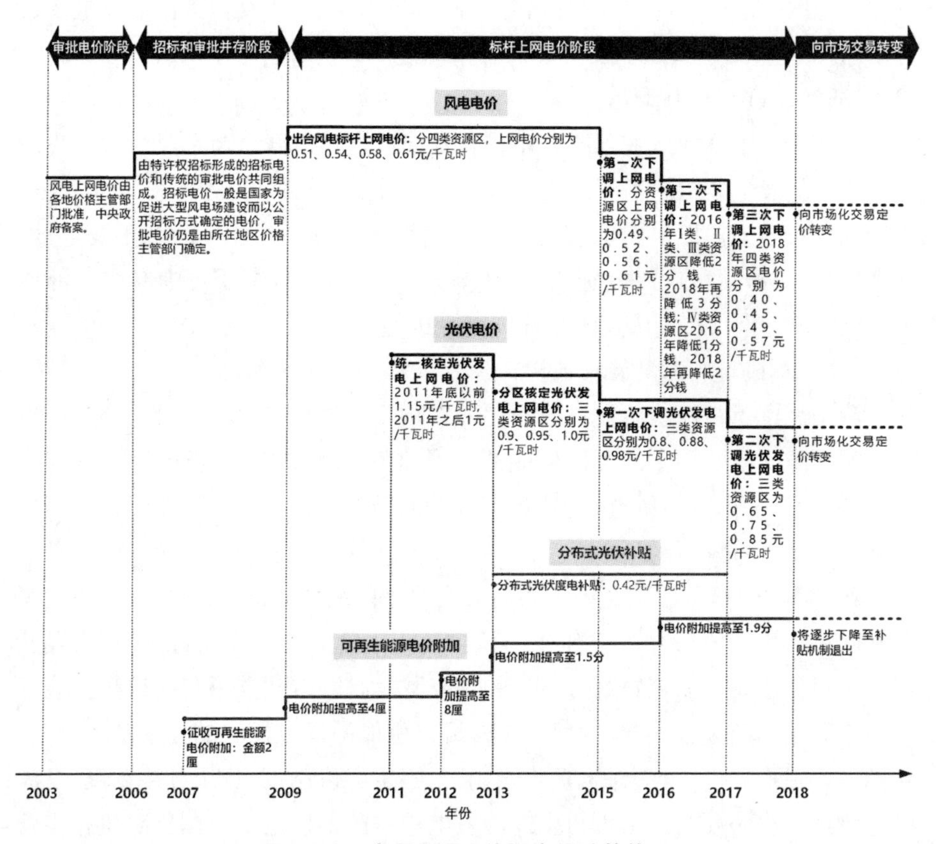

图 5 - 12　我国可再生能源发展政策体系

总体来看，随着全球范围内能源转型的持续推进，新能源发电投资不断增加，发电规模不断扩大，发电技术不断更新，已经成为能源电力结构中的重要组成部分。未来，随着能源转型的持续推进，世界能源电力结构仍将持续动态变化，新能源发电机遇与挑战并存，需要持续加强技术创新，与能源及电力系统更好地融合发展。

5.2 我国风能、太阳能发展面临的问题与挑战

风能、太阳能发电具有间歇性、波动性、随机性，其大规模开发利用和高比例并网有效促进了我国能源清洁低碳转型，同时也给电网资源配置能力、平衡调节能力、安全承载能力等带来一系列前所未有的问题与挑战。

1）电量消纳困难，弃风弃光矛盾突出

世界上新能源占比较高的国家普遍存在不同程度的弃电现象。例如美国德州 2009 年弃风率达到 17.1%。我国受源网规划不协调、本地难以全部消纳、市场壁垒严重、外送能力不足等因素制约，弃风弃光矛盾更为突出。我国弃风弃光 80%以上集中在新疆、甘肃、吉林、青海、内蒙古等地区。2017 年全国弃风弃光电量为 492 亿千瓦时，弃电率为 10%。其中，弃风电量为 419 亿千瓦时，弃风率为 12%；弃光电量为 73 亿千瓦时，弃光率 6%。

2）系统转动惯量降低，安全承载能力下降

风能、太阳能发电机组大量替代常规机组，风电的“弱转动惯量”和光伏的“零转动惯量”导致电力系统等值转动惯量大幅度降低，系统抗扰动能力下降，低电压穿越、高电压穿越都可能导致风机大规模脱网，给电网带来巨大的安全压力。

3）功率大幅波动，系统平衡困难

电网负荷变化规律性强，用电高峰、低谷明显；风电出力随机性、波动性强，预测难度大，大规模接入后极大增加了电网平衡困难。2017 年，国家电网公司经营风电、太阳能发电实际日最大功率波动分别达到 3 179 万千瓦、4 921 万千瓦，部分时段新能源出力超过系统调节范围。2018 年 3 月，西北风电出力最大为 3 100 万千瓦，最小为 200 万千瓦，日内最大波动达 1 772 万千瓦。

4）用户侧成为有源系统，配网控制更加复杂

分布式新能源广泛接入，改变了潮流从电网到用户的单向流动模式，负荷预测、网络规划、配网控制难度加大，对配网建设标准和自动化、智能化水平提出更高要求。

5）政策和市场机制不完善

市场机制方面，风电等新能源以就地消纳为主，促进新能源跨省跨区消纳的市场机制尚不完善，无法实现新能源大范围优化配置；调峰辅助服务市场机制不完善，火电企业普遍不愿主动参与调峰，调峰能力得不到充分调用。价格机制方面，政策调整不够及时，导向不够精准，当前对新能源技术创新、储能技

术发展、电力负荷参与系统调节等，尚没有形成有效的价格激励机制，对技术创新促进不够有力。

近年来，随着技术进步和规模化发展，新能源开发成本持续下降，但与常规电源相比，成本依然偏高，新能源比例较大的国家普遍存在补贴数额巨大和终端用户电价持续上涨的压力，对新能源的发展形成制约。例如，德国最初的新能源补贴政策没有根据新能源发电成本及时下调，2000 年到 2013 年间，德国平均零售电价从 13.94 ct/kWh 上升到 28.73 ct/kWh，增幅达 106%；2006 年至 2013 年间，德国居民电价从 18.89 ct/kWh 上升到 30.11 ct/kWh。

目前我国可再生能源发展基金提供的电价补贴仅有一项资金来源渠道，即在全国范围内征收可再生能源电价附加。可再生能源电价附加从 2006 年 6 月底开始征收，征收标准最初为 1 厘/千瓦时，其后随着可再生能源发电发展规模的扩大，电价附加标准也相应提升，经过五次调整，自 2016 年开始为 1.9 分/千瓦时，对居民用户电价附加标准为 0～8 厘/千瓦时，且各省(市、区)执行标准不同，对农业生产用电和西藏用电予以免收。截至 2017 年年底，我国可再生能源补贴资金累计缺口已超 1 100 亿元。未来，可再生能源补贴缺口还将持续加大。

5.3 新形势下风能、太阳能发展的前景分析

我国新形势下风能太阳能的发展需要与我国能源转型目标、未来电力结构预判以及新能源的经济成本与系统成本相匹配。

5.3.1 我国能源转型目标及研判

1) 我国能源转型目标

2017 年，国家发布《能源生产和消费革命战略(2016—2030)》，明确提出我国中长期能源发展的战略目标，并加快推动节能减排。其中包括如下内容。

非化石能源占一次能源消费比重：2020 年 15%，2030 年 20%，2050 年 50%以上。

单位 GDP 的碳排放量：较 2005 年、2020 年减少 40%～45%，较 2030 年减少 60%～65%。

2) 对我国能源转型的分析研判

我国能源消费总量大，且每年还在较快增长，能源结构中化石能源占比仍

然很高。最近十年来，我国电力结构发生重大变化，2017年非化石能源发电装机占总装机的比重已达41%。我们预计，未来能源转型将持续快速推进，呈现清洁、低碳、电气化的发展趋势。具体表现为以下特点：

一是非化石能源占比逐步提高，并将成为主导能源。预计2020年、2035年、2050年，我国一次能源消费总量分别为48亿、58亿、60亿吨标准煤。非化石能源消费分别为8亿、18亿、31亿吨标准煤，在一次能源消费中的占比为17%、32%、51%。

二是电力在能源转型中的作用凸显，能源再电气化趋势明显。再电气化是指与21世纪以来能源清洁低碳转型相适应的新一轮电气化进程。能源转型在能源生产环节体现为更多的一次能源资源转化成电能使用；在终端能源消费环节，体现为电能将对终端化石能源的深度替代；在能源配置环节，体现为能源系统的高度智能化。实现"再电气化"发展战略需要重点推进生产环节的"绿色电气化"，消费环节的"广泛电气化"，以及整个系统的"智能电气化"，构建我国清洁、低碳的新型能源体系。其中，绿色电气化是指清洁能源对化石能源的替代和发电能源占一次能源消费比重的提升。广泛电气化的意思是电能对其他终端能源消费品种呈现出广泛替代的趋势。而智能电气化即将"大、云、物、移"等现代信息技术与能源行业深度融合，使电能生产利用各环节的智能化、互动化水平显著提升。预计2020年、2035年、2050年，在能源生产环节，发电能源占一次能源消费比重将分别提升至47%、59%、66%；在能源消费环节，电能占终端能源消费比重将提升至25%、30%、40%（见表5-4）。

表5-4 主要年份的发电能源比重和电力消费比重

年　份	发电用能占一次能源比重/%	电能占终端能源消费比重/%
2017	42	23.5
2020	47	25
2035	59	30
2050	66	40

5.3.2 我国未来电力结构及布局展望

未来，我国电力需求总量将长期持续增长，电源结构调整与布局优化将逐步加快,新能源将逐步占据电力发展主导地位。

1) 电力需求预测

我国电力需求将长期持续增长,增速明显快于能源需求增速。预计2035年、2050年全社会用电量分别达到11.5万亿千瓦时、13.6万亿千瓦时。从增长趋势看,随着总量增加,增速逐步放缓。2015—2020年、2020—2050年我国电力弹性系数(电力消费年平均增长率与国民经济年平均增长率之比)分别为0.8和0.5左右(见图5-13)。

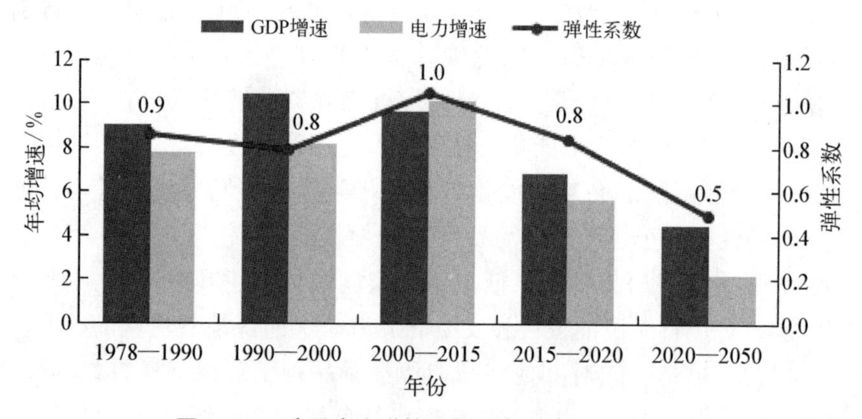

图5-13 我国电力弹性系数历史变化及未来趋势

我国人均用电水平较OECD国家差距明显,未来增长空间巨大。预计2035年接近8 000 kW·h,达到OECD国家当前平均水平;2050年约9 750 kW·h,是OECD国家当前平均水平的1.2倍(见图5-14)。

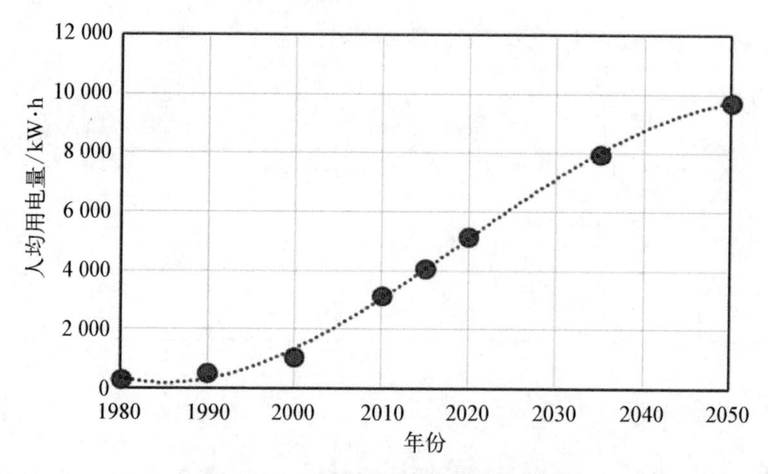

图5-14 我国人均用电量变化趋势

用电负荷的地域分布基本保持稳定。随着产业转移和区域经济协同发展，西部地区占用电需求总量的比重将稳步提升，但东中部地区依然是我国的负荷中心，预计 2035 年、2050 年用电占比持续保持在 60%以上。

2) 电力结构及布局

按照能源转型目标，未来电力发展要坚持绿色低碳发展方向，加快电源结构调整和布局优化，提高能源资源开发利用效率，构建清洁低碳、安全高效的能源体系。

可再生能源装机将逐步占据电力发展主导地位。预计 2035 年、2050 年，我国发电装机分别达到 35.9 亿千瓦、48.6 亿千瓦，可再生能源发电装机占比将由 2017 年的 38.2%，提升至 2035 年和 2050 年的 57.1%与 75%。火电仍将保持一定规模，主要承担电力调节任务(见表 5 - 5、表 5 - 6)。

表 5 - 5　我国电源结构展望　　(单位：亿千瓦)

	2017 年		2035 年		2050 年	
	装　机	占　比	装　机	占　比	装　机	占　比
总装机	17.8	—	35.9	—	48.6	—
水　电	3.4	19.1%	6.0	16.7%	7.2	14.8%
风　电	1.6	9.0%	7.0	19.5%	13.0	26.7%
太阳能	1.3	7.3%	6.7	18.7%	12.5	25.7%
其他可再生能源	0.50	2.8%	0.8	2.2%	3.8	7.8%
可再生能源合计	6.8	38.2%	20.5	57.1%	36.5	75.0%

表 5 - 6　我国发电量结构展望　　(单位：万亿千瓦时)

	2017 年		2035 年		2050 年	
	发电量	占　比	发电量	占　比	发电量	占　比
总发电量	6.4	—	11.5	—	13.6	—
水　电	1.2	18.8%	1.7	14.8%	2.0	14.7%
风　电	0.31	4.8%	1.6	13.9%	3.0	22.0%
太阳能	0.12	1.9%	1.0	8.7%	2.5	18.4%
其他可再生能源	0.21	3.3%	0.27	2.3%	0.8	5.9%
可再生能源合计	1.84	28.8%	4.57	39.7%	8.3	61.0%

5.3.3 新能源发电成本现状

从全球来看，受技术进步、规模化发展驱动，近年来陆上风电和光伏发电成本持续下降。2017 年，全球陆上风电平均度电成本为 0.06 美元/千瓦时(0.405 3 元/千瓦时)，比 2010 年下降 25.0%；全球光伏发电平均度电成本为 0.10 美元/千瓦时(0.675 5 元/千瓦时)，比 2010 年下降 72.2%。

全球海上风电、光热发电等成本仍然较高。2017 年，全球海上风电平均度电成本为 0.14 美元/千瓦时(0.95 元/千瓦时)；全球光热发电平均度电成本为 0.22 美元/千瓦时(1.49 元/千瓦时)。海上风电和光热发电平均成本均高于陆上风电和光伏发电，且高于传统能源发电成本。

我国与全球类似，陆上风电造价总体稳步下降。近两年新增风电更多布局在东中部地区，土地和建设成本有所上升；2017 年单位造价为 8 000 元/千瓦左右，平均度电成本为 0.43 元/千瓦时。光伏发电成本降幅显著，单位造价从 2010 年的约 20 元/瓦，降到 2017 年的 6.6 元/瓦；2017 年度电成本为 0.52 元/千瓦时左右，比 2010 年下降 70%。

广泛统计我国海上风电与光热发电项目投资，整体匡算我国海上风电和光热发电的平均造价在 15 000 元/千瓦以上(见表 5-7、表 5-8)。海上风电项目度电成本在 0.7 元/千瓦时以上，光热发电项目度电成本在 1.2 元/千瓦时以上。

表 5-7 我国海上风电项目造价情况

项 目 名 称	单位千瓦造价/(元/千瓦)
华能如东八角仙 30 万千瓦项目	17 000
福清海峡项目一期试验风场	18 514
江苏龙源蒋沙湾 30 万千瓦项目	17 733
河北建投乐亭菩提岛海上风电项目	18 667
龙源江苏大丰(H12)20 万千瓦海上风电项目	13 795
国家电投江苏滨海北区 H2#40 万千瓦海上风电项目	16 000
珠海桂山海上风电项目	22 358
中广核福建平潭大练 30 万千瓦海上风电项目	20 311
三峡新能源大连庄河三期 30 万千瓦海上风电项目	17 133
福建大唐国际平潭长江澳 185 兆瓦风电项目	19 540

（续表）

项　目　名　称	单位千瓦造价/(元/千瓦)
福建莆田平海湾海上风电场二期	18 787
福建莆田海上风一期	20 750

表5-8　我国光热发电项目造价情况

项　目　名　称	单位千瓦造价/(元/千瓦)
海西多能互补集成优化示范项目	24 000
黄河上游水电开发有限责任公司德令哈光热发电项目一期	23 600
玉门鑫能光热发电项目	30 000
中核龙腾乌拉特中旗光热发电项目	28 000
中电工程哈密光热发电项目	31 600
中广核德令哈光热发电项目	38 760

各国都在调整新能源补贴政策，探索以竞标方式确定上网电价，部分国家新能源中标电价已经低于常规电源。目前全球至少已有67个国家采用竞标方式确定上网电价，部分国家光伏最低中标电价与我国燃煤标杆电价对比情况如图5-15所示。2017年10月，沙特阿拉伯300兆瓦光伏竞标项目出现1.785美分/千瓦时(合人民币0.12元/千瓦时)的史上最低报价。

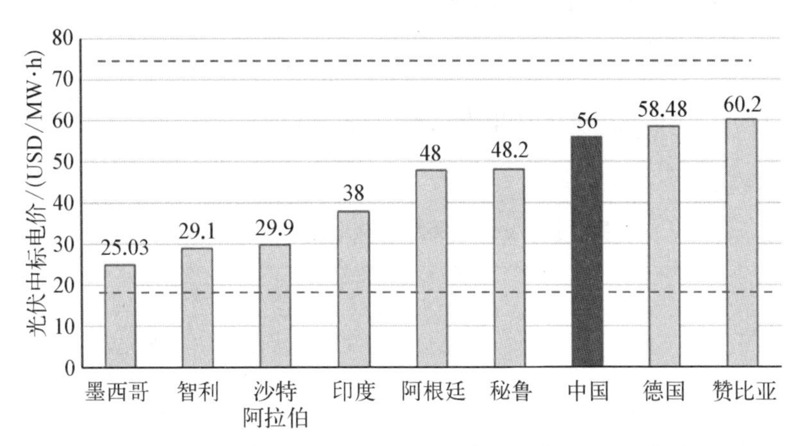

图5-15　2016年部分国家光伏最低中标电价与我国燃煤标杆电价对比

我国自2015年实施光伏发电“领跑者”计划，个别项目中标电价已低于当地燃煤标杆电价。根据第三批应用型光伏领跑者竞标结果，三峡新能源与阳光电源联合体在青海格尔木基地中标电价为 0.31 元/千瓦时，比当地煤电脱硫脱硝电价低 0.014 7 元/千瓦时(见图 5－16)。中标项目由所在省级电网企业全额消纳或达到国家规定的最低保障小时数(或限电比例不超过 5%)。沙特阿拉伯等国家光伏发电中标价格远低于我国的主要原因除了当地光资源条件好、等效利用小时数高之外，更重要的是非技术成本低。

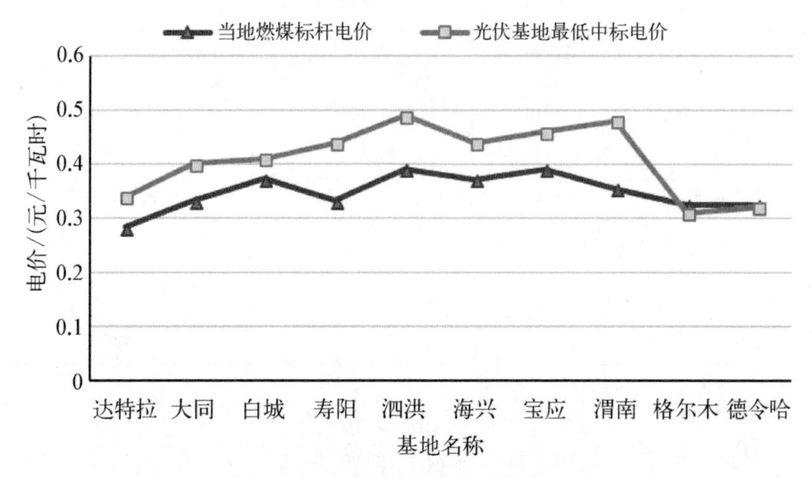

图 5－16　第三批应用型光伏领跑者基地最低中标价与当地脱硫燃煤标杆电价对比

5.3.4　未来新能源成本变化趋势

未来风电设备价格下降空间有限，度电成本变化主要受非技术因素影响。初步测算，2022 年我国陆上风电发电成本将下降到 0.36 元/千瓦时，基本实现发电侧平价上网。2025 年将下降到 0.34 元/千瓦时(见表 5－9)。

表 5－9　2020—2025 年风电度电成本预测

地区	资源小时数	2020 年		2022 年		2025 年		2018 年平均燃煤标杆电价/(元/千瓦时)
		造价/(元/千瓦)	度电成本/(元/千瓦时)	造价/(元/千瓦)	度电成本/(元/千瓦时)	造价/(元/千瓦)	度电成本/(元/千瓦时)	
华北	2 100	6 673	0.39	6 175	0.36	5 498	0.32	0.363 7
东北	2 100	6 857	0.4	6 412	0.37	5 798	0.34	0.374
西北	2 200	6 541	0.36	6 142	0.34	5 588	0.31	0.299 3

（续表）

地区	资源小时数	2020年		2022年		2025年		2018年平均燃煤标杆电价/(元/千瓦时)
		造价/(元/千瓦)	度电成本/(元/千瓦时)	造价/(元/千瓦)	度电成本/(元/千瓦时)	造价/(元/千瓦)	度电成本/(元/千瓦时)	
华东	2 100	7 277	0.42	6 989	0.4	6 578	0.38	0.399 9
华中	2 000	7 227	0.44	6 941	0.42	6 533	0.4	0.414 6

光伏组件价格仍有一定下降空间，考虑非技术成本下降因素，度电成本仍有较大的下降潜力。未来光伏发电成本主要取决于光伏组件、逆变器，以及土地费用、税费等非技术成本。初步测算，2022年我国光伏发电成本将下降到0.37元/千瓦时，“三北”地区可基本实现发电侧平价上网；2025年将下降到0.33元/千瓦时，华东、华中等地区实现发电侧平价上网(见表5-10)。

表5-10　2020—2025年光伏度电成本预测

地区		2020年	2022年	2025年	
	光伏造价/(元/千瓦)	4 600	4 100	3 700	
	资源小时数	光伏度电成本/(元/千瓦时)			2018年平均燃煤标杆电价/(元/千瓦时)
华北	1 175	0.42	0.37	0.34	0.363 7
东北	1 350	0.37	0.33	0.3	0.374
西北	1 500	0.33	0.3	0.27	0.299 3
华东	1 000	0.5	0.44	0.4	0.399 9
华中	900	0.55	0.49	0.44	0.414 6

5.3.5 新能源接入系统成本及环境成本

新能源发展不但需要关注自身发电成本，也要关注系统成本以及环境成本。

1）系统成本

国际能源署(IEA)研究报告表明，大规模新能源并网的系统成本主要由三部分组成，一是输电成本，即新能源发电接入和送出而产生的输电线路和输变电设备的电网改扩建成本；二是平衡成本，即应对新能源发电出力波动引起的电力系统调峰、调频、备用等辅助服务，需要额外增加的平衡成本；三是容量充裕性成本，是指针对风电、太阳能发电容量可信度低的特点，为满足高峰负荷需求、保障电力供应安全，需要预先配置一定比例的发电容量而增加的成本。

美国相关研究报告分析了不同地区接入风电引起的接网成本。研究结果表明，大部分地区风电接网成本小于500美元/千瓦，平均接网成本达到300美元/千瓦，度电接网成本约为15美元/兆瓦时(折合人民币0.105元/千瓦时)。

根据渗透率不同，新能源并网的平衡成本为1～7美元/千瓦时。风电引起的平衡成本与电源结构密切相关。例如，美国和芬兰电源结构以燃煤、燃气为主，随着风电渗透率的提高，平衡成本呈明显上升趋势；而瑞典和挪威以水电为主，平衡成本上升相对不明显(见表5-11)。

表5-11　风电渗透率对应的平衡成本　(单位：美元/千瓦时)

渗透率	美国	欧盟	英国	芬兰	德国	瑞典	挪威
10%	2	1.9	5.9	2.8	3.2	0.7	1.6
20%	3.6		6.6	4		1.1	1.5

新能源并网容量充裕性成本随渗透率的提高呈上升趋势。IEA研究表明，风电渗透率达到30%之前，风电容量可信度仅为6%～25%。德国风电的容量可信度最低，20%风电接入情况下仅为6%，风电渗透率达到30%，则风电容量可信度降到5%。当风电渗透率超过20%时，引起的容量充裕性成本为4～5美元/兆瓦时。

我国新能源系统成本仅考虑接网成本部分。由于我国属于大陆季风性气候，风电保证出力相比欧美较低，且新能源发电整体预测精度尚有差距，同时煤电比重高，因此我国新能源所引发的额外系统成本比欧美更高。

2) 环境成本

风电、太阳能发电因其清洁、低碳等优点，被认为是环境友好型发电技术。实际上，风电、太阳能发电对环境也会产生负面效应，如风电造成视觉污染、噪声污染、影响鸟类生存、破坏植被、带来电磁干扰等，太阳能电池需要的晶体硅提炼要排放大量三氯氢硅、四氯化硅等有毒物质，回收处理不当对环境污染严重。因此，在发展新能源的同时，也应关注环境成本，严格保护生态环境。

受技术进步、政策引导、市场竞争等因素影响，风电、太阳能发电成本下降是必然趋势,发展前景良好。预计2022年前后风电、太阳能发电可实现平价上网,与当地燃煤标杆电价相当。2025年左右,光伏发电度电成本将低于风电,竞争力更强。

5.4　我国风能、太阳能发展建议

《能源生产和消费革命战略(2016—2030)》提出,合理布局能源生产供应。西部北部地区,建设化石能源和可再生能源大型综合能源基地,保障全国能源平衡。西南地区,建设大型水电基地,实现跨区域水火互济、风光互补,提高发电效率。东中部地区,推进分布式光伏和分散式风电建设,沿海发展核电和海上风电。

未来,我国风能、太阳能开发总体呈现集中式为主、分布式为辅的发展趋势。从我国资源条件、开发经济性及前景来看,西部北部和近海宜集中式开发、东中部宜分布式开发。虽然不同阶段的开发重点会有不同侧重,但西部北部作为我国风能、太阳能开发主战场的地位不会改变(见表5-12)。在起步阶段,我国以开发西部北部大型风电、太阳能基地为重点,东中部有序开发分散式风电和分布式光伏,稳妥推进海上风电开发。在发展阶段,我国将调整西部北部地区风电、太阳能发电建设节奏,加大东中部负荷中心分散式风电、分布式光伏开发力度,沿海地区因地制宜推进海上风电项目建设。在成熟阶段,东中部地区风电、太阳能资源实现充分开发,新能源开发重心回到西部北部。

表5-12　我国风能、太阳能资源分布情况

	资源潜力/亿千瓦		利用小时数/小时	
	西部北部	东中部	西　部	东中部
风　能	20	4	2 500	2 000
太阳能	45	5	1 500	800

预计2035年,我国风电装机7亿千瓦,其中“三北”地区4.8亿千瓦,海上风电4 000万千瓦,东中部风电1.8亿千瓦;我国太阳能发电装机6.7亿千瓦,其中西部北部4.7亿千瓦、东中部光伏2亿千瓦。

第6章

我国水电资源发展前景分析

水电是指利用水力发电产生的电能，水电资源既是水资源的重要组成部分，也是能源资源的重要组成部分。经过数十年的发展，我国水电资源开发利用取得了举世瞩目的成就，装机容量世界第一，技术实力世界领先，为我国国民经济发展和人民生活水平提高做出了巨大贡献。

6.1 国内外水电技术发展现状及态势研究

水电资源具有分布广、储量大的特点，是全球第二大电力来源，近年来，全球水电总装机容量持续增加，但除北美、欧洲地区水电开发程度较高外，非洲、南亚以及东南亚(除中国)等地区水电开发程度低，有待加强开发利用。

6.1.1 全球水电发展现状

近年来，全球水电总装机容量持续增加，但年度增量呈下降趋势。2014—2017年全球水电总装机容量由103 600万千瓦增至126 700万千瓦，但2017年新增水电装机容量仅为2 190万千瓦，增幅为近3年最低。从各区域发展看，东亚及环太平洋地区水电总装机容量以46 833万千瓦位列第一，欧洲总装机容量以24 856万千瓦位列第二，其他地区水电总装机容量依次为北美洲20 305万千瓦、南美洲16 696万千瓦、中亚和南亚14 471万千瓦，非洲水电总装机容量最少，为3 534万千瓦。2017年，东亚及环太平洋地区新增装机容量最大，为1 085.8万千瓦，北美洲新增装机容量最小，仅为50.6万千瓦。从国家发展情况来看，中国以34 119万千瓦水电总装机容量位列世界第一，其次是

本章作者：蔡淑兵，长江勘测规划设计研究院。

美国(10 287 万千瓦)、巴西(10 027 万千瓦)、加拿大(8 099 万千瓦)和日本(4 991 万千瓦)。

6.1.2 典型国家水电发展现状

在世界范围内,开展水电资源开发利用的国家主要集中于北美洲、南美洲、非洲、欧洲、中亚、南亚、东亚及环太平洋地区。

6.1.2.1 北美洲

截至 2017 年,北美洲水电总装机容量为 20 547.5 万千瓦,超过 95%的水电装机位于美国、加拿大和墨西哥,较 2016 年略有增加,各国水电发展情况如表 6-1 所示。2017 年,北美洲年发电量为 7 821.2 亿千瓦时;新增装机 213.2 万千瓦,其中美国 38.2 万千瓦,加拿大 166.2 万千瓦,墨西哥 3.3 万千瓦,巴拿马 5.1 万千瓦,危地马拉 0.4 万千瓦。

表 6-1 北美洲各国水电装机容量/万千瓦

国家	装机容量/万千瓦		2017 年发电量/(亿千瓦时)
	2016 年	2017 年	
美国	10 248.5	10 286.7	3 223.9
加拿大	7 932.3	8 098.5	4 033.5
墨西哥	1 209.2	1 212.5	298.3
哥斯达黎加	212.3	212.3	87.4
巴拿马	172.6	177.7	65.2
危地马拉	115.2	115.6	50.6
洪都拉斯	55.8	55.8	25.9
多米尼加共和国	54.3	54.3	13.3
萨尔瓦多	47.1	47.1	17.4
尼加拉瓜	123.0	123.0	4.3
波多黎各	100.0	100.0	0.4
古巴	64.0	64.0	1.0

目前,水电约占美国电力生产的 6%,占加拿大电力生产的 64%,占墨西

哥电力生产的12%。美国2017年新增装机来源于已建设施升级改造或新建抽水蓄能电站，按照美国能源部发展目标，截至2050年将通过改建或扩建新增装机1 300万千瓦，新建抽水蓄能电站装机3 600万千瓦，最终达到新增5 000万千瓦的目标。此外，2018年美国政府批准水电基础设施建设或改造经费达1.05亿美元，包括0.35亿美元的抽水蓄能发电项目和0.7亿美元的海洋能和潮汐发电项目。加拿大制定了2030年温室气体排放比2005年减少30%的目标，当前正在建设的蓄水工程包括位于中南部的科亚斯科发电站(Keeyask，2021年建成)、位于不列颠哥伦比亚省的C项目(Site C，2024年建成)和拉特瀑布水电项目(Muskrat Falls，2020年建成)。墨西哥可再生能源中水电占比最高，据估计墨西哥水电经济可开发量约为2 700万千瓦，当前开发程度约为45%。

6.1.2.2　南美洲

截至2017年，南美洲水电总装机达到16 695.8万千瓦，超过83%的水电装机位于巴西、委内瑞拉、哥伦比亚和阿根廷，各国水电发展情况如表6-2所示。2017年，南美洲水电新增装机288.9万千瓦，其中巴西225.8万千瓦，哥伦比亚12万千瓦，阿根廷7.2万千瓦，智利21.6万千瓦，秘鲁11.4万千瓦，玻利维亚10.9万千瓦。

表6-2　南美洲各国水电发展情况

国　家	装机容量/万千瓦		2017年发电量/亿千瓦时
	2016年	2017年	
巴　西	9 801.5	10 027.3	4 010.6
委内瑞拉	1 539.3	1 539.3	720.9
哥伦比亚	1 160.6	1 172.6	549.2
阿根廷	1 117.0	1 124.2	412.8
巴拉圭	881.0	881.0	592.9
智　利	705.5	727.1	216.7
秘　鲁	527.1	538.5	334.0
厄瓜多尔	440.9	440.9	200.9
乌拉圭	153.8	153.8	72.8
玻利维亚	49.4	60.3	26.6

（续表）

国家	装机容量/万千瓦		2017年发电量/亿千瓦时
	2016年	2017年	
苏里南	18.9	18.9	12.2
法属圭亚那	11.9	11.9	7.3

巴西水电开发潜能仅次于俄罗斯和中国，其水电装机占比为64%。但目前，巴西政府将大型水电项目发展重点转向分布式可再生能源。巴西北部的1 120万千瓦贝罗蒙特项目预计是巴西最后一个大型水电项目，2016年首台机组发电，2020年全面投产。

目前，建于20世纪六七十年代的巴西大型水电站同美国较为相似，均面临维修升级和现代化改造的压力，发展需求与潜能显著。哥伦比亚水电占全国电力装机的70%，2017年水力发电占全国发电量的86%。目前，哥伦比亚政府制定了2030年实现温室气体排放相比2005年减少20%的目标，根据哥伦比亚能源矿业部统计，共有125个水电项目正在预可行性研究阶段，装机容量约为560万千瓦。秘鲁水电占电力装机容量的35%，水电开发潜能约为7 000万千瓦，2017年开发比例仅为7.7%。当前，共有39个水电项目正在规划中，其中位于马拉尼翁河的韦拉克鲁斯（Veracruz）和查丁二期（Chadin Ⅱ）的规模最大，装机容量分别为63.5万千瓦和60万千瓦。依据秘鲁政府计划，2040年将实现能源自给和可再生能源在能源结构中的占比从目前的5%至少提高到20%的目标，未来秘鲁水电市场开发前景广阔。

6.1.2.3　非洲

非洲水能资源丰富，但开发程度不足10%。截至2017年，非洲水电总装机3 298.9万千瓦，刚果（金）、纳米比亚、埃塞俄比亚、苏丹水电在各国发电量中的占比超过90%，非洲各国水电发展情况如表6－3所示。2017年，安哥拉新增114.8万千瓦，科特迪瓦新增27.5千瓦，津巴布韦新增17.2万千瓦。

表6－3　非洲各国水电发展情况

国家	装机容量/万千瓦		2017年发电量/亿千瓦时
	2016年	2017年	
埃塞俄比亚	381.3	382.2	83.7
南非	358.3	359.5	56.7

（续表）

国　家	装机容量/万千瓦		2017年发电量/亿千瓦时
	2016年	2017年	
埃　及	280.0	284.4	134.1
刚果(金)	250.9	259.3	86.3
赞比亚	239.2	239.7	136.5
苏　丹	225.0	192.3	67.4
莫桑比克	218.7	219.1	137.0
尼日利亚	204.0	206.2	73.1
摩洛哥	177.0	177.0	36.9
加　纳	158.4	158.4	88.8
安哥拉	126.7	241.5	63.5
肯尼亚	81.8	82.4	28.7
津巴布韦	76.9	94.1	57.7
喀麦隆	75.1	76.1	46.0
乌干达	70.6	74.3	33.3
科特迪瓦	60.4	87.9	26.2
坦桑尼亚	56.2	57.2	22.6
几内亚	36.8	36.8	13.6
马拉维	36.4	36.4	18.4
纳米比亚	34.1	34.1	14.4

被称为“东非水塔”的埃塞俄比亚水电装机排名非洲第一，其90%的电力供应来自水电，潜在水电装机容量达4 500万千瓦，政府设定了至2030年水电总装机容量达2 200万千瓦的目标。随着2016年装机容量187万千瓦的吉布Ⅲ水电站投产运行，埃塞俄比亚彻底告别缺电时代。摩洛哥水电装机容量177万千瓦，摩洛哥政府设定了到2020年水电装机容量达200万千瓦的目标，到2030年总装机容量再增加1 010万千瓦。安哥拉政府将水电开发作为战略重点，2017年水电装机容量比2016年增长72%。拉乌卡水电站是安哥拉最大的基础设施，总装机容量为20.7万千瓦，2017年首批2台机组投产发电；另外，位于宽扎河上的坎班贝(Cambambe)水电站完成现代化改造，装机容量提

高到96万千瓦。乌干达能源资源丰富，但通电人口不足15%，总的能源潜力装机容量为530万千瓦，其中水电装机容量220万千瓦。2017年，乌干达全国总装机容量为95.77万千瓦，其中水电为74.3万千瓦，主要来自尼罗河的布贾盖利(Bujagali)、基拉(Kiira)和纳鲁巴尔(Nalubaale)电站，装机容量分别为25.5万千瓦、20万千瓦和18万千瓦。科特迪瓦政府计划2020年发电量翻一番，装机容量达到406万千瓦。2017年，位于萨桑德拉河纳瓦瀑布(NaouaFalls)的苏布雷项目(Soubré)投入运营，电站装机容量为27.5万千瓦。

6.1.2.4　欧洲

欧洲国家可再生能源利用率较高。2018年年初，欧盟议会表决到2040年将可再生能源的比例从27%提高到35%，水电是欧洲国家可再生电力的单一最大来源。截至2017年，欧洲水电总装机容量达20 660.9万千瓦，挪威、法国、意大利、西班牙、瑞士、瑞典、奥地利和德国的水电装机均超过1 000万千瓦，欧洲各国水电发展情况如表6-4所示。

表6-4　欧洲主要国家水电发展情况

国　家	装机容量/万千瓦		2017年发电量/亿千瓦时
	2016年	2017年	
挪　威	3 162.6	3 183.7	1 430.0
法　国	2 540.5	2 551.7	532.4
意大利	2 188.4	2 188.4	375.3
西班牙	2 035.4	2 033.4	2 057.0
瑞　士	1 665.7	1 665.7	366.7
瑞　典	1 641.9	1 646.6	638.6
奥地利	1 317.7	1 411.6	380.5
德　国	1 125.8	1 125.8	226.8
乌克兰	678.5	678.5	120.1
罗马尼亚	670.5	670.5	145.4
葡萄牙	629.3	734.3	76.1
英　国	445.0	461.1	51.7
希　腊	339.6	339.6	40.4
芬　兰	319.8	319.8	146.3
保加利亚	312.9	312.9	30.3

(续表)

国 家	装机容量/万千瓦		2017年发电量/亿千瓦时
	2016年	2017年	
塞尔维亚	283.5	283.5	95.3
格鲁吉亚	272.7	316.1	92.1
斯洛伐克	252.2	252.2	471.0
波斯尼亚和黑塞哥维那	250.4	250.4	34.0
波 兰	235.1	235.1	26.4

2017年,欧洲水电新增装机293.4万千瓦,其中,葡萄牙、奥地利、挪威新增装机分别为105万千瓦、93.9万千瓦和21.1万千瓦。欧洲很多国家水电站均修建于20世纪六七十年代,新增容量大多来自升级改造或新建小水电项目。挪威是全球人均水资源最丰富的国家之一,可开发量约为3 800万千瓦,开发程度约为84%,水电发电量占全国总发电量的99.5%以上,是世界水电占比最大的国家。挪威水电开发极为重视环境保护,实施开发许可证制度和流域统一规划开发管理制度,且限制外资企业投资建设。葡萄牙2017年水电新增装机主要来源于78万千瓦的弗拉德斯二期项目(Frades 2)和27万千瓦的福斯图阿项目(Foz Tua)。瑞士水电开发利用程度很高,鼎盛时期,水电发电量占全国总发电量的比例高达90%。后来,由于瑞士大力发展核电,使得水电发电量降至60%左右。2017年,瑞士公布将降低能耗并提高能效,大力发展可再生能源,包括扩建水电站等,并退出核能。奥地利拥有丰富的水资源,水电在能源发展中发挥了重要作用,目前,水电约占总发电装机容量的56%,与2007年前的61%相比有所下降。而在同一时期,风能和太阳能增长4倍,这可能是造成水电小幅下降的原因,但在该国“2017年电网发展计划”中,奥地利明确将水电列为能源增长的支柱。

6.1.2.5 中亚和南亚

中亚和南亚电力需求旺盛,电力基础设施建设是当前的重要任务之一。截至2017年,中亚和南亚水电总装机容量达16 585.2万千瓦,印度、俄罗斯、土耳其、伊朗水电装机容量均超过1 100万千瓦,中亚和南亚国家水电发展情况如表6-5所示。2017年,中亚和南亚水电新增装机410万千瓦,其中印度新增200.7万千瓦,俄罗斯新增36.4万千瓦,土耳其新增43.2万千瓦,伊朗新增61.5万千瓦。

表 6-5 中亚和南亚各国水电发展情况

国家	装机容量/万千瓦		2017 年发电量/亿千瓦时
	2016 年	2017 年	
印度	4 737.5	4 938.2	1 355.4
俄罗斯	4 808.6	4 845.0	1 789.0
土耳其	2 624.9	2 668.1	591.9
伊朗	1 119.6	1 181.1	164.4
巴基斯坦	732.0	747.7	340.6
塔吉克斯坦	519.0	519.0	163.7
吉尔吉斯斯坦	309.1	309.1	134.6
伊拉克	275.3	275.3	45.8
哈萨克斯坦	228.2	255.4	112.0
乌兹别克斯坦	173.1	173.1	119.8
斯里兰卡	162.9	172.0	27.9
不丹	161.5	161.5	77.8
叙利亚	150.5	150.5	30.3
尼泊尔	86.7	96.8	31.4
阿富汗	44.2	46.1	13.7
孟加拉国	23.0	23.0	10.7
黎巴嫩	22.1	22.1	5.8
约旦	1.2	1.2	0.6

近年印度水电在电力结构中的占比一直下降，2017 年水电占全国总发电量约为 10%，但印度水电潜在容量在全球排名第五，并有超过 9 000 万千瓦的抽水蓄能潜力。2017 年印度新增清洁电力 1 570 万千瓦，其中约有 200 万千瓦新增水电容量主要来自 120 万千瓦的提斯塔三期（Teesta Ⅲ）电站项目。俄罗斯水力资源十分丰富，西伯利亚地区水电的装机容量大约占电力装机总容量的 49.2%；与 2016 年相比，水力发电保持稳定，占俄罗斯统一电力公司（UES）电力供应总量的 17%。吉尔吉斯斯坦能源结构高度依赖水电，2017 年水电占总发电量的 93%，但当前开发程度仅为 10%。吉尔吉斯斯坦拥有的 7 座水电站中有 5 座运行已超 30 年，可靠性和服务质量存在风险，故政府近期

目标是已建电站现代化升级改造和建设坎巴拉塔(Kambarata)2号坝水电站未完工程;远期计划是开发186万千瓦的坎巴拉塔1号坝水电站和超过20万千瓦的上纳伦水电站,但均因缺少资金而多次停滞。土耳其水能蕴藏量占全球1%,2017年土耳其遭受了44年以来最严重的干旱,但全国各地水坝得到有效利用,在满足生活和灌溉用水的同时,2017年水力发电量降幅只有12.7%。土耳其政府制定了到2023年水电总装机达3 600万千瓦的发展目标,较2017年相比,还将增加近1 000万千瓦。

6.1.2.6 东亚及环太平洋地区

截至2017年,东亚及环太平洋地区水电总装机容量为46 355.7万千瓦,占全球总装机容量的37%,其中中国水电装机容量占全球的27%,东亚及环太平洋地区主要国家近两年水电发展情况如表6-6所示。2017年,东亚及环太平洋地区新增装机容量达1 082.3万千瓦,居六大区域之首,其中中国新增装机容量达1 008万千瓦,几乎占全球总量的一半;越南新增水电装机37.3万千瓦,老挝新增16.6万千瓦,柬埔寨新增10万千瓦。

表6-6 东亚和环太平洋地区主要国家水电发展情况

国家	装机容量/万千瓦		2017年发电量/亿千瓦时
	2016年	2017年	
中国	33 111.0	34 119.0	11 945.0
日本	4 990.5	4 990.5	925.5
越南	1 630.6	1 667.9	599.0
澳大利亚	879.0	879.0	136.5
韩国	647.1	648.9	69.9
马来西亚	609.4	609.4	176.2
新西兰	534.6	534.6	249.7
印度尼西亚	530.5	531.4	172.8
朝鲜	500.0	500.0	118.3
老挝	481.8	498.4	227.0
泰国	451.0	451.0	86.9
菲律宾	423.5	431.2	102.0
缅甸	314.0	314.0	93.5

（续表）

国　家	装机容量/万千瓦		2017年发电量/亿千瓦时
	2016年	2017年	
柬埔寨	126.7	136.7	24.0
巴布亚新几内亚	23.4	23.4	8.0
斐　济	12.5	12.5	4.7
新喀里多尼亚	7.8	7.8	3.2

作为目前的全球水电第一大国，中国的水电开发建设成绩斐然。2017年中国水电发电量几乎占总发电量的20%，远远超过风电的5%和太阳能发电的2%。根据《水电发展"十三五"规划》，到2020年，水电装机容量将达到3.8亿千瓦，截至2020年6月底，已装机约3.6亿千瓦；抽水蓄能电站装机将从2017年的2 849万千瓦增加到至少4 000万千瓦，截至2019年底已在运3 029万千瓦，在建5 063万千瓦；到2025年，抽水蓄能电站总装机容量将达到9 000万千瓦。同时，中国正在成为绿色融资的引领者，2017年中国发行超过370亿美元的绿色债券，这一市场未来预计将成为水电融资的主要来源。越南新增装机主要贡献者是26万千瓦的TrungSon水电站和从15万千瓦扩建至22.5万千瓦的ThacMo水电站。印度尼西亚政府计划至2025年水电装机容量翻两番，达到2 000万千瓦的目标，正在建设的项目包括104万千瓦的UpperCioskan、90万千瓦的Matenggeng、17.4万千瓦的Asahan三期和15万千瓦的Pembangkin电站。巴布亚新几内亚水电技术开发潜力达1 500万千瓦，当前开发程度不足2%，未来市场前景广阔，正在开发的大型水电项目包括8万千瓦的Naoro-Brown、24万千瓦的Ramu2和5万千瓦的Edevu，其中Ramu2由中资企业采用政府和社会资格合作模式开发。菲律宾水电行业近年来增长有限，但仍占电力总装机容量的18%；根据"菲律宾能源计划"，2040年其装机容量需从4 000万千瓦提高到6 000万千瓦以上，其中水电装机容量约为1 350万千瓦，正在开发建设中的项目包括50万千瓦的Wawa抽水蓄能电站、35万千瓦的Alimit电站及其他小规模径流式水电站。

6.1.3　全球水电开发潜力分析

全球水电资源空间分布并不均匀，亚洲及环太平洋地区水电开发潜力约占全球的51%，南美洲约占18%，北美洲约占14%，欧洲约占8%，非洲约占

9%。北美洲西北部、南美洲西部、欧洲南部、南亚及东南亚以及非洲国家水电资源较为丰富，但欧洲、北美地区水电开发程度较高，故开发潜力有限，非洲、除中国之外的南亚及东南亚地区水电开发程度较低，开发潜力较大，南美洲基本与全球平均水平持平。2017 年全球水电发电量约为 41 850 亿千瓦时，全球平均水电技术开发程度（发电量与技术可开发量的比值）为 29%，欧洲水电技术开发程度为 53%，北美洲为 44%，南美洲为 27%，亚洲和环太平洋地区为 25%，非洲仅为 10%；全球水电经济开发程度（发电量与经济可开发量的比值）已达 48%，欧洲水电经济开发程度达 80%，北美洲达 77%，南美洲为 47%，亚洲和环太平洋地区为 43%，非洲仅为 15%。各国技术可开发量、未开发量及开发程度如表 6-7 所示。

表 6-7　全球水电技术未开发量前 20 国

国　家	未开发量/亿千瓦时	技术可开发量/亿千瓦时	技术开发程度/%
俄罗斯	14 911	16 700	11
中　国	9 455	21 400	56
加拿大	7 774	11 807	34
印　度	5 245	6 600	21
巴　西	4 165	8 176	49
印度尼西亚	3 844	4 016	4
秘　鲁	3 617	3 951	8
刚果(金)	3 058	3 144	3
塔吉克斯坦	3 006	3 170	5
美　国	2 065	5 289	61
尼泊尔	2 062	2 093	1
委内瑞拉	1 886	2 607	28
巴基斯坦	1 699	2 040	17
挪　威	1 570	3 000	48
土耳其	1 568	2 160	27
哥伦比亚	1 451	2 000	27
安哥拉	1 467	1 500	4

（续表）

国　　家	未开发量/亿千瓦时	技术可开发量/亿千瓦时	技术开发程度/%
智　利	1 403	1 620	13
缅　甸	1 307	1 400	7
玻利维亚	1 233	1 260	2

由表 6-7 可见，印度尼西亚、秘鲁、刚果（金）、塔吉克斯坦、尼泊尔、安哥拉、缅甸、玻利维亚 8 个国家的技术开发程度均低于 10%，开发潜力较大。

6.2　我国水电资源及分布情况

我国水电资源储量丰富，技术可开发装机容量达 5.42 亿千瓦。受地形、降雨量、江河分布影响，我国水电资源分布呈现明显的地域性（西部多、东部少）、季节性（丰水期多、枯水期少）与规模集中性（大电站容量比重大）特征。

6.2.1　水电资源总量

我国幅员辽阔、江河众多、径流丰沛、落差大，蕴藏着丰富的水电资源。中华人民共和国成立以来，分别于 1954—1955 年、1956—1958 年、1978—1980 年在全国范围内开展了三次水电资源普查，并于 2000—2004 年进行了水电资源复查工作。

根据发布的《中华人民共和国水力资源复查成果（2003 年）》，我国大陆水电资源理论蕴藏量在 1 万千瓦及以上河流共 3 886 条，理论蕴藏量年电量 60 829 亿千瓦时，平均功率为 6.94 亿千瓦；技术可开发装机容量为 5.42 亿千瓦，年发电量为 24 740 亿千瓦时。按流域划分的全国水电资源情况如表 6-8 所示。

表 6-8　全国水电资源情况汇总表（分流域）

序号	流　　域	理论蕴藏量		技术可开发量	
		年电量/亿千瓦时	平均功率/万千瓦	装机容量/万千瓦	年发电量/亿千瓦时
1	长江流域	24 336	27 781	25 627	11 879
2	黄河流域	3 794	4 331	3 734	1 361

（续表）

序号	流　　域	理论蕴藏量		技术可开发量	
		年电量/亿千瓦时	平均功率/万千瓦	装机容量/万千瓦	年发电量/亿千瓦时
3	珠江流域	2 824	3 224	3 129	1 354
4	海河流域	248	283	203	48
5	淮河流域	98	112	66	19
6	东北诸河	1 455	1 661	1 682	465
7	东南沿海诸河	1 776	2 028	1 907	593
8	西南国际诸河	8 630	9 852	7 501	3 732
9	雅鲁藏布江及西藏其他河流	14 035	16 021	8 466	4 483
10	北方内陆及新疆诸河	3 634	4 148	1 847	806
合　　计		60 829	69 440	54 164	24 740

四川、云南、西藏三省（区）是我国水电最丰富的地区，理论蕴藏量占全国总量的 2/3 左右。随着经济社会发展、技术进步和勘察规划工作不断深入，四川、云南、西藏三省（区）对水电资源又开展了进一步的复查工作，同时结合 2 006—2009 年开展的农村水电资源调查评价成果，我国水电资源技术可开发量有进一步增加，装机容量可达 6.61 亿千瓦（见表 6－9）。

表 6－9　我国水电资源技术可开发量

技术可开发量	2003 年水电资源复查	考虑四川、云南、西藏水电资源复核后	考虑农村水电资源调查评价复核后
装机容量/亿千瓦	5.42	5.98	6.61
年发电量/亿千瓦时	24 740	27 425	29 882

6.2.2　水电资源分布特点

我国水电资源分布与地域特征、江流分布及降雨量息息相关，具有明显的地域性、季节性与规模集中性特点。

1）地域分布极其不均，与我国经济格局不匹配，需要西电东送

由于我国幅员辽阔，地形与降雨量差异较大，因而形成水电资源在地域分

布上的不平衡，水电资源分布是西部多、东部少。按照理论蕴藏量进行统计，我国西南地区（渝、川、贵、云、藏）和西北地区（陕、甘、青、宁、新）的水电资源分别约占全国总量的70.6%和12.9%；而经济相对发达、用电负荷集中的东部辽、京、津、冀、鲁、苏、浙、沪、粤、闽、琼11个省（直辖市）仅占4.5%，因而需要实行水电的“西电东送”。各地区水电资源量与地区生产总值的对比分析如图6-1所示。

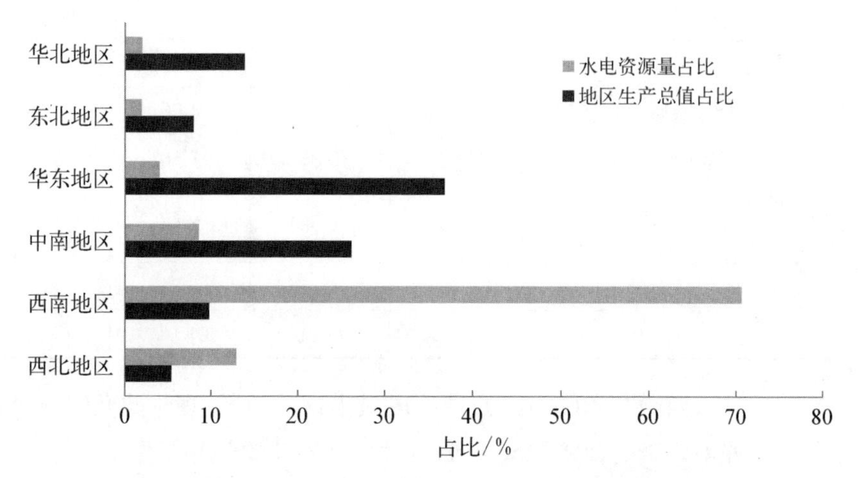

图6-1 各地区水电资源量与地区生产总值之间的对比分析图

2）时间分布不均，年内年际变化大，需要水库调节

我国位于亚欧大陆的东南部，濒临世界上最大的海洋，使我国具有明显的季风气候特点，因此大多数河流年内、年际径流分布不均，丰、枯季节流量悬殊，从而造成丰水年或丰水期发电量多，枯水年或枯水期发电量少。需要建设调节性能好的水库，对径流进行调节，提高水电的总体发电质量，以更好地适应电力市场的需要。

3）大江大河干流比重大，具备集中开发和规模外送的条件

我国水电资源富集于金沙江、雅砻江、大渡河、澜沧江、乌江、长江上游、南盘江红水河、黄河上游、黄河北干流、湘西、闽浙赣、东北以及怒江和雅鲁藏布江等水电基地，其总装机容量约占全国技术可开发量的一半。特别是地处西部的金沙江干流规划总装机规模7 992万千瓦，长江上游（宜宾至宜昌）干流约2 722万千瓦，雅砻江、大渡河、澜沧江干流规划总装机规模均超过2 000万千瓦，黄河上游、乌江、南盘江、红水河干流规划总装机规模均超过1 000万千瓦，怒江和雅鲁藏布江初步规划装机容量分别为3 600万千瓦和6 050万千瓦。

水电资源的集中分布，为集中开发和规模外送创造了有利条件。我国大江大河干流规划总装机容量情况如表6-10所示。

表6-10 我国大江大河干流规划总装机容量情况表

序号	河流名称	总装机容量/万千瓦	备注
1	金沙江	7 992	玉树至宜宾河段
2	雅砻江	2 693	
3	大渡河	2 506	
4	澜沧江	2 877	
5	乌 江	1 150	
6	长江上游	2 722	宜宾至宜昌河段
7	南盘江、红水河	1 044	
8	黄河上游	1 555	龙羊峡至青铜峡河段
9	怒 江	3 600	初步规划
10	雅鲁藏布江	6 050	初步规划
合计		32 189	

备注：已(在)建梯级按建成或核准的装机容量统计，未建梯级按规划装机容量统计。

4) 大型水电站装机容量比重大，中小型水电站数量多分布广

全国技术可开发水电站中，装机容量为30万千瓦及以上的大型水电站有270余座，但其技术可开发装机容量和年发电量的比重均达70%左右，其中装机容量为100万千瓦及以上的特大型水电站仅110余座，但其装机容量和年发电量的比重均超过50%，这些特大型水电站绝大多数分布于西南地区；小型水电站数量众多，在全国各地都有分布，虽然其总装机容量和年发电量不大，但可为农村村镇供电，是解决当地能源需求和促进经济社会发展的宝贵资源。

6.3 我国水电资源发展现状

自1949年以来，我国就十分重视水电建设。虽然由于历史及体制等因素，水电建设曾出现起伏，但近20年来，我国水电开发取得了一系列突出成就，总装机容量世界第一，技术实力世界领先，为我国国民经济发展和人民生活水平提高做出了巨大贡献。

6.3.1 水电资源开发现状

经过数十年的发展，我国水电资源开发取得历史性成就，水电总装机容量达 34 359 万千瓦（截至 2017 年年底），水电开发程度达 52%（截至 2017 年年底）。在开发程度上，西部地区资源多，开发利用率相对较低，东部资源少，开发利用率高；除雅鲁藏布江与怒江干流以外，全国主要河流干流水电资源已基本开发完毕。

6.3.1.1 水电资源开发历程

20 世纪 50 年代初，水电建设主要集中于经济发展及用电增长较快的东部地区，大型水电站不多。20 世纪 50 年代末，开始兴建新安江、刘家峡等大型水电站，但仍以东部地区的开发建设为主，西南地区丰富的水电资源尚未得到大规模开发。

改革开放以来，国家把开发西部地区水电资源提到重要位置，尤其是提出“西电东送”战略以后，西南地区丰富的水电资源逐步得到开发利用，水电建设步伐明显加快。长江上游、金沙江、雅砻江、大渡河、乌江上均已建成或正在建设巨型水电站，黄河上游龙羊峡至青铜峡河段、澜沧江、南盘江、红水河均已建成或正在建设一批百万千瓦以上的骨干水电站。这些河流或河段水电资源的开发，使得“西电东送”得以实现。

目前，我国已基本建成长江上游、黄河上游、乌江、南盘江、红水河、雅砻江、大渡河、金沙江等水电基地，水电开发集中于西南地区，由大江大河的中下游逐步向上游推进。

6.3.1.2 水电规模

截至 2017 年年底，全国已建成规模以上（装机容量≥500 kW）水电站 2.2 万余座，水电总装机容量 34 359 万千瓦，其中常规水电 31 490 万千瓦，抽水蓄能 2 869 万千瓦。水电装机占全国发电总装机容量的 19.3%，如图 6-2 所示。

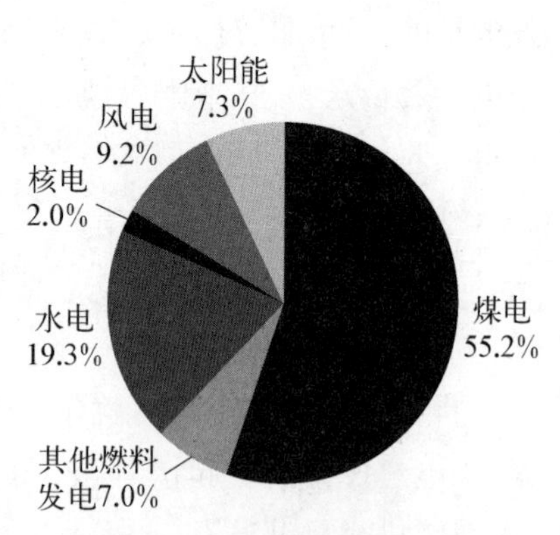

图 6-2 我国电源结构图（截至 2017 年年底）

2017 年底，全国水电在建规模为 7 887 万千瓦，其中常规水电为 5 082 万千瓦，抽水蓄能为 2 805 万千瓦，主要集中在四川、浙江和云南。

近二十年来，我国水电装机容量总体呈现快速增长态势，2 000—2017 年年均增长率 9.0%，其中 2008 年增速最快达 16.4%，2017 年增速最慢为 3.5%（见图 6-3）。“十五”末期和“十一五”期间，我国迎来水电投产的高峰期，水电装机容量年增长率均在 10%以上；“十二五”期间，由于水电资源开发成本上升和能源供需基本平衡，投产和新开工水电站数量减少，从 2013 年起水电装机容量增速大幅度减小。

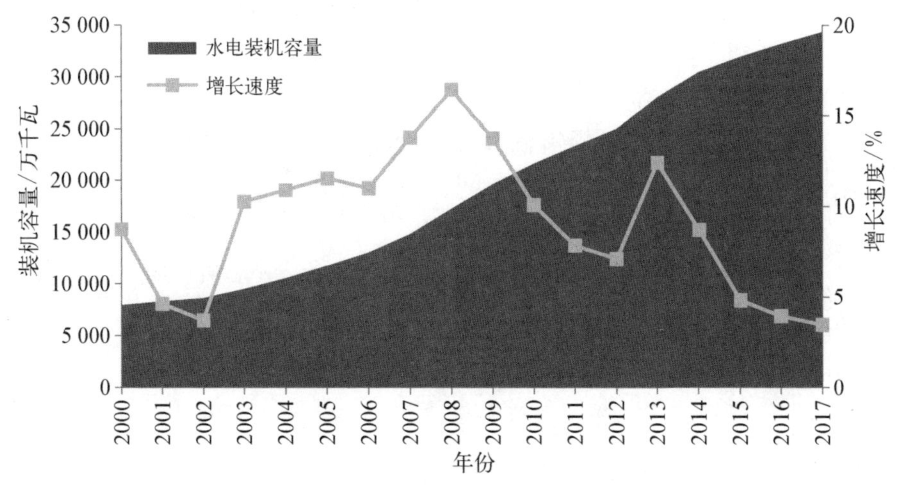

图 6-3　我国历年水电装机容量及增长速度(2000—2017 年)

6.3.1.3　水电资源开发程度

水电资源开发程度可以根据已经利用的水电资源和可利用的水电资源进行计算，反映了一个国家或地区水电资源开发利用程度的高低情况。水电资源主要用来发电，可按水电装机容量或发电量计算其利用率，计算公式分别为

$$\text{水电资源开发程度(装机容量利用率)}=\frac{\text{水电已开发装机容量}}{\text{水电资源可开发装机容量}}\times 100\%$$

$$\text{水电资源开发程度(发电量利用率)}=\frac{\text{已开发水电发电量}}{\text{可开发水电发电量}}\times 100\%$$

截至 2017 年年底，全国水电总装机容量为 3.44 亿千瓦，分别约占全国理论蕴藏量和技术可开发量的 49%和 52%；年发电量约为 1.20 万亿千瓦时，分别约占全国理论蕴藏量和技术可开发量的 20%和 40%。

国际上通常以已开发水电年发电量为分子，技术可开发年电量为分母计算水电资源的开发率。即按发电量计算，我国水电资源开发率约为 40%。

开发程度是已开发水电年发电量占理论蕴藏量的百分比，我国水电的开发程度约为20%。

6.3.1.4　各地区水电资源开发现状

水电建设与各地的经济发展紧密相关，经济发达的地区水电资源量少，已基本开发完毕；而经济落后地区水电资源量大，开发率低。

截至2017年年底，水电装机容量超过1 000万千瓦的省份有10个，其合计装机容量占全国水电装机容量的82.0%。四川、云南水电装机容量分别为7 714万千瓦和6 281万千瓦，分别占本省发电装机容量的79.4%和70.1%；西藏和湖北水电装机容量比重超过50%。

2017年水电装机容量规模较大或比重较高省份水电装机容量及占比如图6-4所示。

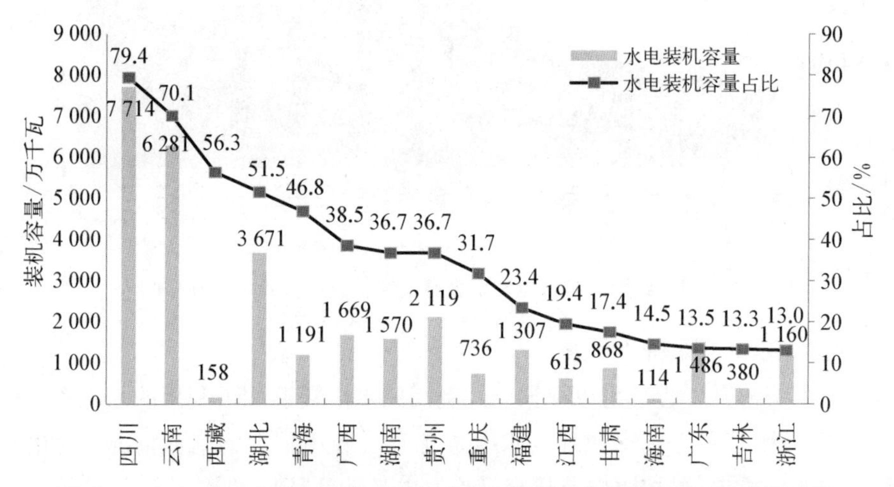

图6-4　2017年水电装机容量规模较大或比重较高省份水电装机容量及占比

6.3.1.5　主要河流干流水电资源开发现状

截至2017年年底，金沙江、雅砻江、大渡河、澜沧江、乌江、长江上游、南盘江、红水河、黄河上游、怒江、雅鲁藏布江等大江大河干流上已建、在建水电站总装机容量19 326万千瓦，约占规划总装机容量的60%（见表6-11）。其中，长江上游、乌江、南盘江、红水河、黄河上游的技术可开发水电资源已基本开发完毕；金沙江、雅砻江、大渡河、澜沧江的开发率已达80%左右（按装机容量计算），中下游河段水电资源也已基本开发完毕，待开发水电站主要位于上游河段；雅鲁藏布江的开发率仅为1.4%，潜力巨大；怒江干流尚未开发。

表6-11　我国大江大河干流水电资源开发情况表

序号	河流名称	总装机容量/万千瓦	已建、在建规模/万千瓦	开发率/%	待建规模/万千瓦
1	金沙江	7 992	6 536	82	1 456
2	雅砻江	2 693	2 212	82	481
3	大渡河	2 506	1 992	79	514
4	澜沧江	2 877	2 280	79	598
5	乌　江	1 150	1 098	95	53
6	长江上游	2 722	2 522	93	200
7	南盘江、红水河	1 044	1 044	100	0
8	黄河上游	1 555	1 555	100	0
9	怒　江	3 600	—	—	3 600
10	雅鲁藏布江	6 050	87	1.4	5 963
合　计		32 189	19 326		12 865

6.3.2　水电资源的地位和作用

水电资源既是水资源的重要组成部分，也是能源资源的重要组成部分。水电资源的开发利用在我国经济社会发展中占有重要地位。我国的能源生产和消费结构是以煤炭等化石能源为主，减少碳排放的任务艰巨。根据我国能源发展规划，到2020年、2030年，我国非化石能源占一次能源比例分别要达到15%和20%（2020年目标已于2019年提前实现），而大力开发水电资源是改变一次能源利用结构最现实的途径之一。

水电仅次于火电，是我国第二大电源，从20世纪60年代以来，水电占全国发电总装机容量的比重一直维持在20%以上，最高达32%（见图6-5）。近些年，随着风电、太阳能发电等新能源的快速发展，水电比重略有下降，但仍为我国提供了近五分之一的电力，支撑着我国能源工业的可持续发展，在我国电力供应中具有十分重要的作用。

水电资源是清洁可再生的绿色能源，水力发电不排放有毒气体、烟尘和灰渣，发电效率高，节能减排效益和改善大气环境效果明显，水电站的水库还往往具有防洪、供水、灌溉、航运、养殖、旅游等功能，经济效益与社会效益很高，水电资源开发符合“生态优先、绿色发展”理念，可推动地区生态文明建设。优

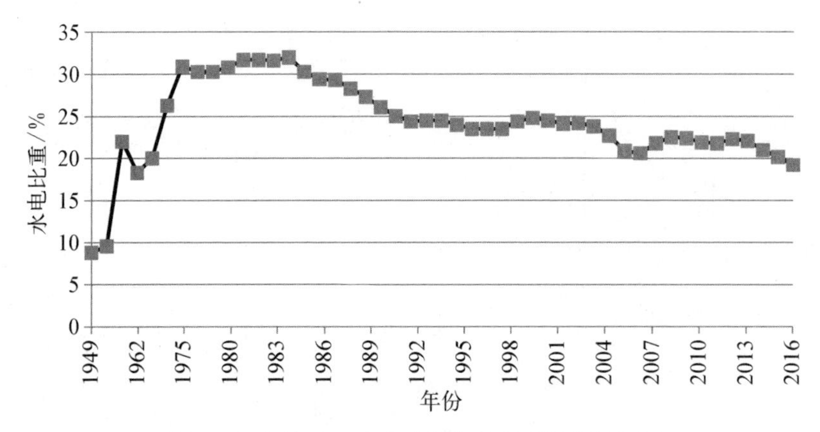

图 6-5 历年来水电占全国总装机容量的比重图

先发展水电是世界各国能源开发中的一条重要经验。

小水电是重要的民生基础设施和清洁可再生能源，党中央、国务院历来高度重视小水电工作。已建的小水电既解决了无电缺电地区人口用电，又促进了农村水利建设，有效地减少了农村贫困人口；既能促进农村工业发展和农村农业结构调整，促进民族团结、稳定边疆，又保护和改善了生态环境，对促进江河治理、生态改善、环境保护、地方社会经济发展等方面具有极其重要的作用。

6.3.3 我国水电开发的技术实力

近 20 年来，伴随着三峡等一批巨型水电工程的建设，我国水电产业发展突飞猛进，在世界同行中实现了从"跟跑者"到"并行者"，再到"引领者"的转变。我国水电产业以非凡的发展成就和强劲的实力引领着世界水电产业的发展。

1) 建成了占世界多数的特大型水电站

全球十大水电站中，中国有 5 座；全球二十大水电站中，有 11 座建在中国。全球已建成装机容量最大的电站是位于长江的三峡水电站，电站总装机容量为 2 250 万千瓦，年均发电量约 900 亿千瓦时。

三峡工程技术复杂，难题众多，中国的水电建设者们通过集成创新，用二十年左右的时间走完了先进国家几十年的发展路程，提升了我国水利水电工程规划、设计、建设、管理水平，突破了大体积混凝土施工、重大装备制造、超高压输变电建设等世界级难题。三峡工程建设为我国水利水电大规模开发、重大装备制造国产化、国内相关企业发展以及人才队伍培养储备，提供了重要机遇和平台。三峡工程的成功建设标志着我国由水电开发大国向水电开发强国转变。

2）中国水电开发技术位居世界前列

截至2017年年底，我国已建成水库大坝9.8万余座，是拥有水坝数量最多的国家，而且规模大。全世界已建、在建200 m及以上的高坝共96座，我国有34座；250 m以上高坝共20座，我国有7座。我国建设了一批标志性工程，坝工技术取得了多项具有世界级水平的创新成果，已建的水布垭面板堆石坝(233 m)、锦屏一级双曲拱坝(305 m)、黄登碾压混凝土重力坝(203 m)，在建的双江口心墙堆石坝(314 m)等，更是位列全球同类坝型之冠，在国际上具有重要影响力。

除了坝工技术是我国先进水电开发技术的典型代表以外，我国在地下工程、泄洪消能、施工、边坡治理、复杂基础处理、防震抗震等方面也同样取得了不凡成就，拥有包括规划、勘测、设计、施工、制造、输送、运营等在内的全产业链整合能力，水电技术整体跻身世界前列。

3）中国重大水电装备制造领跑世界水电

在三峡工程之前，我国尚不具备制造35万千瓦以上水电机组的能力。二十多年来，我国水电企业依托三峡工程和金沙江下游巨型水电站等，创造了一条独具特色的“引进、消化、吸收、再创新”的成功之路。从三峡工程的单机70万千瓦，到向家坝水电站的单机80万千瓦，再到白鹤滩水电站的单机100万千瓦，中国水电装备从跟随到超越，现在更是实现全面引领，推动了我国重大水电装备由“中国制造”向“中国创造”转型升级。

4）中国抽水蓄能电站技术发展迅猛

我国抽水蓄能电站的建设起步较晚，但基于常规水电的先进技术能力，起点较高，包括高、中、低水头，大、中、小机组容量，输变电和运行管理技术等，目前我国抽水蓄能电站技术已处于世界先进水平。其中，丰宁抽水蓄能电站、惠州抽水蓄能电站、洪屏抽水蓄能电站、广州抽水蓄能电站、阳江抽水蓄能电站、梅州抽水蓄能电站以及长龙山抽水蓄能电站7座电站都跻身世界十大抽水蓄能电站之列。

5）中国水电极富国际竞争力

中国水电代表了世界水电建设的最高成就，水电开发理念、建设输送能力和技术标准逐步获得国际社会的认可，先后与80多个国家建立了水电规划、建设和投资的长期合作关系，成为推动世界水电发展的中坚力量，引领着世界水电乃至清洁能源行业的发展。

中国水电以实施国家战略部署、加快"一带一路"能源基础设施建设为契机，以全面整合行业资源、实现中国水电"编队出海"为抓手，以海外市场全流域规划建设运营、推动国际水电可持续发展为目标，以水电全产业链的核心能力为依托，打造中国水电"走出去"升级版，更多地参与国际水电事务，与世界各国共享中国水电建设的实践和经验，造福全人类。中国水电在全球水电发展进程中发挥着愈来愈重要的作用，中国水电已成为代表国家核心能力的新的国家名片。

6.4 水电开发与生态环境保护

水是生命之源、生产之要、生态之基，兴水利、除水害，事关人类生存、经济发展、社会进步，历来是治国安邦的大事。水电开发与生态环境保护之间的关系随着人类文明的进步和经济社会的发展而发生着变化。

从中国的都江堰引水灌溉到古罗马的城市供水系统，通过修渠筑坝成功地控制洪水和利用水资源已经成为人类几千年文明史的重要组成部分。工业化以后，特别是发明电以后，利用水力发电造福人类，更是一度成为人类文明进步的象征。然而，受对生态环境系统认识程度的限制，以及对环境保护重视程度的不足，部分水电工程对生态环境造成了不同程度的影响；同时，一些国内外的反坝宣传，总是片面地夸大、强调水坝对生态环境的破坏作用，忽视了水电开发利用对现代文明的支撑作用，将水电开发与生态环境保护对立了起来。近些年来，随着环保意识的增强，本着"尊重自然、顺应自然、保护自然"的理念，水电开发在经过资金约束期、市场约束期后，进入了生态环境约束期。

6.4.1 水电开发对生态环境的影响

水电开发对我国社会经济的发展起着非常积极的作用，同时对社会经济效益和生态环境效益也起到了有效的促进作用，但在开发的同时，也不可避免地会对当地原有的生态环境造成不良影响。

6.4.1.1 水电开发对生态环境的积极影响

水电开发对生态环境的积极影响包括减少能源生产中的环境污染、水利工程调控以及促进就业等。

1）减少环境污染，改善空气质量

水电开发可提供大量清洁可再生能源，减少燃煤发电带来的大气环境污染,对于我国实现可持续发展能源战略,履行节能减排承诺,打赢蓝天保卫战具有重要意义。以三峡水电站为例,截至 2017 年 3 月 1 日,三峡电站累计发电量突破 10^{12} 亿 kW·h,相当于节约标准煤 3.19×10^{8} t,减排二氧化碳 8.58×10^{8} t,减排二氧化硫 8.99×10^{6} t,减排氮氧化物 2.57×10^{6} t,并省却了火电厂所需要的冷却水运行和排放,既可节约水资源,又可避免对水环境造成热污染。因而在获得相同电能的情况下,发展水电可减少环境污染,改善空气质量,生态环境效益显著。

2) 防灾减灾作用

严重的洪涝灾害和持续的干旱将对生态环境产生严重的破坏,是典型的生态环境灾害。中国历史上因特大洪灾和旱灾及次生灾害造成赤地千里、瘟疫流行、人民流离失所、社会动荡不安,导致生态环境破坏、经济发展停滞和倒退的事件屡屡发生。水电工程往往同时兼有抵御自然水文灾害的功能,水库运行可以调节河川径流,控制水位,梯级水库群可联合调度,提高抗御洪、涝、旱、碱等自然灾害的能力,显著减轻和缓解洪涝灾害的影响程度,减少水灾和旱灾对人类及动、植物的破坏,减少水土流失和土壤侵蚀,减少洪水造成的污染扩散和疾病流行,为人们提供相对稳定、安全的生活和生产环境。

3) 供水、灌溉、航运等兴利作用

水电站水库可增强水资源的调蓄能力,实现水资源在时空分布上的均衡。既可为城乡生活、生产和生态环境供水,也能为农业灌溉供水,改善环境,促进经济社会发展。

通过水库的修建可抬高上游水位并改善下游河道流态,提高河道的通航里程和运输能力,由此可节省同等运输能力的道路运输方式需要的土地资源,并减少燃油消耗及尾气排放量。

4) 形成人工湿地,改善局部小气候

水电开发中水库库区形成许多库湾,为多种水生植物和动物提供了栖息地,提高了局部区域的生物多样性,增加了水域的综合功能。人工湿地的形成改善了当地的环境小气候条件,水库水体使周围陆地性气候明显改善,主要表现在无霜期延长、温差缩小、最高气温降低、湿度增加。

5) 形成新的人文景观和自然景观

水库蓄水后可能产生新的自然景观和人文景观,并形成由山景、水景、大坝等构成的水库风景区。我国许多已建成的水库都已成为名胜风景区,吸引了大量的国内外旅游者参观游览。

6）促进扶贫就业

水电开发可带来直接或间接的就业机会，提高当地参与者的收入。水电开发对建材、劳动力的需求很大一部分需从当地获取，将给参与者提供直接的就业机会；大量施工人员的消费需求包括粮食、蔬菜、生活用品等以及交通、餐饮、住宿等服务，将显著刺激当地经济发展，间接提高当地居民收入。水电开发企业还承担了更多的社会责任，与“精准扶贫”相结合，通过改善当地基础设施、教育培训、生态保护搬迁等方式精准帮扶区域贫困户。水电开发不仅能显著提升区域经济社会发展，在“精准扶贫”方面也可以发挥重大作用。

6.4.1.2　水电开发对生态环境的不利影响

水电开发对生态环境的不利影响包括对水生生物、陆生生物生态环境的影响和河流水环境的变化等。

1）大坝阻隔及水文情势变化对水生生物的影响

开发水电需要修建大坝，造成河道阻隔，水库蓄水后还会改变天然河道的水深、水温、水质、流速等水文情势，影响水生生物，其中对洄游鱼类和产漂流性卵鱼类的不利影响最为显著。

水电开发会阻隔洄游鱼类和产漂流性卵鱼类在上下游之间的迁徙路线，造成鱼类不能产卵繁殖、获取饵料和有效完成生活史，最终导致洄游鱼类和产漂流性卵鱼类资源量减少。

2）对陆生生物的影响

水电工程开发对土地的需求量往往很大，工程占有和破坏了许多生物长期以来赖以生存的环境，生物被迫迁移，破坏了工程所在地区的生物链，威胁到生态系统的平衡性，而且水库也会影响到一些陆生动物的正常迁移路线，阻碍了陆生生物的基因交流，破坏了生物的多样性。

3）高坝大库对水环境及河流水温的影响

水库蓄水后，河道流速变缓降低了库区水体的自净能力，加之上游来水冲刷土壤携带大量的有机物使库区水体中氮、磷、钾等含量较高，水库中的水草、藻类等可能得到大量繁殖，使得水体富营养化，导致水质恶化。

高坝大库改变了河流的水温结构，水库低温水下泄将推迟坝下鱼类的产卵期，影响产卵量和鱼苗成活率，并可能对农作物产生冷侵害等不利影响。

4）水库淹没影响

大型水电工程的建设会淹没大量的土地资源，淹没植被或耕地，减少野生动物的生存空间；淹没库区内一定水位以下的历史古迹与文物，淹没一些城镇和人文景观，造成大量人口迁移；同时，移民搬迁与重建可能造成潜在的水污染、水土流失等环境问题，若移民安置不当，还容易导致一些社会不稳定问题的产生。

5）电站施工期对环境的不利影响

电站施工期对环境的影响如下：边坡开挖破坏植被和景观，施工过程产生废水、固体废弃物、废气，施工区植被破坏及水土流失等。

6.4.2　水电开发中需重点落实的环境保护措施

水电开发中应坚持节约优先、保护优先、自然恢复为主的方针，遵守生态优先、统筹考虑、适度开发、确保底线的环保要求，统筹好河流水电开发与环境保护，深化落实水电开发生态环境保护措施。目前，水电开发中应强化以下环境保护措施的落实。

（1）生态流量泄放措施。水电开发工程应明确水库最小下泄生态流量和下泄生态流量过程；需确定蓄水期及运行期生态流量泄放设施及保障措施。在国家和地方重点保护珍稀濒危或开发区域河段特有水生生物产卵/繁殖季节，应进一步加大下泄生态流量，实施生态调度。如汉江中下游梯级联合生态调度试验通过加大下泄流量，营造涨水过程，对汉江中小型产漂流性卵鱼类繁殖具有较好的效果，产生了良好的生态效应。

（2）下泄低温水减缓措施。对具有多年调节、年调节的水库和水温分层现象明显的调节水库，应结合水温垂向分布和下游敏感目标，采取分层取水减缓措施。

（3）鱼类栖息地保护措施。水电开发工程应结合鱼类栖息地生境本底、替代生境相似度和种群相似度，编制栖息地保护方案，明确栖息地保护目标、具体范围及采取的工程措施，并在水电开发同时落实栖息地保护措施，保护受影响物种的替代生境。

（4）过鱼措施。水电开发工程应结合保护鱼类的重要性、受影响程度和过鱼效果等，综合分析论证采取过鱼措施的必要性和过鱼方式。对水头较低的水电开发工程，应重点研究采取仿自然通道措施；对水头中等的水电开发工程，应重点研究采取鱼道或鱼道与仿自然通道组合方式；对水头较高的水电开发工程，应结合场地条件和枢纽布置特性，研究采取鱼道、升鱼机、集运鱼系统或不同组合方式的过鱼措施。

（5）鱼类增殖放流措施。水电开发应依据放流水域生境适宜性和现有栖息空间的环境容量，落实鱼类增殖放流措施，明确各增殖站选址、放流目标、规模和规格。

(6) 珍稀特有动植物保护措施。对受水电开发工程影响的珍稀特有植物或古树名木，通过异地移栽、苗木繁育、种子资源保存等方式进行保护。

6.4.3 水电开发与生态环境的协调发展

2018 年 4 月，习近平总书记在视察长江经济带时，立下了“共抓大保护、不搞大开发”的规矩，同时强调“不搞大开发不是不要开发，而是不搞破坏性开发，要走生态优先、绿色发展之路。”

和任何人类文明活动一样，水电开发会对自然河流生态环境产生影响，但水电工程对环境的影响是有利多于不利，通过相应措施，不利影响是可以避免和消减的。协调好水电开发与生态环境之间的关系，对生态环境保护也可以起到积极的促进作用。2007 年联合国的调查结果显示：除极个别特例以外，一个国家和地区的水库蓄水能力和水电开发率越高，经济社会越发达，生态环境越好。

我国水电工程建设大多位于山高坡陡，地形复杂的河段，这些区域水土流失严重，地质灾害频发，植被覆盖率退化加剧，是我国生态环境较为脆弱的地区，敏感度高、环境容量低、抗干扰能力弱和稳定性差，往往是生态环境保护的重点区域。因此，水电开发中要深入贯彻落实习近平新时代生态文明建设思想，要把生态环境保护放在更加突出位置，严守生态保护红线，像保护眼睛一样保护生态环境，像对待生命一样对待生态环境，坚持在发展中保护、在保护中发展，实现水电开发与生态环境的协调发展。

6.5 我国水电发展面临的问题与挑战

数十年来，我国水电发展取得丰硕成果，但随着开发条件好的资源基本开发完成，水电生态环境保护压力逐步增大以及水利调节任务的加重，我国水电的发展面临开发难度大、开发与生态保护共进压力大、经济性逐步降低以及调蓄与综合调度难度增大等问题。

1) 生态环境保护压力不断加大

近些年来，随着经济社会的发展和人们环保意识的提高，特别是生态文明建设，对水电开发提出了“生态优先、统筹考虑、适度开发、确保底线”的指导思想；随着水电开发的不断推进和开发规模的扩大，我国水电开发逐渐由河流的中下游向上游延伸，剩余水电开发条件相对较差，生态环境相对脆弱，敏感因素相对较多，面临的生态环境保护压力加大。

2）开发建设难度持续提高

目前，我国开发条件较好的水电站已基本开发完成，尚未开发的水电资源集中在西南地区金沙江、雅砻江、大渡河、澜沧江等河流的上游及怒江和雅鲁藏布江，大多地处偏远高原，不同程度地存在开发难度大的问题，主要体现在以下几方面：

一是建设条件差。待开发水电站大多处于世界最年轻、海拔最高的青藏高原区，区内以高山和峡谷地貌为主，气候恶劣，交通不便，区域构造稳定性普遍较差，地震烈度高，地形地质条件复杂，水电开发面临着高寒、高海拔、强震等问题。

二是技术难度高。开发西南水电需要修建高坝大库和深埋大规模地下引水发电系统，工程本身极具挑战性，复杂的气候和地质条件又加剧了枢纽工程设计、施工及输送的难度。

三是移民问题复杂。一方面，规划电站多处于高山峡谷地区，耕地稀缺，少数民族聚居，经济社会发展滞后，移民安置问题复杂、难度大；另一方面，当地政府和群众将脱贫致富的期望越来越多地寄托在水电开发上，水电工程承担了更多的社会责任，进一步加大了移民安置的难度。

3）制约水电开发的因素增多

随着我国水电装机容量的不断增加，剩余的技术可开发量越来越少，水电开发逐步向大江大河上游、高海拔地区深入，制约因素多，开发条件差，输电距离远，造成工程建设和输电成本高，加之移民安置和生态环境保护的投入不断加大，水电开发的经济性变差，市场竞争力下降。据统计，“十二五”期间水电工程单位造价平均为 7 075 元/千瓦，较“十一五”期间的 6 449 元/千瓦有所上涨。其中，西北地区最高（11 390 元/千瓦），南方地区最低（7 333 元/千瓦）；特大型常规电站造价最低（6 144 元/千瓦），小型电站造价最高（11 930 元/千瓦）。到 2017 年，水电的平均造价已上涨至 11 360 元/千瓦。

此外，受目前经济增速放缓、外送通道受阻、消纳市场疲软等因素影响，近年来西南水电出现弃水现象，也影响了水电工程效益的发挥。

4）抽水蓄能规模亟待增加

截至 2017 年年底，我国抽水蓄能电站总装机 2.8×10^{7} kW，总量偏小，仅占全国电力总装机的1.6%，而能源结构的转型升级要求抽水蓄能占比快速大幅提高；抽水蓄能电站运行管理体制尚未理顺，部分已建抽水蓄能电站的作用和效益未能充分有效发挥，影响抽水蓄能电站的建设。

5）水库调蓄能力和综合调度尚需加强

我国很多流域的水电开发几乎都把经济性相对较差的龙头水库电站的建设排在了流域开发的后面，从而导致了前期开发的水电站调节性能不好，电能质量不高，汛期、枯期的发电量差距大，影响了梯级整体发电效益和水资源的综合利用。

目前，我国已形成庞大的水库群规模，除发电外，往往还承担防洪和其他兴利任务，涉及多部门、多主体，事关国家水安全，调度协调复杂、难度大，影响了水库群综合效益的发挥。

6.6 新形势下水电发展前景

面向未来发展，水电因其资源储量、能源生产的清洁性、水利工程的必要性以及在“一带一路”倡议中的科技引领带动性，仍将具备良好的开发潜力与发展活力。

1）我国水电仍具有一定的开发潜力

我国水电资源丰富，技术可开发装机容量为6.61×10^{8} kW，年发电量约为2.99×10^{12} kW·h，截至2017年年底，水电资源开发率约为40%（按发电量计算）。

目前，全球常规水电装机容量约为10^{9} kW，年发电量约为4×10^{12} kW·h，开发率约为26%（按发电量计算），欧洲、北美洲水电开发率分别达54%和39%，南美洲、亚洲和非洲水电开发率分别为26%、20%和9%。

发达国家水电资源开发率总体较高，如瑞士达到92%、法国88%、意大利86%、德国74%、日本73%、美国67%。发展中国家水电开发率普遍较低。与发达国家相比，我国水电仍具有一定的开发潜力。

2）合理开发水电是必要的

我国常规能源以煤炭和水电为主，水电仅次于煤炭，居十分重要的地位。水电作为当前技术成熟、开发经济、调度灵活的清洁可再生能源，符合我国节能减排以及能源结构转型的战略方向，是完成我国非化石能源消费目标的重要基石。我国水资源时空分布不均，水资源供需矛盾突出，洪涝灾害频繁，为解决水资源短缺问题，实现水资源合理配置，满足防洪、电力供应等方面的要求，也需要继续建设综合性水利水电工程。因此，以规划为约束引领，协调开发与保护关系，合理、有序推进西南水电资源开发、实现西电东送，对于解决国民经济发展中的能源短缺问题、改善生态环境、促进区域经济的协调和可持续发展，具有非常重要的意义。

3）加强水电技术攻关和科技创新研究

尽管我国水电开发技术已处于世界领先地位，但继续开发西南水电，仍然面临着许多技术难点问题，针对高寒、高海拔、高地震烈度、复杂地质条件下筑坝技术，高坝工程防震、抗震技术，高寒、高海拔地区特大型水电工程施工技术，超深埋特大引水隧道发电工程关键技术，远距离、大容量、高海拔输电技术，高寒地区植被恢复与水土保持等，还需大力开展技术攻关和科技创新研究。

4）加快水电调蓄能力建设

加快梯级调节水库建设，增强梯级电站调蓄能力，减少弃水，增加发电水头，提高水能利用率、电能质量和梯级整体发电效益。

抽水蓄能电站运行灵活、反应快速，是电力系统中具有调峰、填谷、调频、调相、备用和黑启动等多种功能的特殊电源，是目前最环保、能量转换效率最高、最具经济性的大规模储能设施。统筹规划、合理布局，在有条件的地区，加快抽水蓄能电站建设，并加强抽水蓄能电站调度运行管理，发挥抽水蓄能电站的作用，保障电力系统安全稳定运行。

5）多能互补优化能源结构

以水电为基础，促进风电、太阳能发电、核电等能源大规模发展，优化能源结构。通过多能互补集成优化，实现能源梯级利用和优势互补，提升系统整体效率，减少弃水、弃风、弃光，有效解决能源消纳问题，避免能源浪费。

6）强化水库群联合调度

深入开展水库群联合调度关键技术研究，协调防洪、生态、发电、供水、灌溉、航运等调度关系，建立流域水库群联合调度系统，提高梯级水电站综合效益。

7）积极参与全球水电开发

我国正在大力实施“一带一路”倡议，“一带一路”沿线国家水电开发空间广阔，特别是东南亚、中亚等区域的水电开发方兴未艾。中国水电企业要充分利用自身的优势，主动融入国家“一带一路”建设，主动响应国家产能合作战略，整合我国水电全产业链，打造中国水电“走出去”升级版，积极参与全球水电开发，不断贡献中国智慧和力量，构建互利共赢的“利益共同体”和共同繁荣发展的“命运共同体”。

我国水电资源丰富，可开发的水电资源居世界第一，仍具有一定的开发潜力。近二十年来，随着以三峡为代表的一大批水电工程的相继建成投产，带动了我国水电相关产业的飞速发展，取得了举世瞩目的非凡成就，增加了就业机会，提高了人民生活质量，将资源优势转变为经济优势，协调了区域经济发展，水电作为仅次于火电的第二大电源，为我国可持续发展战略的实施提供了大量清洁能源。

水电工程除发电外，往往是多功能的工程综合体，还兼具有防洪、生态、供水、灌溉、航运等综合效益，通过合理的选址、科学的规划、优化的设计、符合环境保护要求的建设，将给生态环境及经济社会的可持续发展带来正面的、积极的影响。

为实现我国节能减排目标和保障国家能源供应，在坚持生态优先、绿色发展理念的基础上，统筹水电开发与生态保护，以重要流域龙头水电站建设为重点，科学开发西南水电资源，并继续推进风电、光伏发电、核电等的发展，推动能源结构优化升级，努力构建清洁低碳、安全高效的能源体系。

第7章
我国地热资源利用情况分析

地热资源是指能够经济地被人类所利用的地球内部的地热能、地热流体及其有用组分。地热能是清洁、安全、低碳的可再生能源。随着勘查开发利用技术的发展与应用,地热资源将在我国能源生产与消费结构中发挥更加重要的作用。

7.1 我国地热资源储量及分布情况

目前可利用的地热资源主要包括天然出露的温泉、通过热泵技术开采利用的浅层地热能、通过人工钻井直接开采利用的地热流体以及干热岩体中的地热资源。地热资源传统的温度界限为 25℃,即 25℃以上的温泉或地下热水。由于热泵技术的发展,地热资源的定义已打破了 25℃的温度界限。

地热资源具有高效、清洁、安全、稳定、可再生、用途广泛、资源潜力巨大等优点。

7.1.1 地热资源潜力

地热资源按照热流传输机制分为浅层地热能、水热型地热资源和干热岩地热资源。水热型地热资源按照温度范围,划分为高温(>150℃)、中温(90~150℃)和低温(<90℃)三类地热资源。通过地质调查,全国已发现地热异常 3 200 多处地热资源,其中进行地热勘查的并已对地热资源进行评价的地热田有 50 多处,全国已打成地热井 2 000 多眼。其中,高温地热系统 200 余处,经过评估总发电潜力约为 5 800 $MW_{30\,a}$,主要分布在西藏南部、云南西部、四川西

本章作者:范小平,西藏地勘局。

部和台湾地区。在西藏羊八井地热田 ZK4002 孔，孔深 2 006 m 处，已探获 329.8℃的高温地热流体。中低温地热系统 2 900 多处，总计天然放热量约为 1.04×10^{14} kJ/a，相当于每年 360 万吨标准煤当量，主要分布在东南沿海诸省区和内陆盆地区，如松辽盆地、华北盆地、江汉盆地、渭河盆地以及众多山间盆地区。这些地区 1 000～3 000 m 深的地热井可获 80～100℃的地热水。

我国地热资源较丰富，据粗略计算，主要沉积盆地小于 2 000 m 的深度中储存的地热资源总量约 4.0184×10^{19} kJ，相当于 1.3711×10^{12} 吨标准煤的发热量，以其 1%作为可开采量计算，可开采地热资源总量为 4.0184×10^{17} kJ，约相当于 1.3711×10^{10} 吨标准煤的发热量(见表 7-1)。

表 7-1　中国主要盆地地热资源量估算表

盆　地	面积/km^2	单位储热量/(10^{12} kJ/km^2)	总储热量/10^{12} kJ	可开采热量/10^{12} kJ	可开采相当标准煤量/10^8 t
华北平原(北部)	90 000	89.685 4	8 071 686	80 717	27.54
华北平原(南部)	60 000	54.6	3 712 800	37 128	12.67
松辽盆地	90 000	18.840 6	1 695 654	16 957	5.78
苏　北	32 000	54.6	1 747 200	17 472	5.96
鄂尔多斯	160 000	27.155 6	4 344 896	43 449	14.83
汾渭盆地	20 000	54.6	1 092 000	10 920	3.73
江　汉	45 000	54.6	2 457 000	24 570	8.38
雷　琼	5 100	54.6	278 460	2 785	0.95
四　川	136 000	45.73	6 246 480	62 465	21.31
楚　雄	35 000	27.16	950 600	9 506	3.24
河西走廊	9 000	40.73	366 570	3 666	1.25
柴达木	30 000	49.4	1 482 000	14 820	5.06
准噶尔	40 000	40.73	1 629 200	16 292	5.56
塔里木	120 000	40.73	4 887 600	48 876	16.68
吐　哈	30 000	40.73	1 221 900	12 219	4.17
总　计	902 100	平均 44.55	40 184 046	401 840	137.11

因我国山地多，全国平均单位面积热储存量将小于沉积盆地单位面积平均热储存量，全国960万平方千米地热资源总量若以沉积盆地单位面积平均热储存量 4.415×10^{13} kJ 的50%估算，约 2.1192×10^{20} kJ 或相当于 7.231×10^{12} 吨标准煤的发热量。可开采热量仍以热储存量的1%计算，则全国地热资源可开采量约相当于 7.23×10^{10} 吨标准煤。

据1996年统计，全国已勘查的地热点(田)有738处，其中进行过勘探的有43处；详查的有83处；普查及区域调查的有612处。探明各级可开采地热水总量为247.016万立方米/天，可利用热能约为4 318.96 MW，每年所提供的热量约相当于 4.644×10^{6} 吨标准煤，分以下几种。

B级：可开采地热水77.46万立方米/天，可利用热能758.49 MW；

C级：可开采地热水69.18万立方米/天，可利用热能2 222.92 MW；

D+E级：可开采地热水100.38万立方米/天，可利用热能1 337.55 MW。

各省(自治区、直辖市)现已探明地热资源基本情况如表7-2所示。从表中可知，中国探明地热资源可开采量仅是地热资源总量中很小的一部分。

表7-2　中国各省(自治区、直辖市)探明地热资源量简表

地区	勘察数/个	温度60℃以上/个	可开采水量/(m^3/d)	所含热能/MW	年可开采热相当标准煤量/(10^4 t)	全国排名
北京	8	1	27.226	71.30	7.67	12
天津	5	4	136.181	276.30	29.73	5
河北	15	6	218.330	350.00	37.66	4
山西	23	1	62.280	37.66	4.5	15
内蒙古	5	2	3 717	5.90	0.63	27
辽宁	37	14	65.783	96.05	10.34	9
吉林	4		7 977	12.80	1.38	24
黑龙江	2		630	0.40	0.04	30
江苏	7	1	19 893	15.21	1.64	23
浙江	7		5 522	5.30	0.57	28
安徽	14	2	13 012	17.10	1.84	21
福建	11	4	147 064	123.30	13.27	7
江西	93	16	62 522	57.20	6.16	14

(续表)

地区	勘察数/个	温度 60℃以上/个	可开采水量/(m^3/d)	所含热能/MW	年可开采热相当标准煤量/(10^4 t)	全国排名
山东	22	7	25 568	37.60	4.05	16
河南	19	3	35 270	32.46	3.49	17
湖北	18	2	72 775	93.05	10.01	10
湖南	81	1	101 062	92.30	9.90	11
广东	22	11	428 032	377.70	40.65	3
广西	16	2	21 493	32.15	3.45	18
海南	9	2	37 663	60.09	6.29	13
四川	9	6	12 946	25.20	2.64	20
重庆	10	1	23 952	17.20	1.80	22
贵州	12		13 470	8.95	0.94	26
云南	142	30	440 956	420.90	45.30	2
西藏	45	34	210 158	1 732.20	186.40	1
陕西	9	1	204 715	103.07	11.09	8
甘肃	7		12 983	8.90	0.96	25
青海	3	1	2 225	4.30	0.46	29
新疆	55	9	25 696	28.10	3.02	19
台湾	28	15	31 061	172.10	18.52	6
合计	738	176	1 960 871.8	4 314.79	464.4	

由表 7－2 可知，以各省(区、市)的情况而论，地热资源最丰富的是西藏自治区，探明地热资源可开采热能为 1 732.2 MW，其次是云南、广东、河北、天津等省(市)。以上五省(区、市)探明地热资源可开采热能合计 3 157.1 MW，约占全国总量的 3/4。

中国目前对地热资源的开发利用与常规能源比较所占的比重是很小的，据地质矿产部矿产资源储量管理局 1996 年的统计，全国开发利用地热水总量为 93.67 万立方米/天，年利用热量为 $5.648\,6\times10^{16}$ J，约相当于 192.74 万吨标准煤的发热量(见表 7－3)。此值仅是中国当时能源消耗总量 17.24 亿吨标准煤的 0.1%(见表 7－4)，到 2020 年，地热能占我国能源消耗总量的比例仍未超 1%。

表7-3　中国地热资源开发利用情况统计表(1996年)

地　区	开采地热水量/(m^3/d)	利用热能/MW	年利用热量/(10^{12} J/a)	折合标准煤/(10^4 t/a)	折合石油/(10^4 t/a)
北　京	27 226	71.30	2 248.52	7.67	5.37
天　津	47 167	495.70	3 018.00	10.30	7.21
河　北	58 070	93.10	2 936.00	10.02	7.01
山　西	53 073	1	1 124.26	3.84	2.69
内蒙古	1 827	2.90	91.45	0.31	0.22
辽　宁	30 247	44.16	1 392.63	4.75	3.33
吉　林	1 345	2.16	68.12	0.23	0.16
黑龙江	480	0.30	9.46	0.03	0.02
江　苏	7 145	5.46	172.19	0.59	0.41
浙　江	2 965	2.85	89.88	0.31	0.22
安　徽	8 715	11.45	361.09	1.23	0.85
福　建	24 422	20.40	643.33	2.20	1.54
江　西	32 939	30.10	949.23	3.24	2.27
山　东	13 106	19.30	608.64	2.08	1.46
河　南	28 286	26.03	820.88	2.80	1.96
湖　北	26 874	2.85	815.21	2.78	1.95
湖　南	56 613	51.70	1 630.41	5.56	3.89
广　东	38 809	34.25	1 080.11	3.69	2.58
广　西	630	0.94	29.64	0.10	0.07
海　南	10 500	16.71	526.97	1.80	1.26
四　川	11 586	22.10	696.95	2.38	1.67
重　庆	22 222	16.75	528.23	1.80	1.26
贵　州	6 338	4.21	6 242.55	21.30	14.91
云　南	207 383	197.95	132.77	0.45	0.32
西　藏	147 204	4.21	28 697.76	97.92	68.54
陕　西	50 273	910.00	801.65	2.74	1.92
甘　肃	1 653	1.13	36.54	0.12	0.08

(续表)

地　区	开采地热水量/(m^3/d)	利用热能/MW	年利用热量/(10^{12} J/a)	折合标准煤/(10^4 t/a)	折合石油/(10^4 t/a)
青　海	2 225	4.30	135.60	0.46	0.32
新　疆	17 336	18.96	597.92	2.04	1.43
台　湾	—	—	—	—	—
合　计	936 659	2 112.27	56 485.99	192.74	134.92

表 7-4　中国地热能与常规能源构成比较表

项　　目	年开采量	折合煤/10^8 t	占总量/%
煤	12.92×10^8 t	12.92	75.0
石　油	1.50×10^8 t	2.99	17.3
天然气	176.00×10^8 m^3	0.33	1.9
地　热	3.42×10^8 m^3	0.02	0.1
水　电		0.98	5.7
合　计		17.24	100

根据中国地质调查局2015年调查评价结果，336个地级以上城市浅层地热能资源年可开采资源量折合7亿吨标准煤，以地埋管地源热泵和地下水地源热泵换热方式进行开发利用。浅层地热能可为供暖和制冷提供丰富的能源储备，主要分布于东北地区南部、华北地区、江淮流域、四川盆地和西北地区东部。

我国水热型地热资源量折合1.25万亿吨标准煤，年可开采资源量折合19亿吨标准煤。我国宜于发电利用的高温地热能资源潜力折合标准煤0.3～0.6亿吨/年，30年发电潜力为1 800万千瓦。中低温地热资源折合标准煤在1万亿吨以上。

埋深在3～10 km的干热岩资源量折合856万亿吨标准煤。如果能提取其中的2%，则相当于我国能源年消耗总量的5 000倍。

由此可见，我国地热资源潜力巨大，水热型高温地热资源发电潜力可观，干热岩资源潜力巨大。

7.1.2　水热型地热资源分布规律及特征

以温泉或井口温度大于25℃作为水热型地热资源的水温下限；对于无温

泉显示，热储层温度大于25℃，同样作为水热型地热资源的水温下限。

我国地热资源分布非常广泛，资源种类繁多，资源量丰富，地热资源分布具有明显的规律性和地域性，受构造、岩浆活动、地层岩性、水文地质条件等因素的控制，总体分布不均匀。我国高温地热资源主要分布在藏南、滇西、川西和台湾地区，已发现高温地热系统200多处；中低温地热资源主要分布在大型沉积盆地和造山带的断裂带上。分布在盆地特别是大型沉积盆地的沉积盆地型地热资源储集条件好、储层多、厚度大，地热资源储量大，是地热资源开发潜力最大的地区；而分布在断裂带上的隆起山地型地热资源一般规模较小，热储温度高。

沉积盆地型地热资源主要分布于我国东部的华北盆地、雷琼盆地、松辽盆地和环鄂尔多斯断陷盆地等地区，均为中、低温地热资源。

隆起山地型地热资源主要分布于我国的东南沿海、台湾、藏南、川西、滇西和胶辽半岛等地区，以中、高温地热资源为主。

中国地热资源地理分布不均(见表7-5)。就目前已勘查可利用地热资源而论，以中国西南地区最为丰富，已探明可利用地热能达2 204.45 MW，占全国勘查探明可利用地热能总量的51.05%；其次是华北和中南地区，分别探明可利用地热能达745.33 MW和685.75 MW，占全国可利用地热能总量的17.27%和15.89%；再次为华东地区，占9.92%；而以东北、西北地区最少，已探明可利用地热能分别仅占全国总量的2.53%和3.34%(见表7-6)。

表7-5　中国主要大、中型地热田基本情况表

位　置	工作程度	储层岩性	最高水温/℃	热能/MW	水矿化度/(mg/L)
河北怀来后郝窑	普查	第四系火山岩	88.6	12.0	0.99
北京昌平小汤山	详查	蓟县系硅质灰岩	64.0	14.4	
吉林安图北头山	普查	玄武岩、粗面岩	78.0	10.96	
西藏噶尔朗久	调查	沙砾岩	79.0	28.7	4.65
西藏那曲	勘探	板岩、砂岩	116.0	109.4	3.02
西藏羊八井	勘探	第四系花岗岩	172.0	780.0	6.73
西藏羊易	勘探	火山碎屑岩	207.0	235.8	1.59
陕西西安市	普查	第三系砂岩	101.0	34.2	1.78
陕西长安沣浴	普查	第四系砂砾岩	70.0	17.8	0.52
四川大邑花水乡	普查	灰岩	68.0	18.4	

（续表）

位　置	工作程度	储层岩性	最高水温/℃	热能/MW	水矿化度/(mg/L)
北京东南城区	勘探	蓟县系硅质灰岩	69.0	40.4	0.68
河北熊县牛驼镇	详查	灰岩、第三系砂岩	81.5	277.7	0.5～4.0
天津王兰庄	勘探	灰岩、第三系砂岩	96.0	76.2	0.8～4.5
天津滨海	普查	第三系砂岩、砾岩	78.0	85.5	1.4～3.9
山西新绛阳王乡	普查	寒武系灰岩	81.0	19.2	1.4
湖北应城汤池	普查	硅质白云岩	65.0	18.4	1.3

表 7-6　全国各地区探明地热资源可开采量比较表

地区	热田数/个	可开采水量/(m^3/d)	热能/MW	相当于标准燃煤/10^4 t	所占百分比/%
华北	56	447.734	745.33	80.09	17.27
东北	43	74.390	109.25	11.76	2.53
华东	182	304.642	427.81	46.05	9.92
中南	165	696.295	687.75	73.79	15.89
西南	218	701.482	2 204.45	237.08	51.05
西北	74	245.619	144.37	15.53	3.34
合计	738	2 470.162	4 318.96	464.30	100

中国东部的华北盆地、松辽盆地具有很大的地热资源开发利用潜力，但其开发利用条件受到热储层埋藏深度、岩性、地热水的补给条件的限制。开采利用40℃以上的地热水，开采深度一般都需要 1 000 m 左右。中国一些地区地热水的开采深度已达 2 500 m 左右，利用 70～90℃ 的地热水，单井造价可达 100～300 万元，开发利用成本较大。

7.1.3　干热岩地热资源分布特征

20 世纪 70 年代美国开始研究干热岩地热资源开发技术，法国、德国、澳大利亚、日本等国相继投入研究工作，目前已建成小型地热电站成功发电，装机容量为 0.13～25 MW 不等。为开发干热岩地热资源而提出的增强型地热系统(EGS)通过人工压裂、造储形成增强型地热系统，将储存于干热岩中的热量开采出来。干热岩地热资源开发技术目前尚处于研发阶段，技术不成熟、成本高是商业化的主要障碍，商业化进程发展缓慢。

从理论上讲，地球深部随处都存在高温岩体（岩浆），地球是一个巨大的热库。干热岩的分布几乎遍及世界，是一种无处不在的资源。但是，目前人类钻探可及的深度为 10 km，石油钻井的深度普遍超过 5 km，更大深度的资源人类还无法触及。综合考虑研究工作的技术可行性和经济性等因素，干热岩开发利用潜力最大的地方是火山活动区，或地壳变薄的地区，这些地区在较浅的深度能获得较高的温度。

在 3 km 范围内，岩层温度一般不超过 150℃，是目前水热型地热系统开发利用的主要深度，根据干热岩开发利用的温度要求及目前的钻探技术，将干热岩估算范围定为地下 3～10 km 范围内。我国干热岩开发利用最有利地区有西南地区、东南沿海、松辽盆地以及近代火山地区等。

西藏高原南部存在一条活动强烈的地热带，即喜马拉雅地热带。喜马拉雅地热带呈东西方向横亘在西藏雅鲁藏布江缝合线两侧，是地中海-喜马拉雅地热带的东段。喜马拉雅地热带内存在着强烈的水热活动，其强烈程度不亚于近代或现代火山区，其中有水热爆炸、间歇喷泉等强力地热现象。因此，从资源角度来看，藏南地区是我国目前开展干热岩研究工作最具潜力的地区。羊八井地热田位于地中海-喜马拉雅地热带中，勘探工作表明热田深部 5 km 以深岩石为熔融或局部熔融状态（见图 7－1），ZK4002 勘探孔在 1 850 m 处曾测得 329℃的高温，羊八井地热电站已运行超过 40 年。众多信息表明，西藏羊八井地热田是我国干热岩（增强型地热系统）开发试验最有利的场所之一。

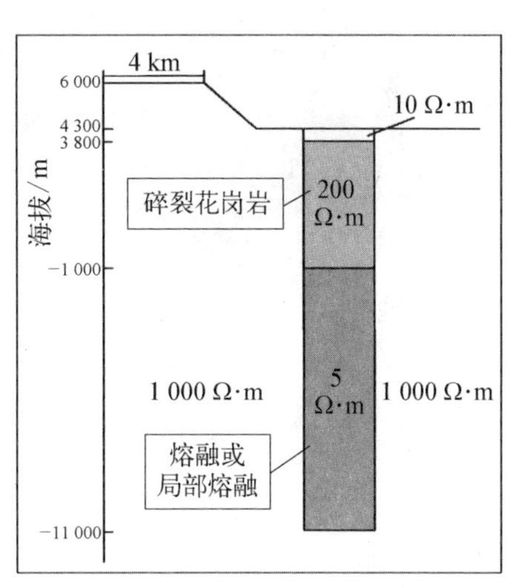

图 7－1　西藏羊八井地热田大地电磁测深（MT）测量二维反演模式图

7.2　我国地热资源开发现状

李四光指出：“地下是一个大热库，是人类开辟的一个新的自然能源，就像人类发现煤炭、石油可以燃烧一样重要。”经过 40 余年的不懈努力，我国地热产业取得长足发展，截至2019年底，我国地热供暖面积约为14亿平方米。随着我国能源结构调整、大气污染治理要求的日益迫切，地热能作为一种潜力巨大的清洁可再生能源，将发挥日益重要的作用。

地热资源主要用途包括发电和直接利用。150℃以上的高温地热资源主要用于发电，发电后排出的热水可进行逐级多途径利用。90～150℃的中温和25～90℃的低温地热资源以直接利用为主，多用于工业、农林牧副渔业等方面。25℃以下的浅层地热能可利用地源和水源热泵供暖、制冷。目前我国地热资源开发利用的基本格局如下：西南、华南地区以地热发电为主；华北、东北地区以供暖与养殖为主，华东、华中、西北地区以洗浴与疗养为主。

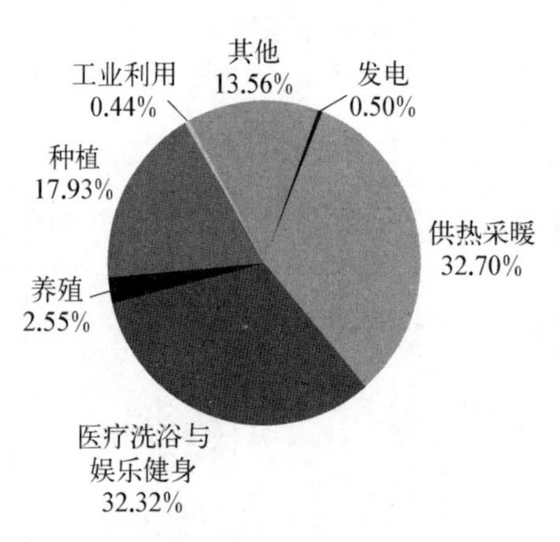

图7-2　地热开发利用方式

2015年我国地热资源开发利用折合标准煤2 000万吨，其中，我国地热资源利用方式中，地热发电占0.5%，供热采暖占32.70%，医疗洗浴与娱乐健身占32.32%，养殖占2.55%，种植占17.93%，工业利用占0.44%，其他占13.56%(见图7-2)，我国各类地热资源开发利用率还很低。

我国"十三五"期间地热资源的开发规划如下：

地热供暖/制冷面积新增11亿平方米，其中，浅层地热能7亿平方米，中深层地热4亿平方米。至2020年，地热供暖(制冷)面积累计达到16亿平方米。地热发电装机容量累计新增50万千瓦，至2020年，累计实现地热发电装机容量53万千瓦。到2020年，地热能利用总量为7 000万吨标准煤，地热供暖年利用量4 000万吨标准煤。京津冀地区将实现地热供暖(制冷)面积4.4亿平方米，地热能年利用量达到约2 000万吨标准煤，地热供暖年利用量为1 280万吨标准煤。

"十三五"期间，在全国地热资源开发利用现状普查的基础上，查明我国主要水热型地热区(田)及浅层地热能、干热岩开发区地质条件、热储特征、地热资源的质量和数量，并对其开采技术经济条件做出评价，为合理开发利用提供依据。

按照"集中式与分散式相结合"的方式推进水热型地热供暖，在"取热不取水"指导原则下，进行传统供暖区域的清洁能源供暖替代，特别是在经济发达、环境约束较高的京津冀鲁豫和生态环境脆弱的青藏高原及毗邻区，将水热型地热供暖纳入城镇基础设施建设中集中规划，统一开发。

按照“因地制宜，集约开发，加强监管，注重环保”的方式来开发浅层地热能。通过技术进步、规范管理解决目前浅层地热能开发中出现的问题，并加强我国南方供暖制冷需求强烈地区的浅层地热能开发利用。在重视传统城市区浅层地热能利用的同时，重视新型城镇地区市场对浅层地热能供暖/制冷的需求。

在地热关键技术研发方面，开展地热能资源评价技术、高效率换热技术、中高温热泵技术、高温钻井工艺技术研究以及经济回灌技术攻关；开展井下换热技术深度研发，深入开展水热型中低温地热发电技术研究和设备攻关；开展干热岩资源发电试验项目的可行性论证、选择场址并进行必要的前期勘探工作。

7.2.1　地热发电

我国已发现高温地热系统200多处，集中分布于藏滇地热带和台湾岛地热带。藏南、滇西、川西和台湾岛北部是我国开发利用高温地热资源最有远景的地区。目前我国地热发电主要集中在西南、华南地区。

1）中低温地热发电

我国利用地热发电始于20世纪70年代初期，1970年广东丰顺建成第一座地热试验电站，机组功率86 kW，随后在河北后郝窑、辽宁盖县、湖南灰汤、江西遂川、广西象州、山东招远等地建立了地热试验电站，单机容量50～300 kW，总装机容量1.55 MW。70年代后期，我国的中低温地热发电厂中有5个陆续关停，虽然技术上并未出现较大障碍，但经济效益不佳是导致关停的主要原因；直到2008年，邓屋电厂和灰汤电厂才因机组老化而停止运行。经过技术改进，现仅剩广东丰顺300 kW的一个地热试验电站仍在运行。

我国的中低温地热发电曾走在世界前列，技术上曾达到世界先进水平。中低温地热发电机组关停的原因是“技术上可行，经济上不合算”，从而放弃了对地热发电技术的研究。同时期国外中低温地热发电技术也在相同水平上发展，而国外的理念是正因为成本高、效率低，所以才需要继续研究，提升技术水平，降低成本，提高效率。国外经过几十年的技术研发和改进，使地热发电效益逐年提高，成本逐步降低，目前国际上几大地热发电机组制造商如Toshiba、

Mitsubishi、Fuji、ORMAT 等，已占全球大部分市场份额。

2）高温地热发电

20 世纪 70 年代后期，我国先后在西藏羊八井、朗久、那曲建设商业性地热发电站，总装机容量为 30.18 MW（见表 7－7）。其中羊八井地热电站装机容量 27.18 MW，利用每年 1.095×10^7 m^3 流量、温度 130～170℃的水汽，其 2005 年、2006 年、2007 年和 2008 年的发电量分别为 1.154、1.261、1.158 和 1.436 亿千瓦时，屡创历史最高纪录，羊八井电厂到 2014 年累计发电量为 31.1 亿千瓦时，并为拉萨市提供大量电力资源，曾占拉萨电网全年供电量的 40%，冬季超过 60%。

据中国能源研究会地热专业委员会 1999 年资料，在喜马拉雅地热带共有高温地热系统 61 处，准高温地热系统 194 处，合计 255 处，总发电潜力为 5 800 MW/30 年。高温地热发电成本较低，为 0.2～0.3 元/千瓦时，具有较强的商业竞争力。由于地理条件等因素的限制，西藏目前仍存在无电的地区，大部分无电地区或附近有高温地热资源，发展小功率模块式地热电站，可有效解决无电地区居民的用电现状。

近年来，民营企业在地热发电领域热情高涨。西藏羊八井地热电站于 2009—2010 年新增全流发电机组 2 台共 2 MW。西藏羊易地热电站于 2011 年和 2012 年分别新装全流发电机组 400 kW 和 500 kW，2018 年地热电站一期 16 MW 机组成功并网发电。云南瑞丽地热电站一期 1 MW 分布式集装箱地热发电模块于 2017 年并网发电成功。四川康定地热电站 100 kW 发电机组于 2017 年安装完毕，进入调试阶段。

表 7－7　我国地热发电站装机一览表

类　　型	地热田（地热电站）	装机容量	运行状况
中低温地热发电	广东丰顺县邓屋	300 kW（92℃）	在运
	湖南宁乡县灰汤	300 kW（98℃）	已停运
	河北怀来县后郝窑	200 kW（87℃）	已停运
	山东招远县汤东泉	300 kW（98℃）	已停运
	辽宁盖县熊岳	200 kW	已停运
	广西象州市热水村	200 kW（79℃）	已停运
	江西宜春县温汤	50 kW（67℃）	已停运

（续表）

类　　型	地热田（地热电站）	装 机 容 量	运行状况
高温地热发电	西藏羊八井地热电站	27.18 MW	在运
	西藏羊易地热试验电站	16.9 MW	在运
	西藏阿里朗久地热电站	2 MW	已停运
	西藏那曲地热电站	1 MW	已停运
	台湾清水地热电站	3 MW	已停运
	台湾土场地热电站	0.3 MW	已停运
	云南瑞丽地热电站	1 MW	在运
	四川康定地热电站	100 kW	在运

7.2.2　地热直接利用

我国是一个以中低温地热资源为主的国家，近 10 年来地热直接利用均以每年 10%的速率增长，目前地热直接利用设备装机容量和产量居世界之首，多用于工业和农、林、牧、副、渔业及人民生活等方面。

1）地热供暖

随着全球环境保护意识的增强，我国兴起了直接利用地热的高潮，尤其在高纬度寒冷的三北地区，用于供暖方式的地热资源分布在华北（占 90%），西北（占 6%），东北（占 4%），华中、华南也有少部分地热用于供暖，地热流体开采热量为 $3.973\ 31\times10^{16}$ J/a。

在同比条件下，地热供暖成本比锅炉供暖可节省 30%。2000 年世界地热直接利用类型比例中地热采暖占 35%，地热旅游占 42%。由此可见，这两项是当今世界各国地热直接利用的主要用途。

地热供暖主要在天津、河北、山东、陕西、北京等一批大中城市，开发利用 60～100℃的中低温地热水用于楼房采暖。据统计，1990 年全国地热供暖面积仅 190 万平方米，2000 年为 1 100 万平方米，2014 年全国地热供暖总面积达 6 032 万平方米，其中天津市居全国第一，达 2 233 万平方米，河北省第二，有 1 380 万平方米，其余超过 150 万平方米的有山东、陕西、北京、河南等省。这些地热供暖的总设备厂能力为 2 946 MWt，年利用热能 33 710 TJ。

我国北方地区近三十年来地热供热增长及减排情况如表 7－8 所示。

表 7-8 我国地热供热及节能减排增长表

年　份	1990 年	2000 年	2009 年	2014 年
地热供暖面积/m^2	190 万	1 100 万	3 020 万	6 032 万
地热供生活热水/户	1 万	20 万	40 万	60 万
替代标准煤/万吨	3.8	23.3	44.9	121.1
二氧化碳减排/万吨	9.0	55.6	107.2	288.8

2) 温泉疗养

进入 21 世纪以来，我国地热开发突出体现了产业化开发的特点，中低温地热资源被开发利用为温泉休闲娱乐和洗浴医疗，并引发了地热开发热潮。地热资源管理在促进我国地热利用发展向减少开采量、提高利用效率的节能环保型转化中发挥了重要作用。我国各地不同需求使地热开发各具特色，分布也较平均，华南占 23%，华中占 21%，西北占 19%，西南占 13%，华东占 11%，东北占 7%，华北占 6%。地热流体开采热量为 $3.927\,13\times10^{16}$ J/a。

利用地热进行洗浴，几乎遍及全国各省(区、市)。在已经开发利用的地热田中，全部或部分用于洗浴的估计占热田总数的 60%以上。全国现有公共温泉浴池和温泉游泳池约 1 600 处。

由于温泉具有较高的温度、特殊的化学成分、气体成分，偏硅酸、偏硼酸、氟及硫化氢和放射性氡等成分，并在一些热矿泉区见有矿泥，对人体具有明显的医疗和保健作用。据不完全统计，全国已建温泉地热水疗养院 200 余处，突出医疗利用的温泉浴疗有 430 处。同时，许多温泉区既是疗养地，又是旅游观光区。

我国一些温泉区在历史上就建有专供王室游乐之地，如北京小汤山建有供慈禧专用的亭池，陕西的临潼建有华清宫，河南林如温泉建有供武则天专用的武后池、八卦楼；新中国成立前，在南京的汤山温泉也建有蒋氏别墅等。新中国成立以来，我国在不少温泉区建立了职工疗养院。近年来，随着我国旅游业的发展，温泉疗养和旅游业的发展尤为迅速，同时在不少温泉区开展了勘探工作，既扩大了资源量，又提升了出水温度，为市场提供了越来越多的疗养康复和旅游观光的场所。

藏南、滇西、川西及台湾地区一些高温温泉和沸泉区，不仅拥有高温地热资源，同时还拥有绚丽多彩的地热景观，为世人所瞩目；云南省腾冲是我国大陆唯一的一处保存完好的火山温泉区，拥有罕见的火山、地热景观及珍贵的医疗矿泉；台湾地区的大屯火山温泉区也是温泉疗养和旅游观光胜地。

3）养殖、种植

北京、天津、福建、广东等地起步较早，现已遍及20多个省（区、市）的47个地热田，建有养殖场约300处，鱼池面积550万平方米，主要养殖罗非鱼、鳗鱼、甲鱼、青虾、牛蛙、观赏鱼等。将地热能用于水产养殖的方式在西北地区最多（占33%），还有华南（占26%）、华东（占19%）、华中（占17%）、西南（占3%）、华北（占2%），在东北也有少量地热应用于养殖。地热流体开采热量为$3.102\,53\times10^{15}$ J/a。

近年来，许多省、市、自治区利用温泉水养殖非洲鲫鱼、尼罗罗非鱼、鳗、虾、甲鱼等，而且鱼苗越冬十分普遍。广东省在丰顺丰良、揭西五经富等温泉区建立热带鱼虾养殖场；福州温泉鳗鱼养殖已有多年经验。由于各地温泉养殖业迅速发展，新鲜成鱼畅销海内外取得显著效益，增加了外汇收入。

湖北的英山、福建的永泰和福州、江西的崇仁等县、市，利用温泉水孵化鸡、鸭、孔雀和鹌鹑等，已取得良好效果。

北方主要种植比较高档的瓜类果菜类、食用菌、花卉等，南方主要用于育秧。据统计，全国现共有地热温室和大棚213万平方米，其中仅河北省就占47万平方米。

目前利用地热温室种植蔬菜、繁育水稻等已在国内许多温泉区开展，不仅节约了常规能源，而且保证了冬季市场蔬菜供应。如西藏羊八井地热田利用发电排水建造了面积达50 000 m^{2}的地热温室种植西红柿、黄瓜、青椒等20余种蔬菜；北京小汤山地热田已建有3×10^5 m^{2}以上的地热温室，种植世界名贵蔬菜达60余种；辽宁熊岳温泉地热温室的面积在6 000 m^{2}以上；湖北英山利用地热温室繁育水稻，其结实率已由1971年的13.5%提高到2015年的98.6%。

全国有地热水农业灌溉117处，主要利用低温（<40℃）低矿化度的地热水灌溉农田。安徽庐江东汤池、河北平山温塘、福建南靖汤坑、永定箭滩及四川铜梁县陈家湾等地利用温泉水灌溉农田，不仅大大增加了保收面积，同时使农作物普遍早熟和增产。云南洱源、腾冲、宜良等21个县部分地区利用热水灌溉，如宜良狗街里用热水灌溉后亩产由原200～250 kg增至300～400 kg，并且提前10～20天成熟；又如腾冲界头区大塘，海拔2 500 m，亩产竟达550～600 kg；古永区轮马几百亩稻田用热水灌溉，亩产均达400 kg，较用冷水灌溉增产一倍以上。

4）工业利用

地热能在工业领域具有广泛的应用领域，主要包括纺织、印染、烤胶、制革、伴热输石油、造纸、烘干等，还可以用于氢及矿物质的提取，其对地热温度要求较高，将地热能直接用于工业方面的地区主要分布在东北（占 56%）、华中（占 34%）、华东（占 10%），在西北和华北也有少量地热资源应用于工业。地热流体开采热量为 $5.399\,33 \times 10^{14}$ J/a。

利用地热进行工业干燥主要是利用中低温地热水中的高热焓部分，通过热交换器来产生热风，用热风对不同的生产产品进行脱水。干燥后产生的地热尾水还可以继续进行其他项目的综合利用，例如用于种植、采暖、生活用热水和养殖等。所以地热的干燥可以有效地提高中低温地热综合梯级利用率，当然也就可以提高地热利用的总体效益。而且地热干燥属于产品热加工行业，只要能提供充足的原料和把握稳定的市场，就可以实现全年不间断生产，在一定程度上达到全年地热的均衡利用。

地热水也可以用于金矿中矿物质的提取，可以用于生产氢。地下热水大多源自地球深部，经过高温作用，与地球内部岩层的矿物质相互发生化学作用，使得大多数矿泉水含有特殊的化学成分，当这些含有化学成分的地下热水达到饮用标准时，就成为有益于人体，有开发价值的饮用矿泉水。

我国地热资源的工业利用主要在于矿泉水生产。除生产矿泉水外，还利用地热进行印染和缫丝，这样可以使产品的颜色更加鲜艳，着色率更高，手感更加柔软，并且富有弹性。在生产的过程里，利用地热水节省了软化水的处理费，相对降低了产品的生产成本。

20 世纪 70 至 80 年代，天津市用于地热开发的地热水，储层浅、水温低，因此其大部分都应用在工业领域。例如，天津市某汽车发动机厂将 48℃的地热水用于磷化车间；某从事木业的公司用 48℃的地热水加工木材、纤维板以及为锅炉补给水；某毛织厂还用 53℃的地热水来清洗毛链以提高产品的着色率；棉纺和食品等 20 多个厂将地热水作为工艺过程和生活用水。

尽管现在大型的地热工业应用项目较少，但是仍然在蔬菜、水果脱水，粮食、木材干燥和造纸工业等许多方面有着应用前景。

5）地源热泵

浅层地热能主要通过地源热泵开采。地源热泵技术将赋存于地层中的低位热源转化为可以利用的高位热源，既可以供热，又可以制冷。按热泵利用方式的不同，可分为地下水换热地源热泵和地埋管换热地源热泵两种。

2000 年我国地源热泵的工程应用面积达到 10 万平方米，完成起步阶段；此后转入快速发展阶段，2004 年应用面积达到 767 万平方米，当时排名世界 15 位之后。北京的地源热泵工程应用最初居全国之首，至 2007 年沈阳市后来居上，跃居全国第一。接下来迅猛发展，至 2009 年，沈阳市地源热泵供暖面积已达 5 462 万平方米，北京为 2 100 万平方米，全国总利用面积为 1.007 亿平方米，相当于利用热功率 5 210 MWt，中国在世界 43 个应用国家中跃居第二！地源热泵在北京奥运会场馆、天津梅江国际会展中心和上海世博会等一系列示范工程的应用尤其成为我国地源热泵的亮点。

近年来，全国地源热泵工程应用的发展格局略有调整，沈阳减缓了增长速度，北京保持 500 万平方米的年增长速度，黄河和长江中下游地区出现了高速发展。河南省多地近年来地源热泵应用大发展，总数已超过 2 500 万平方米，仅次于沈阳和北京，居全国第三位。

江苏省在计划经济时代没有房屋冬季供暖的福利，现在经济富裕，人民生活水平提高，开发商建设的地源热泵供暖的商品房大受欢迎，开发商获得了更多收益，也带动了更多的后来者，同时地源热泵行业得到了快速发展。

湖北省武汉市政府提出“冬暖夏凉工程”，新建建筑全都采用地源热泵，为全市居民提高生活福利。

至 2015 年底，全国浅层地热能供暖（制冷）面积达到 3.92 亿平方米，全国水热型地热能供暖面积达到 1.02 亿平方米，地热能年利用量约 2 000 万吨标准煤，2010 年以来的年平均增长率约 28%。

适应地源热泵工程应用快速增长的巨大市场需求，国内地源热泵生产企业得到相应的大发展，现全国地源热泵机和配件的生产厂商已超过 4 000 家，研究机构和项目也有相应发展。我国地源热泵所利用的浅层地热资源量已超过常规地热，成为地热直接利用的最大部分（58%）。

7.3　我国地热技术产业发展瓶颈

当前，我国经济快速发展的同时带来资源紧缺、环境污染等严峻问题。实施能源革命、调整能源结构、大力发展可再生能源、控制能源消费总量，是解决能源紧缺和雾霾挑战双重压力的重要途径。为此，国家对能源技术革命的定位是由传统向多元、分布式转变。地热资源作为一种稳定的低碳能源必将迎来新的发展时期。因此，我国地热学术和产业界正面临着重大的发展机遇和严峻挑战。

据估算，我国各类地热资源（除干热岩地热资源外）每年可利用量为20～35亿吨标准煤，而2015年我国地热资源开发利用热源相当于2 000万吨标准煤。我们应注意到，干热岩地热资源还有每年12～18万亿吨的巨大可开发利用量，这说明我国各类地热资源开发利用潜力很大，但是开发利用率却很低，面临着家底不清、技术落后和政策不完善等多种挑战。

7.3.1 地热资源勘查技术发展瓶颈

我国地热资源勘查技术的限制极大地影响了对于我国地热资源的全面勘查评价，无法准确掌握我国地热资源禀赋，严重制约了我国地热资源的充分推广应用。

1）资源家底不清，亟需开展地热资源勘查评价工作

目前，全国大部分地区尚未开展系统全面的地热资源勘查评价工作。全国地热资源总量是个概数，至今尚未取得公认的统一数据。自20世纪90年代到21世纪初，财政资金在地热资源勘查方面投入甚微，地热勘查开发由各种所有制经济主体参与和推动，基础地热地质勘查工作薄弱，勘查评价滞后于开发利用，后备资源不足，地热市场供需矛盾日益突出，影响地热资源勘查开发规划的制订、资源的利用以及地热产业的发展。

我国高温地热资源丰富，主要分布在藏南、滇西、川西和台湾地区，已发现高温地热系统200多个，其中西藏112个，滇西47个。但仅羊八井、羊易、拉多岗、那曲等地热田开展过大比例尺地热地质勘查工作。

羊八井地热田自1977年第一台1 MW试验机组发电成功以来，到2011年，地热电站装机容量占西藏藏中电网总装机容量的13%。但是，由于地热资源超采，导致补给与开采失衡，热田浅层热储资源已开发告罄，原来的地表地热显示消失，显示区地表发生沉降，原有的生产井因资源枯竭而无法正常使用，现在发电所用水汽完全依靠深部的两口勘探井，然而，深部资源条件尚未完全查明。

那曲地热田已进行了勘查，提交了普查报告，并建设了地热电站，但在运行了一段时间后，由于种种原因电站停产，现处于闲置状态。

而中低温地热勘查程度低，限于面上调查，地热资源总体不明，亟需进行整装勘查，瞄准需求，针对重点经济带建立热储模型，评价地下热储的资源量及发电潜力。

2）干热岩勘查刚刚起步，没有开展相关调查评价工作，资源禀赋不清

干热岩目前虽然并没有形成持续稳定的发电规模，但世界各国理论研究和部分试验均表明，干热岩在发电方面相对于传统的地热发电更具有可持续性良好的优势。总体来说，我国干热岩资源调查评价尚处于起步阶段，不论是对资源禀赋的认识，还是开发利用技术，均落后于其他相关国家。具体包括：

（1）全国干热岩资源勘查评价程度低，工程开发缺乏必要的基础资料。

我国尚未开展正规的干热岩资源勘探，勘查评价滞后，基础地热地质勘查工作薄弱，后备资源不足，影响干热岩资源开发规划的制订和干热岩产业发展。

（2）干热岩资源开发及其技术研究十分薄弱。

包括储层建造、压裂和过程模拟等一系列干热岩开发技术在内的相关技术研究均处于起步阶段。

3）浅层地热能调查覆盖区不能满足新型城镇化发展需求，难以制订地热开发利用规划

目前我国正大力推进新型城镇化建设，党中央提出“集约、智能、绿色、低碳”的八字方针，强调“要把生态文明理念和原则全面融入城镇化全过程”。城镇化面临着环保和能源双重危机，为了把危机变成转机，发展绿色能源是当务之急。浅层地热能是地热资源的一部分，是一种清洁、可再生能源。浅层地热能分布广泛、储量巨大，在新型城镇化建设中必将得到大力推广与应用。

浅层地热能利用技术首先在北美和欧洲兴起并进入实用阶段，主要用于乡村无其他能源供应的独立别墅区。我国浅层地热能开发利用起步较晚，但发展迅速，在短短十几年内工程数量已跃居世界首位。与国外不同的是，我国浅层地热能利用主要集中在大中城市，中小乡镇则鲜有涉及，与此相对应的是我国目前已经完成了所有省会城市的浅层地热能勘查工作，地级城市的浅层地热能调查评价工作也即将完成，而最具利用前景的广大中心城镇、农村，则尚未开展相关工作。随着我国人民生活水平的日益改善，环保节能的绿色建筑必将成为未来的主流趋势，因此，开展中心城镇的浅层地热能调查评价可大力推动中小城镇浅层地热能开发利用。

综上，我国资源家底不清，亟需开展全国性的各类地热资源评估工作；缺少统一的地热资源信息系统，管理手段落后，信息反馈不灵，管理自动化和信息化程度较低；亟需建立全国性的地热资源数据库和管理信息系统，为科学规划与指导我国地热资源勘查开发提供支撑平台。

7.3.2 地热资源勘查开发规划滞后

地热资源开发利用处于初始、粗放发展阶段，出现了“抢滩占有资源”的管理混乱现象。很多企业、个人非法开采或乱开滥采，未经审批擅自开凿地热井、盗采地热资源等违法行为时有发生。地热资源开发利用水平低，资源浪费现象严重。地热资源开发利用规模化、产业化水平不高。相当一部分天然温泉水没有充分利用，井采地热水回收率低，利用方式单一，弃水量大、温度高。在一些采取直供、直排供暖方式的单位，其热能利用率仅为20%～30%，严重浪费了地热资源。一些地区地热井过于集中，过量开采现象严重，只采不补，导致地热水水位大幅度下降，造成地热水资源衰减。地热利用后的尾水不经处理直接排放，还会对生态造成热污染、化学污染等危害。

7.3.3 地热资源勘查、开发技术水平不高

2013年我国能源消费总量为37.5亿吨标准煤，其中地热资源仅占约0.6%，科技创新是推动地热产业发展的有力保障。因此，要瞄准世界地热前沿技术，围绕国家能源发展的战略要求，认真分析我国地热利用技术与世界先进水平间的差距，找出阻碍我国地热利用发展亟需解决的瓶颈技术，才能有的放矢，攻克难关，加速地热开发利用的健康发展。我国地热开发利用技术的一系列发展瓶颈就是我们面临的科学技术挑战。

1）高温地热勘探和钻井技术

我国地热勘查开发虽已走过60多年，但仍以中低温地热为绝对优势。高温地热基本上只在西藏羊八井地热田开展，固然取得了自主高温地热发电的成功，建立过历史功勋，但与世界高温地热勘探开发相比，存在诸多缺陷。勘探部署“就热找热”，导致发电开发后地表热显示消失。高温钻井技术因缺少实践经验，在羊八井曾有3眼钻井因水热爆炸而报废。在羊八井地热发电之后，很少有后续项目展开。直到2012年拟建羊易地热电站开始地热生产井钻井，又暴露出一系列高温地热勘探钻井的技术问题。

羊易地热田20世纪90年代的勘探限于1 000 m深度，2012年的生产井钻井结合了可控源音频大地电磁测深（CSAMT）新技术，采用地球物理勘查方法选定井位。但成井温度和压力未达到预期，未超过90年代勘探井。在高温地热钻井过程中，没有高温的井下录井测试仪器和测井车，无法了解井下温度和裂隙分布情况。在完井测试时，没有汽水分离装置，无法测全、测准高温地

热井的产能参数。

我国在深层高温地热钻井方面与世界先进水平存有差距，有很多技术难点尚未解决，如高温井控、超高温钻井液、高温固井与成井、高温钻井工具与仪器、高温井眼轨道测量与控制、高温条件下破岩效率等。

2）地热发电技术落后造成成本过高

我国中低温地热发电起步较早(20 世纪 70 年代)，但发展缓慢。当时由于“技术上可行，经济上不合算”理念而放弃研发，多座地热电站停运，目前只有广东丰顺邓屋地热电站还在一直运行。然而，在我国放弃继续研究的三十多年中，美国、欧洲等国家却继续进行深入研究，经过多年试验，多座中低温地热电站成功建成商业化运营，实现降低成本和提高效益目标。

近年来，我国中低温地热发电技术虽然取得一批科研成果，仍然面临整机系统耗能较高、效率偏低、主要设备加工制造集成化不够、动力部件核心技术(密封)落后、循环工质的成本偏高等瓶颈技术问题。中低温地热发电尾水的综合利用也是亟需解决的问题。

3）干热岩勘查开发技术

干热岩地热资源的巨大潜力需要靠增强型地热系统和工程地热系统技术实现开发。我国在“十二五”期间对干热岩已经开始多方位的研究，涉及地质勘探、钻井工程、水力压裂以及发电等干热岩技术，但具体工程实践，目前只开始了钻井，尚未开展干热岩的核心技术试验。总体技术与世界先进技术相比仍显落后，核心技术还没完全掌握，面临许多瓶颈问题和众多的工程技术问题，需继续研发实践。

目前，世界干热岩工程化研究仍处初级阶段，投资风险大且周期长，政府支持关键技术研发及集成示范研究，是最终实现商业化的必由之路。掌握干热岩稳定运行条件和热能产出的优化控制技术，形成干热岩勘查开发和利用的干热岩技术体系，建立兆瓦级干热岩开发利用的示范工程是干热岩研发的关键。

4）地热资源梯级综合利用技术

伴随我国中低温地热直接利用几十年的开发发展，地热资源直接利用的主要技术瓶颈是地热资源梯级综合利用技术的接口、设计与实际应用偏差过大；部分地区地热资源利用效率偏低，监/检测技术及管理水平落后、人为因素干扰开采数据的可靠性等。

5）地热回灌技术

地热回灌是地热开发过程中的重要问题。如果回灌过程中出现热突破，将危及地热田的开发寿命。因此,地热尾水生产性回灌前要进行回灌试验,确定热储的性能以及回灌井与开采井之间的合理井距非常必要。要借助数值模拟法对不同生产和回灌条件下热储压力和温度的变化进行预测,还要尽快研发配套的工艺技术。

6) 防腐防垢技术

无论是地热发电还是直接利用都会经常遇到井管、深井泵及泵管、井口装置、管道、换热器及专用设备等的腐蚀问题,从而大大降低系统设备的使用寿命、增加生产成本和正常运行的难度。地热水结垢是地热系统运行中普遍存在的现象,是影响地热直接利用系统正常运行的重要问题之一,直接影响地热利用系统的正常高效运行。因此,亟需研发防腐涂料、化学阻垢和地热水处理等防腐防垢技术。

7.3.4 地热资源管理仍显薄弱

虽然从 20 世纪 80 年代中期,我国在地热重点开发城市北京、天津和福州等地就开始实施地热资源管理,并在几十年的管理实践中不断有所改进,但从全国范围来看,地热管理仍显薄弱,面临挑战。

1) 缺乏统一的地热资源的立法

目前为止,国家并没有出台一部专门性的地热资源管理的法律或行政法规,在操作层面和管理、执法层面,地热资源往往要接受《矿产资源法》和《水法》等法规的双面调整,在执行和适用中,常常相互冲突、彼此矛盾,给地热管理带来很大困惑。此外,有关资源税、矿产资源补偿费等法律适用的较多内容也主要是 20 世纪计划经济时代的内容,随着我国科技与经济的发展,原有的规定已不适用。

2) 地热资源的法律概念还有待于明晰

法律概念是法律上对各种事物进行分类和概括而形成的权威性范畴。因此,对"地热资源"进行界定是解决立法冲突的首要任务。目前,我国法律法规中,与地热相关的术语比较多,例如地热、地热资源、地下水、地下淡水、地热水、矿泉水、热卤水等。而对于这些术语之间的差异与联系缺乏权威性的立法规定或解释。这一缺陷致使不同法律、部门规章或地方性法规之间出现冲突,给相关的行业行政主管部门带来困惑,导致部门管理职能交叉和管理混乱。

3) 立法的冲突带来地热多头行政管理

法律概念的模糊,加之缺乏统一的立法,带来的最直接的后果就是国土资源管理部门与水利部门就地热资源的行政管理和征收水资源费等问题长期争论不休。立法的冲突导致了管理体制不顺、职能交叉，并形成了多头管理和重复管理的局面。

4）立法缺陷导致地热资源企业重复交纳相关税费

依据《中华人民共和国矿产资源法实施细则》第三十一条规定，采矿权人应当履行的义务包括“依法缴纳资源税和矿产资源补偿费”。

2002年修订实施的新《水法》规定，“国家对水资源实行取水许可制度和水资源有偿使用制度”“直接从江河、湖泊或者地下取用水资源的单位和个人，应当按照国家取水许可制度和水资源有偿使用制度的规定，向水行政主管部门或者流域管理机构申请领取取水许可证，并缴纳水资源费，取得取水权。”申领取水许可证并缴纳水资源费是取得取水权的两个缺一不可的前提条件。

上述立法规定使地方政府在对地热进行管理时，往往重复收费，既征收矿产资源费，又征收水资源费，加大了地热开发企业的成本，不利于鼓励地热资源的开发与利用。

5）政策法规缺乏系统性和可操作性

我国早期对地热的管理主要是依靠行政手段，政策的制定很少能够上升为国家法律法规层面，绝大多数属于部门规章或者行政规范性文件，缺乏强制性。《矿产资源法》生效后，一定程度上为地热资源开发利用提供了法律依据。但该法只是构建了一个大体的框架，内容较为笼统，没有针对性，缺乏具体执行的有效指导，只是在最后附录的《矿产资源分类细目》中提到地热属于能源矿产的一种，那么地热自然受该法约束与保护。

尽管后来相继出台了相关法规、细则和技术规范，但许多关键性问题并没有以立法的形式确定下来。比如，由于补贴和税收优惠的相关政策细则迟迟未能制定出来，必然导致我国法律没有像一些发达国家那样规定实施强制配额制，对能源企业制定强制性的绿色能源比例，缺少强制性的市场保障政策。虽然国家逐步加大了对地热等新能源发展的支持力度，但由于强制性市场保障政策的缺失，无法形成连续稳定的市场需求，致使新能源发展缺少持续的市场拉动，没有形成符合市场经济要求，强制性与激励性相结合的发展机制。

6）经济支持政策不到位

在新能源产业发展迅速的国家和地区，如欧盟、美国、日本及印度等政府均对可再生能源项目采取经济激励措施，如财政补贴、税收优惠、信贷支持、设立专项基金等，这些是新能源产业发展的重要动力，同时对高耗能和使用劣质能源行为给予征税、收费、罚款等约束限制措施。相比之下，我国支持可再生能源发展的经济政策激励力度弱，市场化程度较低，政策之间缺乏协调，政策稳定性差，没有形成支持新能源产业持续发展的长效机制。

(1) 补贴政策。我国在可再生能源领域较早地实行了财政补贴政策，但补贴手段单一、缺乏力度，补贴额度较小，资金来源不稳定，导致政策效果不显著。国际上较为通行的补贴有投资者补贴、生产者补贴及消费者补贴，而我国比较常用的是消费者补贴，对于刺激终端消费来扩大可再生能源产品市场有一定的效果，但具有很大的不确定性，激励效果有限。

(2) 税收政策。在所得税方面，只有一些地方对部分地热企业实行优惠政策，全国统一的地热资源企业所得税优惠办法尚待制定；在增值税方面，同样没有税收优惠的统一规定，只对部分可再生能源产品给予优惠；在关税方面，优惠政策没有涉及那些利用自有资金进口国外先进的可再生能源设备的企业。另外，专门的能源税种也相对缺乏。有限的税收优惠政策持续性差，其随意性损害了税法执行的严肃性。总之，我国没有发挥税收政策对发展可再生能源应有的作用。

7) 勘查工作滞后导致的科技体系及规范标准不完善

目前，全国除部分地热田外，大部分地区尚未开展大比例尺的地热资源勘查，特别是我国西部地区，基本未开展正规的地热资源勘探，全国地热资源总量至今尚未取得公认的统一数据，影响地热资源勘查开发规划制订及地热产业的发展。各地地热资源勘查评价工作滞后于开发利用，个别地区的地热田已打成地热井数十眼，形成相当的开发规模，但一直未对地热田资源进行评价工作，使开发管理工作缺乏依据，处于盲目无序开采状态。

8) 动态监测工作亟需加强

地热动态监测工作是地热地质勘查的重要工作内容，也是地热田开采阶段热储工程模型的组成部分，是为地热田开发管理服务的主要手段。国际上，美国、冰岛等地热开发利用发达的国家无论在监测要求，还是自动化程度，均已形成系统的方法和内容，包括热储压力、温度、流体化学场和地热田地球物理场等。目前，国内对开发地热田基本上未建立热储工程模型，尚未形成动态监测的系统程序，更缺乏热储工程模型拟合和预测来指导开采和管理。

7.4 发展地热对环境的影响分析

地热资源是清洁、可再生的能源资源。表 7-9 是各种能源电力生产二氧化碳排放对比，地热发电的二氧化碳排放量与核电、水电、风电相当，大大低于煤和天然气发电。利用地热能不仅可减排二氧化碳，还可减排二氧化硫、氮氧化物、悬浮质粉尘、灰渣等。由此可见，地热能是清洁能源。

地热能是来自地球内部的热能，地球表面无时无刻不在持续向外散热。地热能由地球内部积存的热量、放射性生热、构造生热等组成，合理的开采量会得到源源不断的补充。因此，地热能是可再生的能源资源。

表 7－9　各种能源 100 万度电生命周期 CO_2 当量排放比较

能源类型	CO_2 排放/t	能源类型	CO_2 排放/t
燃煤发电	974	生物质发电	46
天然气发电	469	风　电	14
核　电	15	太阳能光伏发电	39
水　电	18	地热发电	15

近年来，京津冀地区在采暖季面临严重的空气污染问题，几百个城市不同程度地受到雾霾天气的影响。雾霾天气严重威胁着人们的身体健康，影响工、农业生产和交通运输等行业。天津、沈阳、咸阳等城市在利用地热能方面走在了前列，在节能减排、治理雾霾方面取得了明显的效果。从 2009 年开始，河北雄县开发利用县域内丰富的地热资源，经过几年的建设，县域内基本实现了地热供暖全覆盖，达到了二氧化碳、二氧化硫、粉尘的“零排放”，真正实现了“无烟城”，是节能减排、治理雾霾的标榜，业界誉为“雄县模式”。

地热资源作为可再生能源中唯一的地下矿藏，是可再生能源中最为现实并最具竞争力的能源之一，开发利用地热资源对保持环境、减少空气污染作用非常明显。

近年来，我国地热资源开发利用发展较快。浅层地热能主要用于供暖、制冷；中低温水热型地热用于供暖、洗浴；高温地热资源主要用于发电。二十余年来，我国地热资源直接利用的能量居世界第一位，而且每年以近 10%的速度增长，节能减排、缓解雾霾效力作用越来越明显。

地热资源与其他常规能源相比有经济和环境方面的优势，但在开发利用过程中仍会对环境造成影响，主要包括对地下水、地表水、生态、土壤、大气以及声环境等造成的影响。不同地区由于地热能类型的开发利用方式不同，对环境的影响亦不同。

1）开发利用方式对环境的影响

浅层地热能开发利用主要有地下水源热泵和土壤源热泵两种方式。地下水源热泵系统的热源为地下热水，冬季热泵机组从生产井提供的地热水中吸收热量，提高热能品位后，对建筑物供暖，取热后的地热水回灌地下；夏季则生产井与回灌井交换，将室内余热转移到低位热源中，实现降温或制冷。土壤源热泵系统的原理与地下水源热泵系统大体相同，区别在于前者的热源为土壤。由于土壤源热泵系统和大部分地下水源热泵系统都为能量循环利用模式，即只取热不取水，所以浅层地热能整个开发过程中对环境的影响相对较小。

深层地热能开发利用可分为直接利用和间接利用两种方式。间接利用主要指发电。直接利用对水温要求相对较低，包括供暖、洗浴和养殖等。对深层地热能开发利用过程中若能实现完全回灌，则对环境的影响较小，主要是产生噪声和对大气环境的影响；若不能实现回灌，则对环境的影响较大，尤其是对生态环境的影响较大。

2）开发利用过程对环境的影响

地热资源开发利用对地下水环境的影响主要体现在水质、水位和水温三个方面。深层地热水水质因地而异，其成因决定了地热水矿化度较高，往往富含微量元素和重金属元素。如果高矿化地热水进入浅部地下水并与之混合，则会导致浅部地下水水质改变。深层地热能资源往往埋藏深，地下热水补给缓慢且补给量小，若长期无回灌地持续开采必将造成地下水位持续下降，不但会造成地热能源浪费，而且会导致地热资源枯竭，并产生地面沉降或塌陷等一系列次生地质灾害。地热水经过一级或多级次利用后温度降低，但相对于地下水而言，其尾水温度仍较高，若地热尾水渗入地下水层就会打破地下水原有的温度场平衡，导致局部地下水水温升高。

地热资源开发利用对大气环境的影响主要体现在地热水中的有毒有害气体 H_2S、CO_2 等排放到大气中，可能危害生物健康或加剧温室效应。

地热资源开发利用对地表水的影响主要体现在水质和水温两个方面，而受纳水体水质和水温的改变将会引发一系列生态环境问题。一方面，地热尾水排入地表水体后，受纳水体的温度升高，这会加速水中含氮有机物分解，导致地表水体富营养化；同时有机物分解会消耗水中大量的溶解氧，导致水体缺氧，影响水生生物正常生长；此外，地表水体水温升高还将使水分子热运动加剧，水汽在垂直方向上的对流运动加速，水体周围土体中水分蒸发加速而造成土体失水，导致陆生动植物因生活环境改变而大量死亡或迁移，破坏了原有的生态平衡。另一方面，地热水含有氟、重金属和其他有害元素，地热尾水与受纳水体混合后会影响受纳水体水质。

地热资源开发利用对土壤环境的影响主要体现在地热水矿化度较高，随着尾水或农业灌溉用水而进入土壤，使土壤溶液浓度增高，其浓度达到一定程度后，会导致植物根系吸水困难，甚至会出现植物体内水分反渗现象。此外，土壤中盐分增加，会影响微生物活动，如硝化细菌、根瘤菌等，致使土壤中养分不能有效转化为植物可直接利用的成分，这均会造成农作物减产。从长远角度来看，高矿化度地热尾水长期排放使盐分在土壤中日渐积累，尤其在蒸发强烈的干旱地区会造成土壤盐渍化。地热资源开发利用也会引起地温变化从而导致一系列环境问题。

地热资源开发利用可能引发的地质灾害问题主要是长时间大量抽取地下热水而无回灌，必将导致地下水位持续下降，孔隙水压力减小，有效应力增加，致使土层压密或盖层破裂，引起地面沉降，在岩溶地区还可能会导致地面塌陷。地热资源开发利用大部分是在区域地震活动性强的地带进行的，大量开采地下热水改变了地下应力场，可能诱发地震。

综上所述，地热资源虽然是一种洁净可再生能源，与传统的化石能源相比具有清洁环保、可循环再生等特点，但在其开发利用过程中仍会对环境造成一定影响，要将地热资源开发利用过程对环境产生的负面影响最小化，从而保证地热资源的可持续利用，实现经济效益和环境效益的双赢。

第 8 章
我国生物质能源发展前景分析

生物质能是太阳能以化学能形式储存在生物质中的能量形式，具有分布广、种类多、储量大的特点，作为新型能源发展的重要选项，生物质能以其多样化的应用形式与发展潜力，正逐步成为国际可再生能源领域的焦点。

8.1 生物质能在国内外的发展情况

生物质能分布广泛、种类多样、储量丰富，是一种极具应用前景的可再生能源。生物质能除了可用于发电以外，还可转化为燃气、液体燃料和固体成型燃料，目前美国、欧盟是生物质能应用发展的主要国家与地区。

8.1.1 生物质能概述

生物质是地球上最广泛存在的物质，包括所有植物、动物和微生物，以及由这些生命体排泄和代谢的所有有机物质。生物质能是以生物质为载体的能量，它直接或间接地来源于绿色植物的光合作用，可转化为常规的固态、液态和气态燃料，是唯一的可再生的碳源。

生物质能的原始能量来源于太阳，广义上讲，生物质能是太阳能的一种表现形式，它的生成过程如下：生物质通过光合作用将太阳能富集起来储存在有机物中，其独特的生成过程使得生物质能既不同于常规的化石能源，又有别于其他新能源，兼具两者的特点和优势，是人类开发利用的最主要的可再生能源之一。

8.1.1.1 生物质资源的分类

生物质资源十分广泛，依据生成方式和来源主要有两大类：一是工农业

本章作者：钟文琪，东南大学。

和生产生活中的各类剩余物，如农业剩余物、林业剩余物、畜禽粪便、生活垃圾和生活污水、工业有机废渣和有机污水；二是人工培育的各类生物质资源，如各类油料作物、能源林木、工程微藻等。目前利用的生物质资源主要是农作物秸秆、林业剩余物、畜禽粪便、城市生活垃圾、工业有机废渣和有机废水以及能源作物。

1）农业剩余物

农业剩余物是指农作物在生长、生产和加工过程中产生的剩余物，主要包括农作物秸秆和农产品加工剩余物（如稻壳、玉米芯）等。

农作物秸秆是指去除果实的农作物茎、秆部分，包括各类粮食作物、经济作物、油料作物的秸秆，如玉米秆、高粱秆、麦秆、稻草、豆秆和棉麻秆等。

农作物在初加工过程中产生了大量的副产品，主要包括稻壳、玉米芯、甘蔗渣等，它们主要来源于粮食加工厂、食品加工厂、制糖厂和酿酒厂等，产地相对集中，易于收集处理。

2）林业生物质资源

林业生物质资源包括林木生物质资源和林业剩余物资源。

林木生物质资源主要是指以能源利用为目的而种植的林木，所生产的林木用于产生能源，我国主要以薪炭林为主。

林业剩余物资源是指林木在生长、生产和加工过程中产生的修整去除的枝叶、林间抚育剩余物，以及木材加工过程中产生的锯末、树皮等，俗称林业“三剩物”，即采伐剩余物、造材剩余物、木材加工剩余物，此外，废旧木质材料也属于林业剩余物范畴。

3）畜禽养殖废弃物

畜禽养殖废弃物是指畜禽养殖过程中产生的畜禽粪便和污水。畜禽粪便主要指猪、牛、羊等牲畜和鸡、鸭、鹅等家禽所产生的粪便。目前畜禽粪便的能源化利用主要集中于大中型养殖场的粪便处理。

4）城市生活垃圾和污水

城市生活垃圾和污水主要指城镇居民的生活垃圾和污水，商业、服务业产生的含有机物的垃圾和污水。

城市生活垃圾是指城镇人口在日常生活中产生的或为城镇日常生活提供服务而产生的固体废物，如废纸、废木材、蔬菜、瓜果等废弃物。

生活污水主要是由城镇居民生活、商业和服务业的各种排水组成，如冷却水、洗浴排水、盥洗排水、洗衣排水、厨房排水、粪便污水等。

5）工业有机废弃物

工业有机废弃物主要指造纸、粮食和食品加工、皮革制造、制药、屠宰等行业在生产过程中产生的有机废渣和有机废水，一般可利用沼气技术对它们进行处理。

6）能源作物

能源作物主要指以能源利用为目的种植的植物，如薪炭林（主要是灌木类植物）、禾木植物（柳枝稷等）、糖类作物（甘蔗、甜高粱等）、淀粉类作物（木薯、甘薯等）、油料作物（大豆、油菜等）、木本植物油料作物（麻风树果、油茶籽实、乌桕籽实等），此外还有一些对农业生产造成危害的野生植物（飞机草、大米草等）。

8.1.1.2　生物质能的利用方式

现代生物质能的发展要素是高效、清洁地将生物质转化为优质能源，包括电力、燃气、液体燃料和固体成型燃料。生物质发电和液体燃料产业已形成一定规模，生物质成型燃料、生物天然气等产业已起步，呈现良好发展势头。

1）生物质发电

生物质能发电主要是以农业、林业和工业废弃物或城市垃圾为原料，采取直接燃烧、混合燃烧或气化等方式发电，将生物质能转化为电能。

2）生物质固体成型燃料

生物质固体成型燃料是指在外力作用下，以生物质中的木质素充当黏合剂，将分散的秸秆、木屑或树枝等农林生物质压缩成棒状、块状或颗粒状等具有一定形状和密度的成型燃料。秸秆、木屑、锯末等生物质结构松散、能量密度低，热效率仅为10%左右，且不易保存、不便运输。生物质经固化成型后，体积压缩比为7～10倍，燃烧效率平均提高20%～30%，便于储存、运输和处理。

3）生物质液体燃料

生物质液体燃料是指利用生物质资源生产的甲醇、乙醇、生物柴油、生物航空煤油等液体燃料，主要用于替代石化燃油作为运输燃料。随着国际石油市场供应紧张和价格上涨，发展生物燃料乙醇和生物柴油等液体燃料已成为替代石油燃料的重要方向。

4）生物质燃气

生物质燃气就是利用农作物秸秆、林木废弃物、食用菌渣、禽畜粪便及一切可燃性物质作为原料转化为可燃性气态能源。生物质燃气主要包括沼气和生物质气化气。

沼气是指利用厌氧消化将有机垃圾、废弃农作物及人畜粪便等生物质转化为燃料气体，其主要成分为甲烷，沼气经提纯压缩后可进入天然气管道，也可作为车用燃料。

生物质气化气是指利用热化学途径将生物质转化为燃料气体，即在高温缺氧条件下使生物质发生不完全燃烧和热解，产生可燃气体，成分含有一氧化碳、氢气、甲烷以及富氢化合物。

8.1.2 生物质能在国外的发展情况

世界生物质发电起源于 20 世纪 70 年代，当时，世界性的石油危机爆发后，丹麦开始积极开发利用清洁的可再生能源，大力推行秸秆等生物质发电。自 1990 年以来，生物质发电在欧美许多国家开始大发展，特别是 2002 年约翰内斯堡可持续发展世界峰会以来，生物质能的开发利用正在全球加快推进。

1) 美国生物质能发展情况

美国农业发达，国土辽阔，森林覆盖率达到了 33%，农场及牧场占据国土面积的 40%，可耕地面积占到国土面积的 20%以上。在这些土地中，至少有 55%以上的土地具有开发农业生物质能源的潜力。另外夏威夷、阿拉斯加等州还种植了大量芒草等能源作物，在农业生物质能源开发利用上具有得天独厚的优势。美国采用玉米为原料生产生物乙醇始于 20 世纪 70 年代，目前已成为全球最大的生物燃料乙醇生产国和消费国。美国玉米产量的 35%～40%都用于生产燃料乙醇，年产量约达 600 亿升，占其汽油消耗的 10.2%。美国计划在 2020 年使生物质能源的生产总量达到全国能源消耗总量的 1/4，到 2050 年达到能源消耗总量的 1/2。总体而言，美国在开发利用生物质能方面处于世界领先地位。

2) 欧盟生物质能发展情况

欧洲是生物质能开发利用非常活跃的地区，新技术不断出现，并且在较多的国家得以应用。欧洲生物燃料主要包括生物柴油、燃料乙醇，还有部分植物油和车用压缩天然气。整体来说，现阶段欧洲的生物燃料主流工艺在于生产生物柴油，据估计约 80%生物质均用于生物柴油生产，欧洲是全球最大的柴油生产和消费市场。2018 年全球约 42%柴油产自欧洲，欧洲生物柴油产量达到了 156 亿升，消费量为 174 亿升。其中 FAME(脂肪酸甲酯)，128 亿升；HVO(氢化植物油)，28 亿升。德国和法国是欧洲的柴油主要产国，即便如此，欧洲仍是全球最大的生物柴油进口区域。欧洲现阶段法律法规促进了其生物柴油市场蓬勃发展。欧盟提出，到 2020 年生物柴油的使用量将占所有交通燃料的

10%。为此,欧洲议会免除生物柴油90%的税收,欧洲国家对替代燃料的立法支持、差别税收以及油菜生产的补贴,共同促进了生物柴油产业的快速发展。德国、法国、意大利、比利时和波兰5个国家的生物柴油产量占欧盟27国总产量的3/4。从消费市场来看,2019年欧洲生物柴油消耗量为174亿升,受生物柴油强制掺混政策影响,近三年来欧洲生物柴油消耗量增长较快。同时,由于受生产成本偏高及取消东南亚反倾销税的影响,欧洲生物柴油供需缺口被拉大,2019年进口量约为300万吨。

除了广阔的生物燃料市场,欧洲生物质也应用于供热和发电。欧洲是最大的利用生物质现代工艺供热的市场:2019年欧洲生物质发电量占欧洲总电量来源的6.2%。欧洲生物质发电领域既包含成熟的沼气发电工艺[欧洲境内多数沼气电站已使用CHP(热电联产)工艺,目前欧洲拥有17 400多家沼气发电厂,占世界15千兆瓦沼气发电量的三分之二。],也有近年来燃煤电厂改进成的与生物质或沼气混燃的电厂,或者100%生物质直燃电厂;德国预计到2020年沼气发电总装机容量达到950万千瓦。截至2017年,欧洲境内生物质发电能力达36.74吉瓦,仍是全球最大的生物质发电区域,2018年发电量增加了6%。

8.1.3　生物质能在我国的发展情况

随着我国经济的快速发展,我国的能源消耗与日俱增。现在,我国能源年消耗量占世界能源总消耗量的20%以上,而且呈现上升的态势。我国生物多样性丰富,据调查,我国有油料植物为151科697属1 554种,其中种子含油量大于40%的植物有154种。根据对有机废弃物、边际性土地级相应的能源植物产出的估值,大致算出我国生物质原料的年总产出潜力为7.96亿吨标准煤。其中有机废弃物为3.71亿吨标准煤,边际性土地原料植物产出为4.25亿吨。如果考虑2030年可能达到的生产力水平进行预测,生物质原料的产出总潜力应该是10.67亿吨标准煤。而《生物质能发展"十三五"规划》显示,中国可作为能源利用的生物质资源总量每年约4.6亿吨标准煤,截至2015年,生物质能利用量约为3 500万吨标准煤,利用率不足8%。据《中国统计年鉴2014》,我国农作物秸秆理论资源量约为8.7亿吨,约折合4.4亿吨标准煤,但其中被用于工业原料的仅为3%,有15%的用于露地焚烧。2015年,我国可再生能源消费量超过4.4亿吨标准煤,生物质能占比不到1/10,远低于欧洲同期生物质能所占比重(60%)。2020年我国可再生能源年利用量将达7.3亿吨标准煤。因此,随着开发利用技术的进步,我国生物质能具有巨大的发展潜力和广阔的应用空间。

1）生物质发电

我国的生物质发电起步较晚。2003年以来，国家先后批准了3个秸秆发电示范项目。2005年以前，以农林废弃物为原料的规模化并网发电项目在我国几乎是空白。2006年《可再生能源法》正式实施以后，生物质发电优惠上网电价等有关配套政策相继出台，有力地促进了我国生物质发电行业的快速壮大。2006—2013年，我国生物质及垃圾发电装机容量逐年增加，由2006年的4.8吉瓦增加至2012年的9.8吉瓦，年均复合增长率达9.33%，步入快速发展期。

截至2015年，我国生物质发电累计核准装机容量达1 708万千瓦，其中累计并网装机容量约为1 171万千瓦，我国的生物质发电总装机容量已位居世界第二位，仅次于美国，其中农林剩余物直燃并网发电装机容量全国分布情况如表8-1所示。2019年，生物质发电累计装机达到2 254万千瓦，规模实现全球第一。生物质固体成型燃料主要用于各种锅炉，原料以农作物秸秆和木屑为主，近几年发展速度较快，2020年年产量约达5 000万吨。

表8-1　2014年我国农林剩余物直燃并网发电装机容量分布

区　域	装机/万千瓦	占　比
华　北	56.3	11.2%
华　东	200.7	40%
华　中	131.7	26.2%
东　北	92.0	18.4%
西　北	5.4	1.1%
西　南	15.7	3.1%

在装机规模快速增长的同时，覆盖范围也逐步扩大。截至2018年年底，全国（不含港、澳、台地区）已经有30个省（市、区）建设了生物质能发电项目。从产业整体状况分析，生物质发电及生物质燃料目前仍处在政策引导扶持期。生物质发电行业的标杆企业在技术、成本方面已经具有明显优势，已投产生物质发电项目的盈利能力逐步显现，直燃生物质开发利用已经初步产业化。

2）燃料乙醇

中国是世界上第三大生物燃料乙醇生产国和应用国，仅次于美国和巴西。近年来，国际原油价格持续走低，在国家财税政策调节的引导下，中国燃料乙醇行业逐渐向非粮经济作物和纤维素原料综合利用方向转变，积极开展工艺和示范项目建设。如图8-1所示，在2008—2016年，我国燃料乙醇年产量稳步增长；但是相比之下，我国燃料乙醇的发展远远滞后于美国和巴西，2017年中国的产量只有87.5亿加仑，仅占全世界产量的3%，年消耗玉米量占我国玉米总产量的3.27%左右。我国汽油年产超1.04亿吨，燃料乙醇产量仅占汽油产量2%左右，若未来在全国范围内推广使用E10乙醇汽油，则所需燃料乙醇还有很大的增长空间，若全部利用玉米进行生产，年消耗玉米量将达到我国玉米总产量的15.64%。

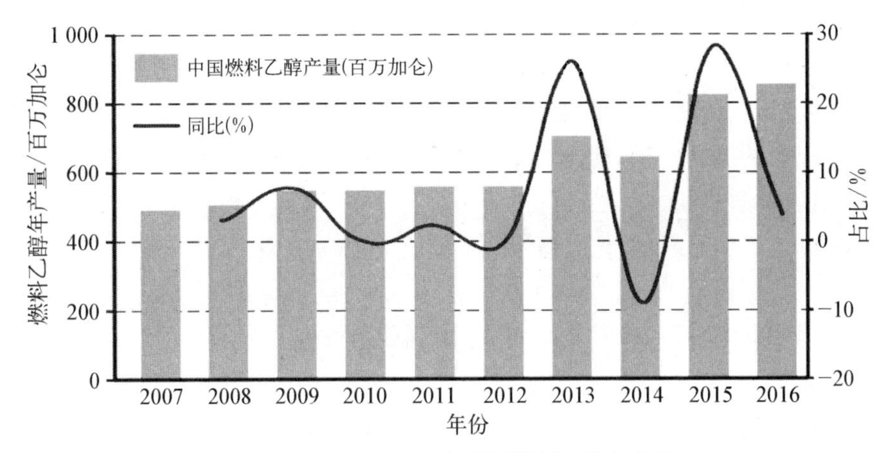

图8-1　2008—2016年我国燃料乙醇年产量

3）生物柴油

我国系统的生物柴油研究始于中国科学院的"八五"重点科研项目——燃料油植物的研究与应用技术。随后，国内多家研究机构、高等院校和企业纷纷开展了生物柴油的研究工作，研究涉及油料作物资源分布的调研、油料作物的选择、培育和遗传改良、催化剂的筛选、生产工艺设备的研发和改进、生物柴油燃烧和排放特性等多个领域，部分科研成果已经实现了向产业化的转化。目前，我国生物柴油已经开始了产业化进程。截至2015年，我国生物柴油产能已达到332.7万吨，其中山东地区是国内生物柴油厂家最多、产能最大的地区，占到了全国产能的25%，其次，华北地区以占比24%位列第二，华东地区以占比23%位列第三。整体来看，生物柴油的产能集中在东部沿海的发达地区，这与成品油市场的活跃程度是分不开的。

4）生物质燃气

20世纪90年代以来，我国沼气建设一直处于稳定发展的势态；生物燃气产业进步很快，但生产模式基本以农户为主体，绝大多数都是小型的分散的农村沼气工程，基本建设单元为“一池三改”，即户用沼气池和改圈、改厕、改厨；有的把沼气生产与种养加结合起来，发展生态农业。到 2011 年年底，全国户用沼气用户（含集中供气户数）发展到 4 168 万户；全国规模化生物燃气工程 8.05 万处，年产气量 150 亿立方米；相当于占天然气消费量 11.4%。年减排二氧化碳 6 100 万吨，生产有机肥料 4.1 亿吨，为农民增收节支 470 亿元。自 2010 年起，武鸣安宁淀粉公司、贞元集团和中国石油集团分别在武鸣、安阳和海口建设日产沼气规模为 4 万立方米、1 万立方米、1 万立方米的车用沼气工程项目。截至 2015 年，全国沼气理论年产量约 190 亿立方米，其中户用沼气理论年产量约 140 亿立方米，规模化沼气工程约 10 万处，年产气量约 50 亿立方米，沼气正处于转型升级关键阶段。但从总体上看，生物燃气企业数量、规模都有很大的提升空间，企业化的生产模式尚未成为生物燃气产业的主体。“十三五”期间，农村沼气工程总投资约达 500 亿元，其中规模化生物天然气工程投资 181.2 亿元，规模化大型沼气工程投资 133.61 亿元。

8.2 我国生物质能发展面临的问题和挑战

因技术起步晚、技术经济性不高、产业基础薄弱等原因，我国生物质能在能量利用转化技术先进程度、政策扶持力度及产业化推进实施上仍面临较大的问题与挑战。

8.2.1 在生物质能技术方面面临的问题和挑战

我国生物质能技术在生物质发电、固体燃料成型、液体燃料制备以及燃气制备等方面存在技术基础薄弱、生产效率不高、经济性缺乏竞争力、储存运输困难、缺乏批量化生产能力等问题。

8.2.1.1 我国生物质发电技术面临的问题和挑战

生物质发电的主要问题是发电效率较低、设备投资高昂。

1) 国内生物质发电及其配套技术还存在缺陷

生物质混烧发电建立在对生物质燃料预处理和燃烧特性深刻理解的基础上。就国内目前生物质直接燃烧发电产业状况来看，离这一目标还有一段距离：国内生物质燃料的存储、收集和预处理系统有待进一步完善；生物质燃料的炉内燃烧特性也有待进一步研究。此外，较高掺烧率的混烧发电在技术上还存在一定瓶颈。国外丹麦秸秆锅炉的设计效率为92%～93%，国内技术设计效率为85%～91%，技术成熟度不高的电厂可能还达不到这一效率，也存在一些国内技术的燃烧效率远远低于设计保证值的问题。

2) 燃烧设备及其辅助系统需要较高的费用

和传统火电厂相比，生物质发电厂需要更高的投资。目前，生物质电厂单位造价为每千瓦1万元～1.5万元，很大一部分原因是燃烧设备的高昂费用。与此同时，生物质燃料所需的费用也很高。除了购买燃料本身需要花费以外，燃料的预加工、运输和储存费用也是生物质燃料花费的一大部分。为了方便运输和储存，软秸秆(比如稻草和麦草)要进行打包。打包机的购买和运行都需要较大的花费。由于生物质本身能量密度较小，所以生物质燃料占用的存储空间很大。国能投资的单县生物质电厂有8个存储场地，每个场地有20～40亩，每天的存储费用相当高。另外，生物质电厂的税务负担很重。传统火电厂的有效税率为6%～8%，小水电的有效税率大约在3%，而生物质电厂的有效税率为11%。

3) 燃料系统问题，包括生物质的预处理和给料

燃料的预处理对生物质电厂运行来说很关键，也是一直困扰中国生物质电厂的问题。燃料破碎系统和给料系统是最容易出问题的两个环节。燃料破碎系统能耗高，磨损大，而且出力低，这种现象在稻草麦草等软秸秆中比较严重。燃料破碎不均匀往往造成给料系统的问题。而给料系统的稳定与否直接影响着生物质电厂的运行。无论是国内技术还是国外技术，目前的设备运行小时数都偏短，主要是由燃料处理上料系统问题(燃料品质因数居多)和燃烧设备成熟度不高等因素造成的。目前国内普遍采用螺旋给料装置，这种装置能够保证密封，但是由于生物质燃料具有较强的纤维性、韧性，容易缠绕旋转的螺旋叶片，燃料在螺旋叶片与壳体之间容易挤塞，影响正常运行。国外技术普遍采用活底料仓，例如单县电厂，但是这种技术适用灰色生物质，对黄色生物质并不适用。

8.2.1.2 我国生物质用于固体成型燃料方面面临的问题和挑战

生物质用于固体燃料成型上的主要问题是原料收集与储存困难，技术基础薄弱，难以支撑产业化与规模化开发利用。

1) 生物质原料收集，储运困难

我国秸秆等生物质资源具有分布不集中的特点，全国每年7亿多吨的秸秆主要分布在1亿公顷土地上，而非集中产生，因此对秸秆的收集要耗费很大

的人力和财力，这对一些中小企业来说已经超过了其承受的范围。我国农村地区实行土地承包责任制，秸秆收集运输主要以人力为主，与国外的机械化集中生产相比，在效率上存在很大的差距。因此，原料收集是我国成型燃料推广的第一个瓶颈。

2）成型工艺及成型设备有待进一步提高

国内外最常见的压缩成型设备主要包括螺旋挤压式成型机、活塞冲压式成型机和压辊式颗粒成型机。压辊式成型设备具有生产效率高、对原料的含水率要求较低、成型过程不用添加黏结剂等优点，适合大规模生产，其中平模式制粒机是目前国内最先进的机型。生物质成型燃料不仅与成型工艺有关，而且与成型设备也有密切的关系，成型设备的稳定性、可靠性、适应性的好坏都直接影响着成型燃料的质量。我国用于生物质成型的设备普遍存在以下问题：一是成型部件磨损快，使用寿命短，维修费用高；二是可靠性、稳定性以及与原料的匹配性差；三是能耗高。

3）技术后续乏力，产业体系薄弱

经过20多年的发展，我国固体燃料成型技术已经取得了显著的成就，但是与国外先进的成型技术相比还有一定的差距。其原因主要有两个：一是长期以来，我国可再生能源缺乏明确的发展目标，对可再生能源的技术、资金的投入较少，使得我国在成型燃料技术上发展较慢；二是技术研发能力、设备制造能力弱，技术和设备较多依靠进口。同时，可再生能源资源评价、技术标准、产品检测、认证体系不完善，没有形成支撑可再生能源产业发展的技术服务体系。

8.2.1.3 我国生物质用于液体燃料方面面临的问题和挑战

与固体燃料成型类似，我国生物质用于液体燃料生产同样面临技术基础弱、生产成本高、收集储存运输困难等问题。

1）在燃料乙醇方面

(1) 生产成本高。燃料乙醇的生产成本主要包括原料成本、运输成本、设备成本以及人工和管理费用等。原料成本过高是制约中国燃料乙醇产业发展的主要因素。目前，美国1吨玉米可转化0.33吨乙醇，而中国每吨玉米只能转化0.31吨乙醇，中国燃料乙醇生产的原料占生产成本的70%～80%，与美国、欧盟和巴西等国际先进水平比具有很大差距。虽然非粮路线原料成本比玉米低，但是糖转化率更低。

(2) 技术基础薄弱。在生产技术上，我国燃料乙醇技术工艺、资源利用和环境保护水平落后，在生产能源消耗、原料转化率等方面与美国、巴西等也存在差距。在非粮乙醇生产方面，目前我国还处于起步阶段，甜高粱茎秆储存、木薯废液处理等关键技术尚未突破，生产技术经济性较差。尤其是在将来需要大力发展的第二代纤维素乙醇制备上存在技术瓶颈。

2）在生物柴油方面

目前，我国生物柴油的主要原料为"地沟油"和废弃动植物油等。然而，我国的废弃油脂分布面广，收集难度较大，储存和运输的成本偏高，这使得生物柴油企业只能就地取材，原料短缺的问题难以解决。此外，由于餐饮废油回收体系不健全，私人乱收、哄抬"地沟油"现象严重，导致生物柴油企业原料严重供应不足。

8.2.1.4　我国生物质用于燃气制备方面面临的问题和挑战

生物质用于燃气制备方面的问题主要是缺乏技术创新，装备水平低，难以支撑产业化沼气的发展。目前，国外在沼气生产和利用方面的技术已经比较成熟，配套设备也已经向大型化、成套化和系列化方向发展。中国沼气推广投入巨大，但研发投入非常少，缺乏自主创新的先进技术，工程整体技术水平偏低，工艺技术缺乏基础性研究、工艺环节不够合理、工艺系统不够完整；此外，设备存在的问题也尤为突出，已经成为制约中国沼气行业尤其是大型沼气工程发展的"瓶颈"。具体如下：① 设备与工艺不配套。设备大多为自行设计或借用其他行业的单体设备，没有针对工艺要求开展设计，设备与工艺配套性差；② 缺乏系统化成套设备和标准化设备。各单元设备基本都是单独设计或单独购买，单元设备之间相互不匹配，也没有统一的设计标准，设计和制造出来的设备千差万别；③ 制造质量差，故障率高，不能长期稳定可靠运行；④ 缺乏关键核心设备。总体上，设备还难以支撑规模化沼气产业的发展。

8.2.2　在政策及产业化推进过程中面临的问题和挑战

生物质能在产业化推进过程中也面临着诸多问题，包括资源禀赋掌握不明、工业化标准体系缺乏、技术水平深浅不一、关键技术自主化程度不足、专业化市场化程度低、产业体系基础薄弱、初投入大影响经济性、政策扶持有待进一步落实和完善等。

1）资源评估不足，统筹决策困难

生物质开发利用的首要条件是拥有稳定可靠的生物质资源，资源评估是发展可再生能源的一项重要的基础工作。我国的生物质资源主要包括可以用做能源用途的各类有机废弃物、生物质农林资源以及利用边际性土地种植的各类生物质资源等，种类繁多，物化特性差别较大。我国与发达国家农业耕种模式不同，森林资源及其产业发展模式不同，决定了我国生物质发电只能采用因地制宜的方式进行合理规划。然而，目前我国生物质能资源储量和能源性能的统计测算和分析评价明显不足，尤其是对于可利用土地和相应的生物质原料拓展潜力，还没有进行系统全面的研究。可利用的生物质资源总体分布特性和总体发展潜力仍不明朗，在可规模化种植的能源作物和能源林的产量上还没有开展专门的、细致深入的调查；对资源总量比较可靠的农作物秸秆和林业废弃物等还没有针对能源用途和其他用途作细致的资源评价及规划；而对禽畜粪便、城市废弃物、有机废水、废渣等生物质原料的资源数量、分布及能量评价信息则更为缺乏。在估算的基础上，不同部门的研究结论差距较大，严重影响我国各地区生物质能源开发的统筹规划，甚至生物质能源的定位在国内尚有一些争议。这是造成生物质资源开发利用难以决策、整体发展方向不完全明确的一个重要原因。

2）标准检测体系不完善，碳减排优势未体现

虽然我国针对生物质能的发展已经出台和发布了一系列相关的法规和政策，但总体上只是框架性的政策法规，没有建立指导和规范行业发展的标准检测体系。目前，我国尚未建立全面的生物燃气、生物成型燃料工业化标准体系，缺乏设备、产品、工程技术标准和规范。

例如，尚未出台生物质锅炉和生物燃气工程专用的污染物排放标准；对混燃发电，缺少混合燃料发电量计量监督工具；缺少明晰的生物质沼气并网标准和规章程序，提纯沼气并入天然气管网仍有困难；上海、天津、吉林等地陆续颁布生物质成型燃料地方标准，权威统一的全国性标准还未建立等。生物质能检测认证体系建设滞后，制约了产业专业化规范化发展。缺乏对产品和质量的技术监督，导致生物质能产品质量良莠不齐，严重制约了生物质能源市场化的发展。

此外，生物质能利用的碳循环零排放对解决温室气体排放问题有重要贡献，这是开发利用生物质能的优势，但我国目前还没有健全和完善的碳交易市场，因此，生物质能产品的碳减排优势无法充分体现，从而削弱了生物质能产品的市场认可度和竞争力。

3）科研成果转化率低，关键技术亟需突破

目前，我国从事生物质能研究的科研和企业单位较多，在不同的生物质利

用技术方面也取得了许多原创性的研究成果，但从整体来看，我国生物质能研究领域研究成果转化率较低，在工程设计、成套设备研发、制造、运行方面能力不强，很多核心技术设备还依靠进口，整体技术水平与产业规模与发达国家相比仍然存在相当大的差距，而国际上关键技术和工艺往往设置壁垒，这严重制约了我国生物质能源产业发展和升级。

技术和设备水平是关系生物质能源产业的发展最核心的因素之一。我国生物质种类复杂，不同种类生物质之间组分物性和燃烧性能差异明显，先进的燃料处理加工技术、高效安全低污染的燃烧技术和现代化专用设备等诸多关键工艺亟需开发。相比之下，以油料植物为原料生产生物柴油的技术处于研究试验阶段，对后备资源潜力大的纤维素类生物质燃料乙醇和生物合成柴油技术则还处于基础研究阶段。实现这些生物质能源技术的工业化、产业化生产，还有更多的关键技术需要突破。

除此之外，生物质能作为新兴产业，涉及的领域涵盖农业、林业、电力、机械、化工、材料、自动控制等，我国生物质能源领域的人才支撑仍显不足，各科研单位和院校针对生物质领域的专业设置非常有限，真正熟悉和系统掌握生物质技术的人才相对较少。相较国外生物质能源创新平台往往由多所大学、研究机构及若干企业共同组成，我国生物质研发投入的规模和集中度都显不足。

4）专业化市场化程度低，产业体系基础薄弱

生物质能开发利用是一个跨度很大的综合性新领域，涉及原料收集、加工转化、能源产品消费、伴生品处理等诸多环节，各个环节专业化市场化程度较低，整体产业基础还较薄弱。

生物质资源的季节性、分散性分布与生物质能利用的连续性、集中性矛盾突出，原料收集难度大，尚未形成良性的原材料收储供应链；生物燃气和生物质成型燃料仍处于发展初期，专业化程度不高、大型企业主体较少，尚未成功开拓高价值商业化市场；生物质发电项目盈利差异较大，发展不稳定，供热项目大多刚刚进入示范阶段，交通燃料技术则还多处于研究试验阶段，关键技术及工程化尚未突破，距离稳定的规模化运营均还有一定距离；生物质能源市场经济竞争力往往不足，用户培养根基还较浅，普通民众对生物质能源认识不足，对垃圾发电等项目建设甚至多有抵触，市场开拓困难；对于就近收集、就近转化、就近消费的分布式商业开发利用，经验不足、融资渠道单一，中小企业融资难问题突出，抗风险能力较低。生物质能源从燃料收、储、加工、转化、消费

到燃烧废料处理各个环节市场化程度均不成熟，产业基础薄弱，且各自发展，政策分散，难以形成合围。曾经备受各方关注的“生物质能第一股”凯迪生态环境科技股份有限公司自 2009 年进军生物质发电行业以来，经过近 10 年的市场探索，在 2018 年底陷入债务危机的泥潭，沦落到退市边缘，也昭示着我国生物质能源的产业化发展仍然任重道远。

5）先期投资及运营成本高，经济性竞争力低

若单从可再生能源的经济性来讲，它是不具备市场竞争性的，这是影响生物质能源开发利用的关键因素之一。以生物质发电和生物质供热为例，生物质能资源的收集、运输、加工以及贮存仍面临一定困难，除了秸秆等原料的购买成本外，加工成本、储运费用以及损耗占燃料成本较大比重；相对于常规燃煤电厂或热厂，生物质燃烧系统复杂，前期投资大，运行效率偏低，成本高，维护费用大；近几年我国劳动力成本上升很快，使整个运营的人工工资和管理成本提高。

目前农林生物质发电标杆电价 0.75 元/度电，生活垃圾发电 0.65 元/度电，即使在这样的电价下，已经投运的生物质能发电厂的生存状态也是一半盈利一半亏损，相比较风电、光伏等其他可再生能源，竞争力仍偏弱。从根本上，生物质发电不具备成本大幅下降空间，在很多具体项目上，原材料成本已经占到 60%～70%。当前阶段生物质发电的盈利模式过度依赖于电价补贴和税收优惠，从长远来看，这种主要靠补贴的盈利模式不利于产业的良性健康和可持续发展。在生物质供热方面，燃料价格也是农村地区清洁取暖跨不过去的“坎”。算上人工费、设备折旧费、电费等相关成本，压块燃料每吨成本在 150 元左右，颗粒燃料每吨成本在 600 元以上。从田间秸秆至成型燃料，中间涉及农民、经纪人、运输人员、成型商等多个环节，层层利润相加，压块燃料最终每吨售价超过 550 元、颗粒燃料每吨售价也在 1 000 元以上。以 120 天供暖期、每户 60 平方米采暖面积来算，共需消耗成型燃料 3 吨，若享受同等补贴，每平方米的采暖成本也在 22～40 元，甚至比“煤改电”“煤改气”的取暖成本还要高。

生物质能源本身市场竞争力不强，经济性瓶颈短期内难以突破，而广大社会群众对生物质能源的环保效益和社会效益认识不到位，成为生物质能源利用发展的重要挑战。

6）政策落实仍需加强

在各类生物质能源领域中，除了生物质发电的政策导向和补贴机制相对

稳定和完善外，生物质固体燃料、生物供热、生物质燃气、生物质液体燃料等领域在补贴机制、税收减免等方面还有待完善。一些政府部门领导对我国开发利用生物质能源战略意义认识不足，各管理部门间的管理标准规范和相关行业管理政策不够稳定，很多地方支持不到位，严重影响着生物质能源利用的发展。已制定的很多政策和规定缺乏执行细则和配套措施，造成政策看得见却“摸不着”。有的政策针对性操作性不强，政策与法律之间缺少连贯性、协调性，中央政策与地方政策之间缺少协调性，甚至出现部门之间政策“打架”现象；有的政策仅仅是为了完成上级任务，简单复制上级文件，缺乏必要的细化执行方案。有的政策门槛过高，透明度不够。国家统计局常州调查队的一项调查显示，30.8%的企业认为优惠政策宣传不到位，有些企业不了解可以享受哪些优惠。这些问题给一些优惠政策的执行带来了很大的难度，致使优惠政策停留在纸面上。

8.3　新形势下生物质能发展前景分析

尽管目前我国生物质能的发展存在重重挑战与困难，但储量丰富、原料绿色、发展持续可循环的突出特点，以及政策扶持力度的逐步加大和技术自主创新攻关加强，未来生物质能将在我国能源供给结构中发挥更加重要的作用。

1）我国生物质能储量丰富，种类多样，发展潜力巨大

我国幅员辽阔，生物质分布十分广泛。全国各地太阳能年辐射总量在 335～835 kJ/cm^2，因此，通过光合作用产生的生物质能储量大、分布广。从全国范围来看，1/2 以上的生物质资源集中在四川、河南、山东、安徽、河北、江苏、湖南、湖北、浙江 9 个省，广大的西北地区和其他省区相对较少。

根据我国国情，生物质资源开发应以有机废弃物和利用边际性土地种植的能源植物作为原料主要来源。据测算，我国理论生物质资源为 50 亿吨左右，是目前我国能源总消耗量的 4 倍。目前可以利用开发的资源主要为生物质废弃物，包括农作物秸秆及农产品加工剩余物、林业剩余物和能源作物、禽兽粪便、工业有机废弃物和城市固体有机垃圾等。全国农作物秸秆年产生量约为 8 亿吨（2017 年秸秆理论资源量为 8.84 亿吨，可收集资源量约为 7.36 亿吨，除部分作为造纸原料和畜牧饲料外，大约 3.4 亿吨可作为燃料使用，折合约 1.7 亿吨标准煤；现有森林面积约 $1.75\times10^{12}\ m^2$，森林覆盖率为 18.21%，每年通过正常的灌木平茬复壮、森林抚育间伐、果树绿篱修剪以及收集森林采

伐、造材、加工剩余物等，可获得生物质资源量为 8～10 亿吨，大约 3.5 亿吨可作为能源利用，折合约 2 亿吨标准煤；畜禽养殖和工业有机废水理论上可年产沼气约 800 亿立方米，全国城市生活垃圾年产生量 1 亿吨左右。

此外我国存在约 20 亿亩山地、滩涂、盐碱等边际性土地，不宜种植粮食作物，但可以作为能源等专业植物种植的土地。按这些土地的 20%利用计算，每年约生产 10 亿吨生物质，可满足年产量约 5 000 万吨生物液体燃料的原料需求。

总体来说，全国可作为能源利用的农作物秸秆及农产品加工剩余物、林业剩余物和能源作物、生活垃圾与有机废弃物等生物质资源总量每年转换为能源的潜力约为 4.6 亿吨标准煤。今后随着农业、林业的快速发展，特别是我国正在有计划地研究开发各种速生能源作物和能源植物，生物质资源的种类和产量将会越来越大，生物质资源转换为能源的潜力可达 10 亿吨标准煤，占到我国能源消耗总量的 28%，生物质资源非常丰富。

2) 环保、民生需求迫切，发展动力强劲

除了顺应能源转型，优化能源结构，实现温室气体减排的国际趋势以外，在中国，生物质能源的开发利用更有其特殊的定位和迫切需求。《中国可再生能源产业发展报告 2018》及《中国可再生能源展望 2018》发布会上，与会专家强调，在中国，相对于能源利用上的需求，生物质能源工程首先更是一项环保工程、民生工程、“三农”工程和城乡基础设施工程。“能源”只是城乡有机废弃物在进行无害化、减量化处理过程中的能源化利用。生物质能的环保、民生和社会属性要远远高于其能源属性，这是生物质能区别于光伏、风电等可再生能源最重要的一点。

中国是农业大国，全国超过 70%的人口在农村生活。当前中国，尤其在农村地区，秸秆违规焚烧现象屡禁不止，农业生产、生活、养殖等废弃物随意抛弃现象普遍存在，造成局部地区空气、水源、土壤等污染加剧，生存环境变差；农村长期以来集中供暖困难，大面积劣质散煤燃烧或秸秆直接燃烧的低效率供暖方式不仅难以满足农民对取暖舒适性要求，同时也带来严重的环境污染和资源浪费。随着农民生活水平的持续提高和全社会对环境保护的日益关注，妥善处理农、林、畜牧生产及生活中废弃物，改善农村生态环境，提高居民生活水平成为我国广大农村地区的迫切需求。

生物质能源产业以农林废弃物为生产原料，通过对农作物秸秆、畜禽粪便、石油基地膜等农业废弃物进行环保加工，高效循环应用于农业种植养殖、生活供暖、供电、产品加工等，实现资源有效利用的同时，能够有效改善农村的生态环境。另外，生物质能具有产业链长、带动力强等特点，是农业、工业和服务业融合发展的重要载体，是产业精准扶贫的有力手段。例如，装机规模为 2.5 万千瓦的生物发电项目年消耗生物质约 20 万吨，如按每吨秸秆 200 元的收购价测算，将带动所在地区农户年增收入 4 000 多万元。秸秆燃烧后的灰渣全部无偿返还给农民做肥料，降低农民耕种成本。同时，围绕秸秆的收购、存储、运输等产业链条，可为当地农村提供 1 000 个就业机会。

总之，加大生物质能的开发利用是解决“三农”问题，推动农村城镇化的有效途径，也是新时代生态文明建设和生态环境保护中的刚性需求，具有足够的发展动力。

3）政策导向明确，扶持支撑有力

近年来，我国持续重视生物质能的综合利用，加大力度发展生物质产业，结合对环境治理的政策和措施，出台了一系列的规划和激励甚至强制调整政策，这将极大促进和保障我国生物质能技术和产业的快速发展。

2012 年 7 月 6 日，国务院发布关于印发《“十二五”国家战略性新兴产业发展规划》的通知，描述了生物质能产业发展路线图：生物质能发电装机达到 3 000 万千瓦。

2016 年底，国家能源局下发《生物质能发展“十三五”规划》，根据规划目标，到 2020 年，生物质能基本实现商业化和规模化利用。生物质能年利用量约为 5 800 万吨标准煤。生物质发电总装机容量达到 1 500 万千瓦，年发电量为 900 亿千瓦时，其中农林生物质直燃发电为 700 万千瓦，城镇生活垃圾焚烧发电为 750 万千瓦，沼气发电为 50 万千瓦；生物天然气年利用量为 80 亿立方米；生物液体燃料年利用量为 600 万吨；生物质成型燃料年利用量为 3 000 万吨。

2017 年 12 月 6 日国家发改委、国家能源局联合发布《关于促进生物质能供热发展的指导意见》（发改能源[2017]2123 号），明确“将生物质能供热作为应对大气污染的重要措施，作为绿色低碳新型城镇化建设的重要内容”，并且提出了 2020 年和 2035 年生物质能利用的相关目标。

2018 年 2 月，中央一号文件《中共中央国务院关于实施乡村振兴战略的意见》发布。在这份文件中，与能源相关的内容有两处，一是在“推动农村基础设施提档升级”部分中，提出要推进农村可再生能源开发利用；二是在“持续改善农村人居环境”部分中，提出要推进北方地区农村散煤替代，有条件的地方有序推进煤改气、煤改电和新能源利用。

2018年6月27日，国务院印发《打赢蓝天保卫战三年行动计划》中指出，因地制宜发展生物质能、地热能等。在具备资源条件的地方，鼓励发展县域生物质热电联产、生物质成型燃料锅炉及生物天然气。到2020年，全国秸秆综合利用率达到85%。

4）研发力度不断加大，技术储备丰富

近年来，燃料乙醇、生物柴油、生物质发电及沼气等生物质能产业在世界范围内得到了快速的发展，尤其进入21世纪后，随着国际石油价格的不断攀升及《京都议定书》的生效，生物质能更是成为国际可再生能源领域的焦点。许多国家纷纷制定了开发生物质能源、促进生物质产业发展的研究计划和相关政策，如美国的《生物质技术路线图》《生物质计划》，欧盟委员会提出的到2020年运输燃料的20%将用生物柴油和燃料乙醇等生物燃料替代计划，日本的“阳光计划”，印度的“绿色能源工程计划”以及巴西实施的酒精能源计划等。中国政府对生物质能的开发利用也极为重视，自20世纪70年代以来，连续在4个“五年计划”中将生物质能利用技术的研究与应用列为重点科技攻关项目，投入大量的财力和人力，建立专业研究开发队伍，取得一批高水平的研究成果，开展和实施了一系列生物质能利用研究项目和示范工程，如户用沼气池、节柴炕灶、薪炭林、大中型沼气工程、生物质压块成型、气化与燃烧发电、生物质液体燃料等，推动我国生物质能产业的快速发展。

在工程实践方面，近年来我国积极推进生物质能开发利用，生物质发电、生物质燃气、生物质液体燃料等重点领域蓬勃发展。我国陆续突破了厌氧发酵过程微生物调控、沼气工业化利用、秸秆类资源高效生物降解、高值化转化为液体燃料等关键技术，建立了兆瓦级沼气发电（河北安平县，2013）、万吨级生物质柴油（湖北武汉，2013）、千吨级纤维素乙醇（河南镇平县，2006）及气化合成燃料、生物质能供热/热电联产（河北文安县，2018）等系列示范工程。

总体来说，目前我国生物质能技术研发水平总体上与国际处于同一水平，在生物质气化及燃烧利用技术、生物质发电、垃圾发电等方面居领先水平，为我国生物质能的多途径、多层次、大规模利用提供了丰厚技术储备和有力的技术支撑。

8.4 我国生物质能发展建议

生物质能现代化利用尚处发展初期，需要政府给予更多的支持。各级政府和主管部门以及广大群众应提高对生物质能现代化利用重要意义的认识，消除误解（如影响粮食安全、原料收集难等），将生物质能现代化产业化与"新农村"和"特色小镇"建设相结合，重视生物质产业在发展农村经济推进生态文明建设中的社会功能，最终上升为国家战略层面高度。切实加强领导，归口明确，职责落实。把包括生物质能在内的新能源和可再生能源纳入国民经济建设总体规划之中，列入政府的财政预算。

1）制定优惠政策，增加资金投入

现阶段发展生物质能产业的企业主体仍是实力较弱的中小民营企业，在技术装备和抗风险能力等方面处于劣势地位，同时政府的相关扶持政策以及金融资本支持等尚未到位。应为开发生物质能制订相应的财政、投资、信贷、减免税、价格补贴和奖励等政策；增加科研、新产品试制、技术培训的投资力度；扩大宣传推介，调动民间和海外等资本的投资热情。

2）应用高新技术，推动示范落地

开发新项目要立足于高起点，实现跨越式前进。因地制宜地引进国外先进技术，做好技术吸收和本地化。借助产学研联盟深入研究改进并推动示范。用技术水平高、效益显著的示范项目吸引地方政府和金融资本投入，反哺产业发展与升级，形成良好循环。例如在国内进行生物质气化高值化项目示范，政府牵头组织开展相关项目推介会等加以推广；引导孵化相关企业规模化（上市）发展，对申请农林废弃物方面专项资金补贴等予以支持，对气化关键装置、生物质燃气燃烧关键技术研发过程给予适当的资金支持；农业部门就生物质碳基复合肥的应用成立专门的推广机构，划拨相关土地进行专门的推广，实现我国的化肥零增长及土壤品质的提升；项目落地建设过程中在土地、交通运输等方面给予一定优惠和支持；鼓励科技创新，尽快落实燃煤耦合生物质气化发电相关补贴政策。

3）建立能源基地，保障资源供给

秸秆等农业副产品为主的生物质资源过于分散且远离能源需求中心的问题依然客观存在，将散布全国的生物质原料进行集中仍是一个巨大挑战。因此，发展多元化的生物质原料，直接利用边际性的山地、盐碱、沙荒和贫瘠土地大规模种植速生高产植物作为生物质原料。进一步发展生物质农场和薪炭林场以及配套转化设施，形成生物质能源基地，提供规模化的木质或植物燃料等能源资源。

4）加强人才培养，重视人才贮备

生物质能的现代利用离不开高技术手段的支持，因此建议加强在科研、管理、生产等多个关键环节的人才培养。在高等院校、中等专业学校设立相关专业，支持相关从业人员的进修培训和派出学习等。制订人才激励和引进政策，推动行业升级发展。

5）开展国际合作，引进先进技术和资金

坚持自主开发与引进消化吸收相结合的技术路线，积极开展对外交流与合作。将生物质能产业发展紧密结合到“一带一路”倡议，加强与国际组织和机构的联系与合作，提倡双边的、多边的合作研究及合作生产，加强人员、技术和信息的交流。采取切实步骤，为吸收国际机构、社会团体、企业家和个人投资，独资或合资开办各种包括生物质能在内的新能源和可再生能源实体创造条件。

6）多元多态发展，增强民生幸福感

以农作物秸秆、畜禽粪便、城市污泥、城镇居民生活垃圾等为燃料的多元多态清洁能源工厂供应体系的技术标准及商业模式完全具备在我国县域全面推广并加快发展的条件。目前，只要政府相关部门快速制定更加完善的产业政策，支持这一战略性新兴产业发展，我国将会培育出县域经济在绿色低碳、生态环保领域的新的经济增长极，新经济、新业态、新模式将会诞生，其经济、生态、社会效益巨大。

第 9 章
我国海洋能发展前景分析

海洋能是清洁可再生能源，是海岛用电用水保障的优选能源类型，具备良好的应用前景。受限于现有技术水平以及利用的经济性，开发程度不高，亟需加大资源勘测、推动综合利用、强化政策扶持，保障海洋能的可持续开发利用。

9.1 海洋能的发展需求

海洋能是可再生能源，具有很多优越性，如清洁、环保、取之不尽、用之不竭以及不占用宝贵的陆地空间。海洋能发电在海洋油气、海洋矿产资源开发、孤立海岛开发等领域具有显著优势。全球海洋能总量约有 9.0×10^5 太瓦时/年，远大于2004年的全球发电量 1.74×10^4 太瓦时/年。如何合理地开发利用海洋能资源，保护海洋环境，将成为人类求生存、求发展的基本策略。

海洋能包括潮汐能、潮流能、波浪能、温差能及盐差能等，其中海洋温差能储量巨大，是海洋能开发利用的主要类型。占地球表面积71%的海洋是地球上最大的太阳能存储装置，体积为 6.0×10^7 km^3 的热带海洋的海水每天吸收的能量相当于 2.45×10^{11} 桶原油的热量。按照现有技术水平，可以转化为电力的海洋温差能大约为10 000太瓦时/年。此外，海洋温差能还具有随时间变化相对稳定的特性。因此，利用海洋温差能发电有望为一些地区提供大规模的、稳定的电力。

800 m以下的海水温度恒定在4℃左右，因此海洋温差能的资源分布主要取决于海水的表层温度，而海洋表层海水温度主要随着纬度的变化而变化，低纬度地区水温高，高纬度地区水温低，赤道附近太阳直射多，海域表层温度可

本章作者：张理、李清平，中海油研究总院。

达 25～28℃，与深层海水间的最大温差可达 24℃，是海洋温差能资源蕴藏最为丰富的地区。可开发的温差能资源，即水深超过 800 m、温差超过 18℃的海域，广泛分布在除了南美洲西岸海域的北纬 10°到南纬 10°之间的赤道地区，横跨太平洋、大西洋及印度洋，有 98 个国家和地区都在距其经济区 200 海里的范围内有可利用的温差能资源。

从中国海南省南面经东沙群岛南段至台湾岛东岸以南的海域水深陡然达到 1 000 m 以上，海水表面温度常年在 26℃左右，海水表深层温差约为 20℃，具有非常优越的可开发海洋温差能资源，可以作为近期温差能开发主要的目标地区。例如，在距离我国海南岛东南部沿海地区（主要包括三亚市、陵水市和万宁市）100 km 以内的海域，以及距离我国台湾岛东海岸的陆地城市（由南至北分别是屏东县、台东县、花莲县、宜兰县）25 km 以内的海域，都存在水深超过 1 000 m 的区域。这些地区非常适合建设温差能发电站，为附近居民提供电力和综合利用。我国西沙、中沙和南沙群岛所在海域同样具备温差能开发的条件。西沙群岛附近水深 1 500～2 000 m，海水表深层温差 22℃；中沙群岛附近水深 4 000 m，表深层海水温差 22℃；位于我国南海最南端的南沙群岛附近水深为 2 000～3 000 m，表层水温接近 30℃，表深层海水温差 26℃。

9.2 海洋能发展现状分析

海洋能开发利用兴起于 19 世纪末的欧洲，随后在美国、日本、加拿大以及我国得到良好发展。

9.2.1 国际海洋能应用与技术发展概况

自 19 世纪末以来，世界各国围绕潮汐能、潮流能、波浪能、温差能以及盐差能五大类海洋能开展开发利用与技术研发。

1) 国际潮汐能开发

潮汐发电研究已有 100 多年历史。最早从欧洲开始，德国和法国走在最前面。19 世纪末，法国工程师布洛克曾提出在易北河下游兴建潮汐能发电站的设想。1912 年，世界上第一座潮汐电站于德国建成。这座小型潮汐电站在德国石勒苏益格-荷尔斯泰因州的布苏姆湾，装机容量为 5 kW，第一次世界大战中该电站遭到破坏而渐渐被人们遗忘。1913 年法国在诺德斯特兰岛和法国大陆之间兴建一座容量为 1 865 kW 的潮汐电站。这些电站的成功发电标志着人类利用潮汐能发电的梦想变成了现实。目前世界上正在运行的大型潮汐能电站如表 9 - 1 所示，这些电站代表着世界潮汐能开发的最高水平。

表 9 - 1　世界上正在运行的大型潮汐能电站

国　家	站　址	库区面积 /km^2	平均潮差 /m	装机容量 /MW	投运时间
韩　国	始华湖	—	最大 10	254	2011 年
法　国	朗　斯	17	8.5	240	1967 年
加拿大	安纳波利斯	6	7.1	20	1984 年
中　国	江　厦	2	5.1	3.9	1980 年
俄罗斯	基斯拉雅	2	3.9	0.4	1968 年

2）国际潮流能开发

潮流能开发利用研究始于 20 世纪 70 年，经过 40 余年的潜心研究，欧美等西方国家在潮流能转换装置与发电系统的研发方面已有很好的技术基础，在对潮流能开发利用选址、经济技术和环境影响等全面评估基础上，提出了多种类型的原型设计，并在实验室、海域进行了试验和测试。特别是近十年呈现快速发展势态，新概念、新技术和新装置如雨后春笋般出现，涌现出多个具有良好前景的装置。自 2008 年 5 月英国 MCT 公司首台兆瓦级潮流能发电装置 1.2 MW“SeaGen”建成后，又有多台兆瓦级潮流能发电装置建成，例如 Altantis Resources 公司的 1 MW 装置 AR1 000、Hammerfest Strom 公司开发的 HS1 000 等。

截至 2014 年年初，世界上还没有商业化运行的潮流能发电阵列，几乎所有的潮流装置都被布放在指定的测试场进行单机原型测试。英国位居前茅，成为潮流能技术研发和示范的中心，挪威、韩国、美国、加拿大等也有了重要进展。最先进的潮流水轮机的开发商正在典型的、具有商业价值的潮流能海域进行原型样机的测试和示范。

3）国际波浪能开发

波浪能是全世界被研究得最为广泛的一种海洋能源，距今已有 200 多年的历史。早在 1799 年，一对法国父子申请了世界上第一个关于波浪能发电装置的专利。他们的设计是一种可以附在漂浮船只上的巨大杠杆，能够随着海浪的起伏而运动，从而驱动岸边的水泵和发电机。但当时蒸汽动力显然更能吸引人们的注意，于是利用波浪发电的设想就渐渐地黯淡下来，最后只留迹在制图板上了。19 世纪中叶以来，波浪能利用得到了越来越多的关注和重视。利用波浪能发电的设想在世界各地不断涌现，仅英国从 1856 年至 1973 年就有 350 项专利。按波浪能采集系统的形式，主要有振荡水柱式(OWC)、振荡浮子式(Buoy)、摆式(Pendulum)、点头鸭式(Duck)、海蛇式(Pelamis)、收缩坡道式(Tapchan)等。技术发展的趋势为大功率靠岸式波能电站仍以振荡水柱式为主，离岸式装置则多采用其他形式，如筏式、鸭嘴式、越浪式等，这些形式不仅设计较为精巧，波能转换效率较高，而且已经进入实海况或实用化运行阶段。

首先将波浪能利用从梦想变为现实的是日本军士官益田善雄，1964 年他研制出世界上第一个波浪发电装置——60 W 的航标灯，于 1965 年实现了产品应用，开创了人类利用海浪发电的新纪元。20 世纪 70 年代末期，日本、美、英等国合作研制了著名的"海明号"大型波浪能发电船，进行了海上试验。21 世纪以来，英国走向了世界领先的地位。2000 年，英国 WaveGe 公司与英国女王大学合作建成 500 kW 的 LIMPET，采用岸基振荡水柱结构，这是目前世界上最成功的波浪能发电装置。目前，全世界利用波浪能发电的设计方案数以千计，总体说来，除个别技术外，波浪能技术尚未实现商业化。技术最成熟的是英国海洋动力传递公司开发的 Pelamis(海蛇)波浪能装置，装机功率为 750 kW，基本实现商业化运行。表 9-2 列出了世界各国波浪能装置的概况。

表 9-2　世界各国波浪能装置概况

地　点	技　术	容　量	发展情况
挪威，托夫特斯塔琳	多共振振荡水柱	500 kW	1985—1989 年运行
挪威	聚波水库	350 kW	1986—1991 年运行
日本，酒田港	防波堤振荡水柱	60 kW	1988 年投入运行
日本，九十九里町(千叶县)	岸基振荡水柱	30 kW	1988 年投入运行
日本，内浦港(北海道)	摆板式	5 kW	1983 年投入运行
日本，海明号(船)	锚定驳船振荡水柱	125 kW	1978—1980 年，1985—1986 年试验运行
日本，巨鲸号(船)	后弯管漂浮式装置	170 kW	1998 年开始试验运行
印度	离岸固定振荡水柱	150 kW	1991 年建成
葡萄牙，比克岛	岸基振荡水柱	500 kW	土建完成，1999 年试验运行

(续表)

地 点	技 术	容 量	发展情况
英国	离岸固定振荡水柱	2 000 kW	1995 年投放失败
苏格兰,艾莱岛	岸基振荡水柱	75 kW	1990—1999 年运行
苏格兰,艾莱岛	岸基振荡水柱	500 kW	2000—至今运行
英国海洋动力传递公司	海蛇式(Pelamis)	750 kW	2002 年投入运行
瑞典,高廷堡	起伏浮标	30 kW	1983—1984 年试验运行
丹麦,哥本哈根	起伏浮标	45 kW	1990 年试验运行
中国,万山岛	岸基振荡水柱	20 kW	1996 年试验运行三个月
中国,大管岛	摆板式	8 kW	已建成运行
中国,南海	锚定后弯管	5 kW	1995 年试验运行
中国,汕尾	岸基振荡水柱	100 kW	2001 年建成

4）国际温差能开发

海洋温差能是指海洋表层海水与深层海水之间水温之差的热能。温差能是海洋能中储量最大的能源品种。在 1981 年 3 月,联合国新能源和再生能源会议海洋能小组第二届会议报告中,分析了海洋能在技术、经济、环境和资源供应等条件后,认为海洋温差能转换是所有海洋能系统的主要中心。我国温差能储量丰富,中国近海及毗邻海域的温差能资源理论储量为 1.44×10^{22}～1.59×10^{22} J,可开发总装机容量为 1.747×10^{9}～1.833×10^{9} kW,90%分布在我国的南海。

人类发明温差能发电技术迄今已有 100 多年的悠久历史。美国、日本和法国是海洋温差能研究开发的领先国家。1881 年,法国科学家德尔松首次大胆提出海水温差发电的设想。

1926 年,克劳德和布舍罗在法兰西科学院的大厅里,当众进行了温差发电的实验。他们在一只烧瓶中装入 28℃的温水,在另一只烧瓶中放入冰块,内部装有汽轮发电机的导管把两个烧瓶连接起来,抽出烧瓶内的空气后,28℃的温水在低压下一会儿就沸腾了,喷出的蒸汽形成一股强劲的气流使汽轮发电机转动起来。

1930 年,世界上第一座海水温差发电站正式诞生,是克劳德在古巴海滨马坦萨斯海湾建造的。这里海水表层温度为 28℃,400 m 深水的温度为 10℃,所用的管道长度超过 2 km，直径约 2 m，预期的功率是 22 kW，实际输出功率只有 10 kW，发电量甚至少于电站运行本身所消耗的电量。尽管如此，这项尝试却证明了利用海洋温差发电的可能性。

1964 年，美国安德森提出利用闭式循环将蒸发器和冷凝器沉入海水中，发电站采用半潜式。这样既可减少系统自用电耗，还可以避免风暴破坏。1973 年石油危机之后，温差能发电技术又复苏起来。1979 年 8 月，美国在夏威夷建成世界第一座闭式循环海洋温差发电装置 Mini - OTEC，是温差能利用的一个里程碑。这座 50 kW 级的电站不仅系统地验证了温差能利用的技术可行性，而且为大型化发电站的发展取得了丰富的设计、建造和运行经验。1990 年，日本在鹿儿岛建成一座装机容量为 1 000 kW 的海洋温差热能发电站，这座兆瓦级的电站一直保持为世界上装机容量最大的海洋热能发电站。

表 9 - 3 列出了世界主要温差能项目开发情况，其中美国和日本各建设的三座温差能试验装置，经过一定时期的试运行后，由于种种技术问题均已拆除。目前，仅有日本冲绳海洋深水研究院（Okinawa Prefecture Deep Sea Water Research Institute）2013 年建成的 50 kW 闭式 OTEC 电站、佐贺大学海洋能研究院 2012 年建成的 30 kW 实验装置（室内）和美国马凯公司 2014 年在夏威夷建成的 100 kW 测试装置在进行测试运行。

表 9 - 3　主要温差能项目简表

项　目	国家	地　点	年份	容量/kW	型式	净出功率
Mini - OTEC	美国	夏威夷	1 979	50	闭	15 kW
OTECI	美国	夏威夷	1 981	1 000	闭	仅换热试验
Hztn	美国	夏威夷	1 993	210	开	40～50 kW
Nauru	日本	瑞鲁	1 981	100	闭	15 kW
Tokunoshima	日本	德之岛	1 982	50	闭	32 kW
Saga	日本	九州	1 985	75	闭	35 kW
	印度	印度洋	1 990	1 000	不详	试验船，日本佐贺大学提供技术支持
	日本	—	1 993	210	开	40～50 kW

5）国际盐差能开发

盐差能是海水和淡水之间或两种含盐浓度不同的海水之间的化学电位差

能，主要存在于河海交汇处。另外，淡水丰富地区的盐湖和地下盐矿也可以利用盐差能。盐差能是海洋能中能量密度最大的一种可再生能源，通常海水与河水之间的化学电位差相当于 240 m 高的水位落差。据估计，世界各河口区的盐差能达 30 太瓦，可利用量达 2.6 太瓦，国外只有挪威和荷兰在开展盐差能研究，并进行了小型的示范。

9.2.2　我国海洋能资源概况

我国是海洋资源大国，大陆岸线长 1.8×10^4 km，整个海域面积达 4.9×10^6 km^2，面积 500 m^2 以上的海岛有 6 900 多个。如表 9-4 所示，根据国家海洋局 908 专项研究成果，我国近岸海洋能资源量约为 6.97×10^8kW，技术可开发量为 7.621×10^7 kW。

表 9-4　我国近海海洋可再生能源资源统计表

序　号	能　源	潜在量理论装机容量/$\times10^4$ kW	技术可开发量装机容量/$\times10^4$ kW
1	潮汐能	19 286	2 283
2	潮流能	833	166
3	波浪能	1 600	1 471
4	温差能	36 713	2 570
5	盐差能	11 309	1 131
合　计		69 741	7 621

我国潮汐能可开发资源量约为 2.283×10^7 kW。其中最丰富的地区集中于福建和浙江沿海，技术可开发装机容量为 2.067×10^7 kW，占全国技术可开发量的 90.5%。浙江省丰富区总装机容量 500 kW 以上的站址有 16 个，装机容量为 7.8118×10^6 kW，福建省丰富区总装机容量为 500 kW 以上的站址有 56 个，装机容量为 1.12943×10^7 kW。潮差最大的地区主要位于浙江的钱塘江口、乐清湾，福建的三都澳、罗源湾等地，平均差为 4～5 m，最大潮差为 7～8.5 m。

我国潮流能资源丰富，资源潜在量约为 8.33×10^6 kW，技术可开发装机容量约为 1.66×10^6 kW。其中储量最为丰富的是浙江省，有 37 个水道，技术可开发装机容量约为 1.0335×10^6 kW，约占全国总量的 62.4%；其次是山东省，技术可开发装机容量约为 2.325×10^5 kW，约占全国总量的 13.8%。我国技术可开发装机容量大于 4×10^4kW 的水道有西堠门水道、龟山航门、螺头水道和琼州海峡东口，其中最大的是西堠门水道，技术可开发装机容量约为 5.62×10^4 kW。

我国近海区域波浪能理论蕴藏量超过 $1.599\,52\times10^7$ kW，技术可开发的资源量约为 1.471×10^7 kW，主要分布在广东省($4.557\,2\times10^6$ kW)和海南省($4.204\,9\times10^6$ kW)，占全国总量的 55.6%。其次是福建省和浙江省，占全国总量的 30.1%。

我国温差能资源主要分布在南海海域，千米海水温差可达 22℃，属资源丰富区，理论装机容量为 3.67×10^8 kW，占我国海洋能总量的 50%以上，技术可开发装机容量为 2.57×10^7 kW，是最具开发前景的海洋能资源。东沙群岛附近海域由于暖水层厚度增加，温差能蕴藏量最大，是首选的开发场址。

9.2.3 我国海洋能发展应用现状

虽然起步较晚，但依托丰富的海洋能储量以及坚实的工业技术基础，我国在潮汐能、潮流能、波浪能、温差能的开发利用方面已取得显著成果。

1) 潮汐能

我国潮汐能丰富，是世界上建造潮汐电站最多的国家，根据国家海洋局 908 专项最新统计结果，我国近海潮汐能资源技术可开发装机容量大于 500 kW 的坝址共 171 个，以浙江和福建沿海数量最多，浙江省可开发的潮汐能资源装机容量为 5.699×10^7 kW，福建省的潮汐能年平均功率密度最大，平均值为 3 276 kW/km^2。

江厦潮汐试验电站(见图 9-1、图 9-2)是我国最大的潮汐能电站，1972 年经国家计委批准建设，电站工程列为“水利电力潮汐电站项目”。电站安装了 5 台双向灯泡贯流式机组，1 号机组 1980 年 5 月 4 日投产发电，到 1985 年 12 月完成全部建设，总装机容量为 3 200 kW。规模至今仍保持亚洲第一、世界第三，年发电量稳定在 600 多万千瓦时。截至 2006 年 12 月 31 日，电站累计发电 2.35×10^8 kW·h。

白沙口潮汐电站(见图 9-3)是我国国内第二位潮汐发电站，共设计 6 台机组，单机容量为 160 kW，总装机容量为 960 kW。机组是单向发电，涨潮蓄水，落潮运行。机组为竖井贯流式，水轮机型号为 GD005-WS-200，转轮直径为 2 m，转速为每分钟 73 转。发电机型号为 TS-12，转速为每分钟 500 转，流量为每秒 13.2 m^3，设计水头为 1.2 m。

图 9－1　温岭江厦潮汐电站外景

图 9－2　温岭江厦潮汐电站发电机房

图 9－3　白沙口潮汐电站

2）潮流能

我国潮流能研究始于20世纪80年代，直到2010年，财政部设立海洋可再生能源专项，每年投入2亿资金用于海洋能利用相关技术研究，从政策面和资金面双管齐下推动海洋能的开发应用，掀起了我国海洋能技术研究和示范应用的高潮。至今，中国在潮流能转换与发电系统的设计方法研究、关键技术和试验装置研发等方面取得了长足的进步。2010年中国海洋石油总公司旗下的中海油研究总院担纲建设“500 kW海洋能独立电力系统示范工程”，系统基本构成如图9－4所示，总装机容量为500 kW，潮流能装机容量为300 kW，是我国迄今为止最大的多能互补潮流能示范电站，电站于2013年8月投入试运行，截至2015年9月底，累计发电量近10^5 kW·h。

图9－4　500 kW海洋能示范工程示意图

3）波浪能

我国波浪能资源丰富，但普遍能量密度较低，平均功率密度为1～7 kW/m，与欧洲平均功率密度为20～100 kW/m的国家相比明显“先天不足”。我国波浪能开发技术研究始于20世纪70年代，80年代后获得较快发展，建成了多座岸式波浪能发电站，用于航标灯供电的波浪能发电装置已形成系列产品。近年来，在国家相关政策和资金的支持下，波浪能技术得到快速发展，漂浮鸭式、漂浮鹰式、振荡水柱波浪发电技术研究取得了可喜的进展，100 kW鸭式波浪能装置、10 kW“鹰式一号”漂浮式波浪能发电装置和20 kW点吸收式波浪能发电装置于2012年12月至2013年4月先后投放成功，目前正常发电，运行效果良好，标志着我国海洋能发电技术取得了新突破，基本实现了自主创新的研发过程，正在解决制约波浪能有效利用的可靠性、安全性和获能效率等方面的技术问题。

4）温差能

我国温差能研究始于20世纪80年代，中科院广州能源研究所、天津大学、台湾电力公司、国家海洋局第一海洋研究所等机构开展了原理验证研究，并取得了一定的进展。目前研究处于实验室验证阶段，尚未进行实海试验。

1980年，台湾电力公司计划将第三、第四号核电厂余热和海洋温差发电并用，经过3年的调查研究，认为台湾岛东岸及南部沿海有开发海洋温差能的自然条件，初步选择花莲县的和平溪口、石梯坪及台东县的樟原等三地做厂址，并与美国进行联合研究。1985年，中科院广州能源研究所开始对温差利用中的一种“雾滴提升循环”方法进行研究。1989年，中科院广州能源研究所在实验室实现了将雾滴提升到21 m高度的记录。同时，该研究所还对开式循环过程进行了实验室研究，建造了两座容量分别为10 W和60 W的试验台。2004—2005年，天津大学对混合式海洋温差能利用系统进行了研究，并就小型化试验用200 W氨饱和蒸汽透平进行理论研究和计算。

2006年以来，国家海洋局第一海洋研究所在海洋温差能发电方面做了比较多的工作，重点开展了闭式海洋温差能发电循环系统的研究。

2008年，国家海洋局第一海洋研究所承担了“十一五”国家科技支撑计划重点项目“15 kW海洋温差能关键技术与设备的研制”，进行了热力循环系统研究和15 kW闭式海洋温差能发电装置实验系统研建，验证了国海循环系统的可行性。

5）盐差能

据统计，我国沿海江河每年的入海径流量为$1.7\times10^{12}\sim1.8\times10^{12}$ m^3，其中主要江河的年入海径流量为$1.5\times10^{12}\sim1.6\times10^{12}$ m^3，沿海盐差能资源蕴藏量约为3.9×10^{18} J，理论功率约为1.25×10^{11} W。其中长江口及以南的大江河口沿海的资源量占全国总量的92.5%，理论功率估计为8.6×10^{10} kW。特别是长江入海口的流量为2.2×10^4 m^3/s，可以发电5.2×10^{10} W，相当于每1 s燃烧1.78 tce（1吨标准煤当量）。另外，我国青海省等地也有不少内陆盐湖可以利用。

1985年西安建筑科技大学首先利用半渗透膜研制成了一套盐差能发电装置，这种装置适用于干涸盐湖的工作环境。2013年中国海洋大学申请国家海洋可再生能源专项资金资助，开展“盐差能发电技术研究与试验”，启动 100 W 的盐差能发电试验装置研究，目前已完成渗透膜的优化与测试工作，确定了膜组件的形式与制造方法。

9.3 海洋能开发利用面临的问题与挑战

尽管我国海洋能的开发利用已经取得一定成果，但与海洋能丰富储量相比，开发程度仍较低，也面临技术水平有待提升、能源利用效率亟需提高、具体能源利用面临重重技术与工程挑战等问题。

9.3.1 技术水平仍然落后

我国潮汐能技术已经实现商业化运行，达到国际先进水平。潮流能技术较为成熟，国际上已进入示范应用和准商业化开发阶段，我国也已开始早期示范研究，与国际先进水平相比，技术成熟度低约 2 个等级，落后 4～8 年。

波浪能技术成熟度略次于潮流能，国际上已进入全尺寸样机示范应用阶段，我国已完成少数小规模比例样机示范研究，技术成熟度比国际先进水平低 1～2 个等级，落后 5 年左右。

温差能的应用原理与核心技术已获得突破，当前国际最为先进的水平是已完成比例样机研究，建成试验装置进行实海示范研究，并开展相关的设备制造技术和海洋能工程技术研究。而与之相比，我国仅完成了概念研究和首台原理样机实验，技术成熟度低 2～3 个等级，落后约 10 年左右。

在盐差能方面，目前国际上仅挪威与荷兰在开展盐差能的早期示范研究，我国在 20 世纪 80 年代开展了有关试验，后研究中断。2013 年再次启动，迄今未见成果报告，与国际先进水平相比，技术成熟度低约 2 个等级，落后 10 年左右。

9.3.2 具体能源开发利用面临技术与工程实施瓶颈

潮汐能发电：

(1) 大功率潮汐电站水库所需海域面积大，面临与现有经济用海冲突、环境影响较大等问题，场址难求；

(2) 小规模潮汐电站单位电价高，经济效益差，技术上有待突破。

潮流能发电：

(1) 潮流能开发装备能量转换效率较低、设备可靠性差，导致单位能量价格高，严重制约了潮流能的商业化进程，亟需探索新的高效转换原理，提升水轮机设计技术；

(2) 需研发高性能材料，提升装备制造能力，降低开发成本，提升竞争能力。

波浪能发电：

我国波浪能资源不仅平均能量密度与全球资源丰富区域相差较大，且随季节波动很大，现有技术难以实现有效开发，需要探索新的转换原理和发电技术。

温差能和盐差能：

技术成熟度低，尚在实验室原理研究阶段，相关应用工程技术研究尚待启动。

同时，由于海洋环境恶劣，海洋能应用装置成本高、技术难度大，技术和成本制约造成我国海洋能资源开发利用率低，产品化和商业化的程度不高，制约了海洋能的经济开发和大规模应用。长远看，海洋能是大自然赋予人类的天然能源，加快海洋能的开发利用步伐对实现我国能源可持续发展、绿色环保发展具有重要的战略意义。

着眼未来，应不断了解国外潮流能、波浪能、温差能的技术路线，掌握海洋能前沿技术发展方向；对比和分析国外有代表性的海洋能商业化项目，了解和掌握选址标准、结构型式、设备选型、电力控制、海上安装和维护工程等成套关键技术；不断缩短与国外海洋能研发手段、实验室以及产业基地建设的技术差距。

9.4　我国海洋能开发利用的发展重点及建议

针对海洋能开发利用面临的问题和挑战，应紧密结合现有技术水平与资源禀赋条件，重点围绕温差能开发利用，开展海洋能源勘测与综合利用，并积极申请国家政策扶持，促进海洋能开发利用的长效发展。

9.4.1　海洋能未来开发利用重点

我国南海温差能资源丰富，与其他海洋能相比，具有明显的资源优势和地理优势，温差能发电就地取材就地使用，在提升效率和可靠性的同时可通过多能互补、综合利用的开发模式，达到资源优化配置，降低总体开发成本的目的。从现有技术状态、世界范围内的应用程度及资源储量来看，海洋温差能将是未来海洋能开发利用的重点方向。按照现有技术水平，可以转化为电力的海洋温差能大约为 10 000 太瓦时/年，可开发的温差能资源，即水深超过 800 m、温差超过 18℃的海域。我国西沙群岛附近水深 1 500～2 000 m，海水表深层温差为 22℃；中沙群岛附近水深 4 000 m，表深层海水温差 22℃；位于我国南海最南端的南沙群岛附近水深在 2 000～3 000 m，表层水温接近 30℃，表深层海水温差 26℃。因此，利用温差能发电有望为南海各岛屿提供大规模的、稳定的电力。

随着温差开发利用技术的日趋成熟，温差能的发展前景非常广阔，展望未来，我国温差能有望应用于以下领域。

1) 温差能发电

南海诸岛远离大陆，电力靠柴油发电供给，运输成本高、受天气影响大，严重制约了南海的经济开发和国防建设。利用南海的温差能资源，采用高效的热力循环原理构成温差能发电系统将海洋温差能转换为可用的电能，为海岛和海上油气平台、生活/生产基地提供电力，解决南海开发电力严重不足的问题，是温差能开发利用的重要途径。

2) 海水淡化、制氢等

淡水是海岛生存和渔业开发必要生存条件，海水淡化是温差能的另一重要应用方式。海水淡化一方面可直接源于开式温差能发电系统的副产品（驱动发电机后的冷凝水即淡水），另一方面可作为离网电力调峰的储能设备，当发电量多于用电需求时，利用多余的电能驱动海水淡化设备制造淡水或制造氢气避免能源浪费。充足的淡水有利于改善海岛和渔民的生活，氢气可作为燃料或原料。根据国家海洋局第一海洋研究所预测，10 MW 海洋温差能发电装置副产的深层淡化海水可产生 75 亿人民币的产值。

3) 冷海水制冷

我国南海常年气温在 30℃以上，潮湿、炎热，空调制冷需要大量的冷能。10 MW 的温差能发电站每小时有 20 万吨 10℃左右的冷水输出，这些冷海水携带的大量冷能可用于空调制冷、蔬果种植、海水养殖等的温度调节。美国马凯公司的研究表明，利用冷海水的制冷空调系统的电力消耗只有常规空调系统的五分之一，总体成本低于常规空调系统的二分之一。

4) 深水稀有物资与营养提取

深层海水高度清洁富有营养，含有稀有元素，应设法提取应用，也可产生附加效益。

9.4.2　我国海洋能发展建议

为切实推进我国海洋能开发利用与技术发展，落实海洋能商业化应用发展目标，建议从强化资源勘测和场址规划、提高海洋能利用的多样化与综合性、提高政策扶持力度等角度入手，掌握我国海洋能资源情况，改善海洋能利用经济效益，保障海洋能长效发展。

1）强化资源勘测和场址规划

我国海洋能资源的开发利用离不开资源储量和资源位置的精确勘测和普查。建议依托现有相关海洋资源考察专项任务，对资源条件较好、能源需求迫切的海域开展海洋能资源的详细勘测，掌握我国海洋能资源分布与开发特性，筛选优先开发的海域，并基于上述海域开展场址水文气象条件勘测，规划海洋能开发利用场址建设与实施计划。

2）提高海洋能综合利用效能

基于我国南海复杂的环境条件与供电的稳定性需求，建议采用海洋能与太阳能、风能等可再生能源多能互补的供能模式，实现资源充分利用与供电稳定的双重目标。同时，针对海洋能开发利用经济性不高的问题，建议开展海洋能综合利用形式研究，通过发电、制冷、养殖等海洋能综合利用形式的有效组合，提升海洋能利用的效益，拓展能源利用市场与利润空间，提升经济性。此外，还可以依托海洋能打造海岛科技和生态旅游项目，实现旅游经济与技术成果应用的协调发展。

3）加强政策支持引资与技术发展协同

海洋能开发投入投资高、成本回收期长，其开发利用离不开国家的政策扶持。建议根据我国海洋能资源情况、南海开发与海岛建设的能源需求和供给现状，在国家能源整体政策体系下制定海洋能技术研发与商业化开发的针对性扶持政策，吸引社会资本投资，聚拢国内相关优势科研力量，形成学校、科研院所、投资企业、建设单位有机融合的产业发展链条，加快关键技术攻关，推动海洋能开发应用示范，完善产业结构，支撑海洋能开发利用的规模化与长远发展。

海洋能是环境友好型清洁可再生能源，其开发利用不仅可解决偏远海岛用电用水问题，还可带来诸多的附加效益，且运营维护成本低，具有良好的应用前景。受限于海洋环境恶劣，导致其开发成本高，规模化开发技术尚不成熟，需要政策和资金的积极支持，也需要探索有效的开发模式，推动相关技术研究和应用示范。海洋温差能资源开发利用是一个值得探索的发展方向，建议采用选址规划先行、多能互补供电、综合利用增效实现经济开发思路，做好我国海洋能开发顶层设计工作，为我国海洋能资源的可持续开发利用奠定良好基础。

参考文献

[1] 苗森. 全球主要化石能源供需格局浅析[J]. 中国矿业报,2016-12-16.
[2] 付兆辉,戚野白,秦伟军,等. 中国化石能源高质量发展面临的挑战与对策[J]. 煤炭经济研究,2019,397: 24-28.
[3] 谢克昌. 煤炭要革命,但不要革煤炭的命[J]. 中国石油企业,2019,Z1: 13-15.
[4] 王利宁,戴家权. 中国长期能源发展趋势研判[J]. 国际石油经济,2017,8: 58-87.
[5] 刘强. 我国利用天热气发电的现状及展望[J]. 中国石油和化工标准与质量,2017,37(6): 68-69.
[6] 周守为,李清平,朱海山,等. 海洋能源勘探开发技术现状与展望[J]. 中国工程科学,2016,18(2): 19-31.
[7] 杨金华,郭晓霞. 世界深水油气勘探开发态势及启示[J]. 石油科技论坛,2014,33(5): 49-55.
[8] 赵喆,张光亚,梁涛,等. 2012年世界油气勘探新发现及发展趋势[J]. 天然气地球科学,2014,25(1): 39-44.
[9] International Energy Agency. World energy outlook 2017[R]. London: IEA, 2017.
[10] International Atomic Energy Agency. Nuclear power reactors in the world (2017 Edition)[R]. Austria: IAEA, 2017.
[11] Frankfurt School - UNEP centre. Global Trends in Renewable Energy Investment 2018[R]. Frankfurt: UNEP, 2018.
[12] International Renewable Energy Agency. Renewable Capacity Statistics 2018[R]. Abu Dhabi: IRENA, 2018.
[13] International Renewable Energy Agency. Renewable Power Generation Costs in 2017[R]. Abu Dhabi: IRENA, 2017.
[14] International Energy Agency. Harnessing Variable Renewables: A Guide to the Balancing Challenge[M]. Paris: OECD, 2011.
[15] 周兴波,杜效鹄. 2018年全球水电发展现状与开发潜力分析[J]. 水利水电科技进展,2019,39(3): 18-23.
[16] 肖国林,刘增洁. 南沙海域油气资源开发现状及我国对策建议[J]. 国土资源情报(资源形势),2004(9): 1-5.
[17] 朱伟林,米立军,等. 中国海域含油气盆地图集[M]. 北京: 石油工业出版社,2010.

后　记

能源是人类赖以生存的重要物质基础，是社会发展的原动力，也是人类文明进步的重要支撑。当人类对能源需求量越来越大，而其藏量越来越少（主要指化石能源）时，能源成了国民经济中特别重要的战略物资。于是乎超级大国为了抢夺能源的控制权，不惜发动局部战争，成为当今世界动乱的根源。

作为战略物资，我国高度重视能源发展，早就开展资源供给的战略研究。2014 年，习近平总书记在中央财经领导小组工作会议上，对我国能源消费、供给、技术、体制的革命和国际合作等方面又做了重要指示，国务院发布了《能源发展战略行动计划（2014—2020 年）》，为我国能源消费及供给转型与革命制订了具体目标与行动纲领。中国工程院作为国家重要咨询研究机构，对我国能源中长期发展开展了多方面的咨询研究。2017 年底又立项就核能发展相关问题开展为期两年的重大咨询项目《核科学技术发展战略研究》。该项目由工程院前副院长、全国人大环资委副主任赵宪庚院士领导，下设 5 个课题，《核能应用技术发展战略研究》是其中之一，由于俊崇院士负责承担。

课题组由中核、中广核、国电投和相关高校著名专家组成，邀请了数名院士担任顾问。研究核能，一个绕不开的话题就是安全问题。核能虽储量巨大，核能发电优点显著，但是已发生的三次重大核事故所产生的严重后果又使部分人望而生畏。尽管三代核电严重事故发生堆芯熔化概率已较二代核电又降低了一个数量级（从 10^{-4}/堆・年降到 10^{-5}/堆・年），已发生的三次二代核电事故的根本原因都是人为失误而不是技术缺陷，但国内外仍大量存在以此为据的反核人士。另外，我国可利用能源种类丰富，不能孤立地研究核能，必须要把它放到所有能源发展的大环境中来研究，因为每一种能源都有自己的优势，也必然有它的弱点，即要了解各种能源的发展概况与前景。于是课题组邀请了不同能源领域的权威专家，就他们所熟悉的领域开展国内外发展现状、发展技术瓶颈、对环境影响及前景等问题的近期态势研究，作为我们研究核能发展定位的技术支撑。专家们的研究成果内容丰富，也可作为其他能源研究的参考和能源知识的普及，故汇集成册为《中国能源研究概览》，奉献大众，使其发挥更好的作用。

课题组将各位专家的研究文章编辑成册过程中，于俊崇院士组织中国核动力研究设计院相关专家张卓华、曾未、柴晓明、何晓强、廖龙涛、刘佳、全标、张宏亮等，在征得作者同意的前提下，对个别文章篇幅做了适度压缩(删除了部分工艺性内容)，以求得每一种能源所占篇幅大致相当；对个别文章中的少量引用数据做了适时更新，考虑所有能源有关储量、生产能力、发展现状等内容都是动态的，课题组对这部分工作做得并不彻底。读者可能会发现，不同作者文章所表达的观点、提出的建议，甚至引用同一能源的数据，存在着某些差异。课题组在编辑过程中并未强求统一，也未加入课题组的观点，全部保留原意，供读者参考、评价。课题组本身有关核能应用技术发展战略研究成果因还涉及其他内容未列其中。

课题组对支持我们工作、付出辛勤汗水的谢克昌、周守为、钮新强、多吉、叶奇蓁、舒印彪等院士，以及国核(北京)科学技术研究院、神华集团北京低碳清洁能源研究所、中海油研究总院、中核集团核电工程有限公司、国家电网公司研究室、长江勘测规划设计研究院、西藏地勘局、东南大学能源与环境学院、中核集团第七研究设计院等单位表示衷心的感谢和诚挚的敬意！

《核能应用技术发展战略研究》课题组

2020 年 5 月